地铁消防

Metro Fire Safety

主编 胡 波

上海科学技术出版社

图书在版编目（CIP）数据

地铁消防 / 胡波主编. -- 上海 ： 上海科学技术出
版社, 2025. 1. -- ISBN 978-7-5478-6850-8

Ⅰ. TU998.1

中国国家版本馆CIP数据核字第2024JX0458号

地铁消防

主编　胡　波

上海世纪出版（集团）有限公司
上海科学技术出版社　　出版、发行
（上海市闵行区号景路159弄A座9F-10F）
邮政编码201101　　　www.sstp.cn
上海雅昌艺术印刷有限公司印刷
开本　787×1092　1/16　印张　22
字数　530千字
2025年1月第1版　2025年1月第1次印刷
ISBN 978-7-5478-6850-8 / TU·357
定价：127.00元

内容提要

轨道交通是现代城市的重要生命线，事关城市规划、功能布局、社会民生和窗口形象。由于地铁运行环境相对封闭，客流密度相对较大，一旦发生事故，直接损失和后果影响都极其严重，因此，地铁消防安全一直是城市运行和安全管理的重中之重。对于北京、上海、广州、深圳这样的现代化都市，地铁消防安全更是关系到数千万市民的生命财产安全。本书从科学认识、科学建设、科学提升、科学发展地铁消防安全的角度，系统介绍了地铁消防的基本概况、防火设计方法、安全管理理念、应急响应策略和创新实践案例，同时结合上海地铁建设发展 30 年来在消防安全设计和管理方面的经验，通过丰富的图片资料和案例分析，充分展示了我国地铁消防安全工作取得的巨大成效，并对未来我国地铁消防发展方向，提出了一些思考和展望。

本书编制过程中全面吸收了消防部门、科研院所、设计团队、运营单位等多方观点，既可作为提升地铁消防安全文化的科普读物，亦可作为地铁设计、建设、管理、研究、服务等方面从业人员的工具典籍，不同背景的地铁消防管理人员和技术人员也可从中获得有益信息和知识，从而扩大地铁消防知识的普及，引发人们广泛的关注和思考。

本书编委会

主 编

胡 波

委 员

利 敏 杨 昀 韩小勇 李 尧

编写人员

（以姓氏笔画为序）

马 玥 王 伟 王 晨 冯 爽 刘 辉

严华卿 杨 玲 杨君涛 何文斌 何宏涛

何其泽 宋优才 陈文曦 金 怡 金 崎

周晓玲 郑 懿 郑晋丽 胡志诚 贺俊杰

郭思铖 唐 钺 蒋顺章

前　言

　　地铁，是城市重要的公共交通工具，它改善了城市交通状况，提供了高效便捷的出行方式，促进了城市经济发展，减少了能源消耗和环境污染，扩大了城市公共空间的利用，提升了居民的生活质量。

　　伴随着地铁的高速发展，火灾风险同步增加，造成危害的因素也随之增多；由于地铁系统本身的复杂性和特殊性，特殊的空间结构、攀升的客流强度、密集的设备管线，使得消防安全一直被列为地铁运营中最关键和最重要的因素之一。国内外大量的地铁事故灾难证明，关注地铁消防，是城市管理者、地铁运营方乃至每一位市民应尽的义务。

　　围绕地铁 30 年的运营历程，上海地铁消防探索了一系列保障地铁消防安全的新理念、新举措。在消防设计方面，上海地铁涵盖地面、高架、隧道及轻轨、磁浮等各种设计形式，掌握各类地铁车站、区间隧道、车辆基地的防火设计要点；在消防安全管理方面，上海地铁大力推进消防安全标准化建设，在地铁微型消防站建设、应急响应联络、智慧消防管理等方面持续创新，夯实运营单位和监管单位的双重责任；在消防应急响应方面，上海地铁创新提出了全流程的应急响应理念，指导应急准备、应急预警、应急处置、应急恢复等不同阶段救援行动。上海地铁消防已经开展了大量创新与实践，在多线换乘车站防火设计、区间隧道防火设计、地铁上盖一体防控、消防安全管理提升等方面积累了大量实践案例。各项消防管理措施的落实，为上海地铁高水平消防安全提供了可靠的防护屏障；这些先进理念和措施，也为国内外其他城市的地铁安全提供了宝贵经验借鉴。

　　然而，未来依然充满挑战。随着城市的扩张和地铁线路的不断延伸，地铁消防安全也面临着新的问题和需求。截至 2024 年 6 月 30 日，中国（除港澳台地区外）共有 58 个城市投运城轨交通线路 11 409.79 公里。按照规划，北京市 2025 年轨道交通（含市郊铁路）总里程将达到 1 600 公里；上海市 2025 年轨道交通总里程将达到 1 000 公里；广州市 2025 年轨道交通总里程将超过 900 公里；深圳市 2025 年轨道交通总里程将达到 647 公里等。面对急速发展的地铁网络规模，如何用更高水平的消防安全保障高质量的地铁发展，成为一个不可回避的现实问题。

　　新时期的地铁消防安全需要紧跟时代，不断创新和完善。数字化、智能化将成为未来的重要趋势，人工智能、物联网、大数据等新兴技术的应用将为地铁消防安全提供更多的保障，为地铁消防安全未来发展提供强大的支撑。

本书系统介绍了地铁消防安全的基本理念和防控措施。全书共分六篇，第一篇概述，主要介绍了地铁基本概念，包含地铁组成及其消防安全特点；第二篇地铁消防设计，详细介绍了地铁消防设计原则、地铁车站消防设计、区间隧道消防设计、车辆基地消防设计等；第三篇地铁消防安全管理，系统介绍了地铁消防安全管理的基本理念和要求，针对地铁运营和行政管理分别提出了地铁消防安全管理要求；第四篇地铁消防应急响应，创新构建了地铁消防应急响应框架，并针对地铁消防应急准备、应急预警、应急处置、应急恢复提出了相关理念和举措；第五篇上海地铁消防创新实践，展示了上海地铁在车站、区间隧道、地铁上盖开发、消防安全管理层面的创新设计与实践；第六篇未来展望，结合地铁未来发展规划，探讨了可能面临的新挑战和新机遇，为未来地铁的消防安全实践和研究提供了宝贵的参考。

希望通过本书的编写，能够系统呈现地铁消防安全的现状，全面回顾和总结过去的经验和成就，为地铁消防安全的未来发展指明方向、提供启示。同时也希望通过本书能够引发更多人对地铁消防安全的关注和思考，共同努力为人民群众的安全出行营造更加可靠和安全的环境。

最后，感谢所有曾在地铁系统中从事消防工作的同志和专家们，正是你们的努力和奉献，使得地铁消防安全得以不断的进步和发展。

鉴于地铁消防领域的有些内容与观点需要持续不断的探讨、研究和完善，书中难免存有争议和疏漏之处，欢迎读者批评指正。

编者

2024 年 11 月

目 录

**第 三 篇
地铁消防
安全管理**

第 六 篇
未来展望

第 一 篇

概
述

轨道交通是现代城市的血脉，事关城市功能布局和城市窗口形象。很多人对城市的第一印象就来自地铁，人们对城市管理服务的温馨度、精细度，感受最直接的就是地铁出行。地铁作为城市交通体系中的核心环节，在缓解城市交通压力、降低城市交通污染、提升城市具体生活质量方面发挥着不可替代的作用，已成为城市居民出行的首要选择。

　　本篇概述了地铁车站、区间隧道、车辆基地、控制中心等地铁的组成，通过历史上一些典型事故案例分析了地铁事故的风险特点和灾害成因，阐述了地铁消防的概念和内涵，在此基础上，以当前和历史上的一系列数据介绍了上海地铁的发展和现状。

第一章　地铁组成

地铁主要是由车站、区间隧道、列车、车辆基地（含车辆段和停车场）、控制中心等组成的交通体系（图1-1），此外还有供电、通信、信号、综合监控、通风与空调、动力照明、给排水等系统。

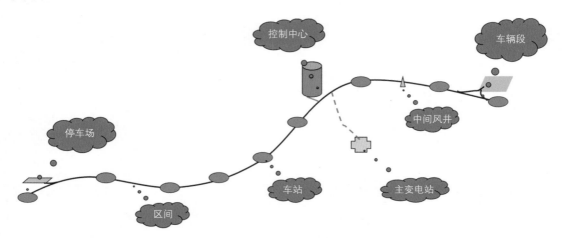

图1-1　地铁线路构成示意图

第一节　地铁车站

地铁是减少城市地面交通压力的重要交通手段，为了避免对地面交通的影响，地铁线路有专用路权，在中心城区通常采用地下敷设方式；在中心城以外，为减少工程投资，通常采用地面或高架敷设方式。车站作为供列车停靠和乘客购票、候车、乘降并设有相应设施的场所，沿线站点根据城市总体规划及地铁线网布置，并结合城市地面区域性质合理设置，以充分吸纳客流及发挥地铁的运行效益。对于车站的站间距设置，一般在市中心人口密集地段、站间距为1 km左右，市郊站间距为2 km左右。车站的形式也会依据所处的线路条件、站点周边环境及地质情况和施工工法等综合确定。

一、地铁车站分类

地铁车站根据不同的需要有各种分类方法，根据线路敷设方式，有地面站、高架站和地下站之分；根据埋置深度，有浅埋车站和深埋车站之分；根据施工工法的不同，有明挖车站、暗挖车站和明暗挖结合车站之分；从车站分层，有单层车站、双层车站和多层车站之分；结合线路走向和候车方式的不同，有岛式站台车站、侧式站台车站和混合式站台车站之分。

1. 按线路空间位置分类

按线路空间位置，可将地铁车站分为地下车站、地面车站和高架车站。

（1）地下车站。指轨道设在地面下的车站，如图1-2所示。

图1-2　地下车站

地下车站中还有一种特殊形式——路堑式车站（图1-3），是指具备自然通风与排烟功能的地下一层车站。这种车站常出现在路中或路侧具有一定宽度的绿化带内，其特点是利用自然通风与排烟功能，提高了车站的安全性和舒适性。

图 1-3　路堑式车站

（2）地面车站。指轨道设在地面上的车站，如图 1-4 所示。

图 1-4　地面车站

（3）高架车站。指轨道设在高架结构上的车站，如图 1-5 所示。

图 1-5　高架车站

2. 按轨道埋深分类

根据顶板覆土埋深，可将地下车站分为浅埋车站和深埋车站。

（1）浅埋车站。车站结构顶板位于地面以下的深度较浅。这种类型车站的轨道和隧道位于地面以下，但相对较浅，施工和建设成本相对较低，如图 1-6 所示。

（2）深埋车站。车站结构顶板位于地面以下的深度较深。这种类型车站的轨道和隧道深入地下，可能需要穿越更厚的岩土层，施工难度和成本相对较高，如图 1-7 所示。

图 1-6　浅埋车站

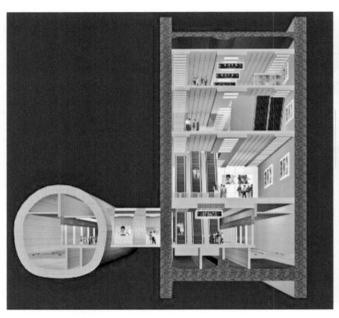

图 1-7　深埋车站

3. 按施工方法分类

根据车站建设施工方法不同，可将地铁车站分为明挖车站和暗挖车站。

（1）明挖车站。指采用在地面挖开的基坑中修筑地下结构施工方法的车站，如图 1-8 所示。

图 1-8　明挖车站

（2）暗挖车站。指不开挖地面，在地下进行开挖和修筑地下结构施工方法（如盾构法、矿山法、顶管法等）的车站，如图1-9所示。

图1-9 暗挖车站

4. 按站台形式分类

站台是车站内供乘客候车和乘降的平台，车站站台形式可分为岛式站台、侧式站台和岛-侧混合式站台。

（1）岛式站台。指设置在上、下行线路之间，可在其两侧停靠列车的站台，如图1-10a所示。

（2）侧式站台。指设置在上、下行线路两侧，只能在其一侧停靠列车的站台，如图1-10b所示。

（3）岛-侧混合式站台。指将岛式站台及侧式站台同设在一个车站内，主要用于两侧站台换乘或列车折返，如图1-10c所示。

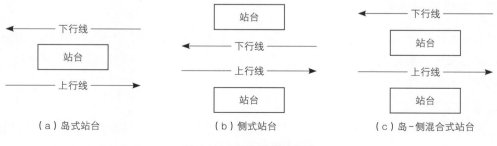

（a）岛式站台　　　　　　　（b）侧式站台　　　　　　　（c）岛-侧混合式站台

图1-10 站台分类示意图

5. 按运营功能分类

按运营功能，可将地铁车站分为中间站、区域站、换乘站、联络站、联运站和终点站，如图 1-11 所示。

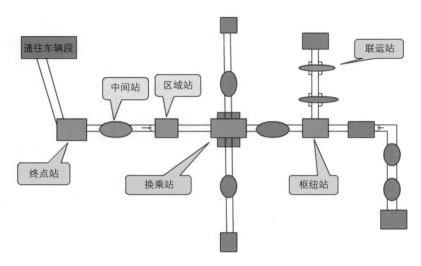

图 1-11 车站按运营功能分类示意图

（1）中间站。指仅供乘客上下车之用，功能单一，是地铁线网中数量最多的车站。

（2）区域站。指设在两种不同的行车密度交界处的车站，其没有折返线路和折返设备，并兼有中间站的功能。

（3）换乘站。指位于两条及两条以上线路交叉点上的车站，其除了具备中间站的功能外，更主要的是还可以从一条线路上的车站通过换乘设施转换到另一条线路上的车站。

（4）枢纽站。指由此站分出另一条线路的车站，该站可接、发两条线路上的列车。

（5）联运站。指车站内设有两种不同性质的列车线路（如地铁、高铁、城际铁路）进行联运及客流换乘，具有中间站及不同类型轨道交通换乘站的双重功能。

（6）终点站。指设在线路两端的车站，就列车上、下行而言，终点站也是起点站，设有可供列车折返的线路和设备，也可供列车临时停留检修。

二、地铁车站组成

车站由车站主体、出入口及通道、通风道及地面风亭（仅指地下车站）等组成，如图 1-12 所示。车站除了供乘客上下车的基本功能外，还应容纳主要的技术设备和运营管理系统，从而保证地铁的安全运行。

1. 车站主体

车站主体是列车在线路上的停车点，其作用是供乘客集散、换乘，同时它又是地铁运营设备设置的中心和办理运营业务的地方。根据功能的不同，可将车站主体分为乘客使用空间和车站用房。

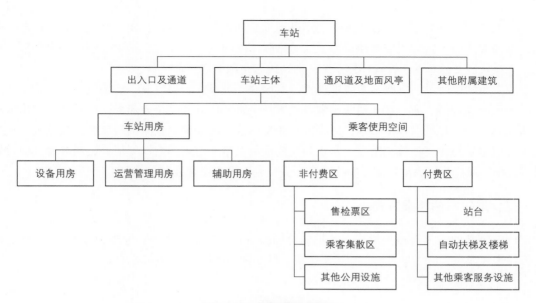

图 1-12 车站组成示意图

（1）乘客使用空间。包括非付费区和付费区。

① 非付费区是乘客从地面出入口到检票闸机前的流动区域。它一般应有一定的空间，供乘客通行和布设安检机、售检票机等运营设施。根据需要还可布设银行、小卖部等便民服务设施。

② 付费区是指由进出站闸机和栏杆围合的站厅、楼（扶）梯和垂直电梯，以及站台公共区等供乘客使用的空间，它是为乘客乘降提供服务的设施。

乘客使用空间是车站设计的重点，它对车站类型、平面布局、车站平面、结构横断面形式、功能是否合理、面积利用率、人流路线组织等设计有较大的影响，设计时要注意人流流线的合理性，以保证乘客方便、快捷地出入车站。

（2）车站用房。包括运营管理用房、设备用房和辅助用房三部分。

① 运营管理用房。为保证车站具有正常运营条件和营业秩序而设置的办公用房，供进行日常工作和管理的部门及人员使用，直接或间接为列车运行和乘客服务，主要包括车站控制室、站长室、收款室、服务中心、站务员室、警务室、保安室、安检员室、备品间等。

② 设备用房。为保证列车正常运行、保证车站内具有良好环境条件及在事故灾害情况下能够及时排除灾情不可缺少的设备用房，直接或间接为列车运行和乘客服务，主要包括通风空调机房、降压变电站、混合变电站、弱电综合设备室、信号设备室、民用通信机房、站台门控制室、AFC 设备室、消防泵房、污水泵房等。

③ 辅助用房。为保证车站内部工作人员正常工作、生活所设置的用房，直接供站内工作人员使用，主要包括交接班室（兼会议室、餐厅等多功能室）、厕所、盥洗室、更衣室、茶水间等。

2. 车站出入口和风亭

（1）车站出入口。为供乘客进、出车站的建筑设施，具有引导和疏散客流的功能。地面出入口的建筑形式，应根据车站所处的具体位置和周围建筑规划要求确定，可做成合建式或独立式。

（2）地下车站风亭。埋设于地下的车站四周封闭，空气不流通，由于客流量大，机电设备多，站内湿度较大，空气较污浊，为了及时排除车站内的污浊空气，给乘客创造一个舒适的环境，需在轨道交通车站内设置环控系统，即通风与空调系统。

地下车站按通风、空调工艺要求设置活塞风井、进风井和排风井。活塞风井是为了站间隧道的通风而设置的。通常在车站两端需各设置一个进新风井和一个排风井，以及两个进出隧道的活塞风井。风井可以集中布置，也可分散布置，这取决于地面建筑的现状或规划要求。风亭的设置应尽量与地面建筑相结合。对于独立建造的风亭，可采用敞口低风井，风井底部应设置排水设施，风口最低高度应满足防淹要求，开口处应设有安全装置。

三、地铁车站换乘方式

地铁车站的换乘有多种形式，常见的有同站台换乘、节点换乘、通道换乘和平行换乘等。为方便乘客换乘，应尽量考虑缩短换乘距离、减小换乘高度的便捷换乘方式。

1. 同站台换乘

指通过同一站台完成的换乘，分为同向换乘和不同向换乘两种方式。

2. 节点换乘

指两条及以上轨道交通线路立体交叉，在其站台的水平投影重叠部分直接以楼（扶）梯相连的换乘，两线节点换乘的基本形式有十字、T形、L形等，三线以上节点换乘的基本形式有△、冂、Y、H形等，如图1-13所示。

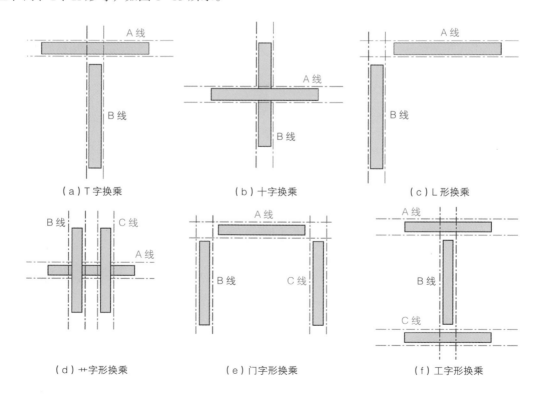

（a）T字换乘　　　　　　　（b）十字换乘　　　　　　　（c）L形换乘

（d）卄字形换乘　　　　　　（e）门字形换乘　　　　　　（f）工字形换乘

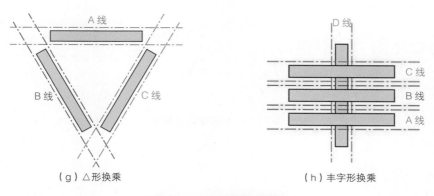

（g）△形换乘　　　　　　　　（h）丰字形换乘

图 1-13　节点换乘示意图

3. 通道换乘

指两条及以上轨道交通线路立体交叉，在其站厅付费区、站台、出入口间以通道相连的换乘，如图 1-14 所示。

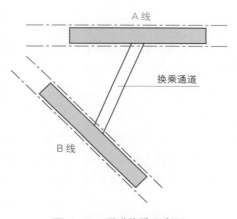

图 1-14　通道换乘示意图

4. 平行换乘

指站台相互平行的不同线路，通过同一站台或楼（扶）梯和公共站厅层完成的换乘，包括相互平行的不同线路同层设置或上下层设置两种类型，如图 1-15 所示。

（a）平行双岛同站厅换乘　　　　　　　　（b）平行双岛同站厅同台换乘

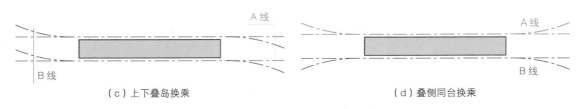

（c）上下叠岛换乘　　　　　　　　　　　　　（d）叠侧同台换乘

图 1-15　平行换乘示意图

第二节　区间隧道

区间是连接两个或多个地铁站的重要通道，起着至关重要的作用。其不仅是地铁车辆行驶的通道，同时也是地铁车站、设备房、电缆沟等设施的通道，为列车轨道及相关设施、设备铺设提供了必要的空间。

一、区间隧道类型

区间根据轨道所处位置可分为地下、地面和高架三种形式。其中地下区间隧道占比最大、危险性最高，本节重点介绍地下区间隧道。按区间断面形状，可将区间隧道分为矩形、拱形、椭圆形等形式。

1. 矩形断面

矩形断面的优点是空间利用率大，缺点是矩形的四个角会出现应力集中，支护的成本就会提高，同时矩形断面建设成本也相对较高。在市区由于土地成本高，因此会更多地选择矩形断面的隧道；在野外的山岭隧道就会选择造价较低的圆形断面。

2. 拱形断面

拱形断面的优点是其内轮廓与地下铁道建筑限界接近，内部净空可以得到充分利用，结构受力合理，顶板上便于敷设城市地下管网和设施。拱形断面的缺点是施工难度大，成本高，而且容易出现裂缝、渗漏等问题。

3. 椭圆形断面

椭圆形断面的优点是可以更好地适应曲线段，提高隧道的建筑利用率，同时可以减小施工难度和成本。

二、区间隧道内的设施设备

区间隧道是连接地铁车站，并为列车轨道及相关设施、设备铺设提供必要空间的建筑物。区间上方多为 1 500 V 触网（部分线路采用无触网三轨方式供电），两侧分别设有强电、弱电（信号）线路，近地面处安装有消火栓及供水管（高架区间不设有消防设施），轨道两边为排水沟。

区间隧道的轨道中心道床面或者轨道旁，设有逃生、救援的应急通道。两个地下车站上、下行区间隧道的中间最低处一般设有联络通道，连接两个隧道，其作用主要是为疏散逃生和灭火救援提供快速通道。当隧道区间长度超过 600 m 时，一般设 1 个联络通道；当隧道区间长度超过 2 km 时，至少设 2 个联络通道。

第三节　车辆基地

车辆基地是以车辆停放、列检和日常维修为主体，集中车辆段（停车场）、综合维修中心（工区）、物资总库、培训中心及相关的办公、生活设施等组成的综合性生产单位，包括车辆段（停车场）、综合维修中心、物资系统、培训中心等配套设施，如图 1-16 所示。

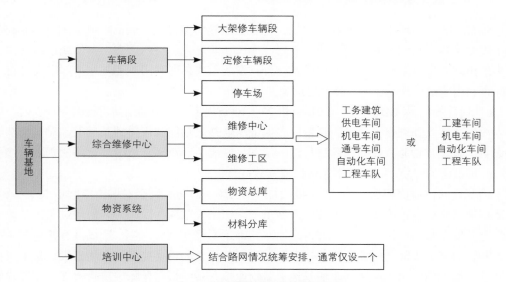

图 1-16　车辆基地系统组成示意框图

车辆基地的主要功能是承担并完成对轨道交通车辆的管理、运用、维修保养和检修，保证按时提供技术状态良好的车辆。按照承担检修作业复杂程度的不同，可将车辆基地划分为大架修车辆段、定修车辆段和停车场；综合维修中心用于除车辆以外的各项轨道交通系统设备、设施的维修、保养和检修，保证各项设备设施处于正常状态；物资系统承担并完成轨道交通线路所需的各类物资、材料的采购、保管和发送；培训中心是轨道交通系统内全体员工技术教育和培训的场所。

一、停车场

停车场是承担所辖车辆停放和日常维护的基本生产单位。其承担的任务包括：车辆的停放、洗刷、清扫以及车辆列检和乘务工作；停车场所在正线运营列车的故障处理和救援工作；车辆定修（年检）以下的各级日常检查维修的修程。每条地铁线路按其线路长度和配属车辆的多少设置停车场，或根据需要再增设辅助停车场，辅助停车场仅设置停车、列检设施，只承担车辆的停放、清洁、列检工作。

二、车辆段

车辆段是承担车辆停放、运用管理、整备保养、检查和较高或高级别车辆检修的基本生产单位。车辆段除具有停车场的功能外，还是对车辆进行较大修程的场所，承担的任务主要包括：车辆的停放、清洁、列检；车辆定修（年检）及以下的检查维修和临修；可做列车的架修及大修工作；承担车辆部件的检测、修理工作，满足车辆各修程对互换部件的需求。

三、带上盖开发车辆基地

近年来，为实现城市空间的高效集约，公共交通导向型发展（transit-oriented development，TOD）大型工程项目综合联建形式快速发展，形成功能复合、空间形态丰富的城市综合体，越来越多地出现了车辆基地与上盖民用建筑综合开发的形式，即利用车辆基地上部空间进行一体化的综合利用建设，开发住宅、公共建筑等。

《地铁设计规范》（GB 50157—2013）第 27.1.10 条规定：车辆基地需进行物业开发时，应明确开发内容、性质和规模。总平面布置应在保证车辆基地功能和规模的基础上，对车辆基地的各项设备、设施与物业开发的内容进行统一规划，并应结合车辆基地内外道路的合理衔接及相关市政配套设施的规划，进行技术经济比较和效益分析。

车辆基地的占地面积通常为 $10 \sim 40$ 公顷（1 公顷 $=10^4 \, m^2$），会对城市空间造成一些影响。同时随着城市扩展，很多车辆基地被纳入城市中心区用地范围。因此，如何通过车辆基地上盖物业综合开发，与周边城市功能、城市交通、城市运营相互融为一体、形成具有特色的城市综合体，并且通过上盖综合开发，成为带动区域发展和活力的重要能量级和增值级，是上盖物业综合开发需要考虑的重要问题。车辆基地上盖物业综合开发是在保障城市轨道交通发展建设的基础上，对车辆基地以及周边用地进行一体化设计，实现工业建筑与民用建筑立体叠加、复合利用。其开发内容包括地面（白地部分）开发、地下开发、上盖开发。从城市、车辆基地、上盖物业三个层次，建立健全整体开发建设体系，利用立体复合的业态开发，形成尺度宜人的空间形态，塑造良好的城市形象，实现城市空间的高效集约。

对车辆基地进行上盖综合开发时，按空间组合划分的建筑类型有以下几种：

（1）带上盖开发的地上车辆基地。开发建筑集中布置在盖上，如图 1-17 所示。

（2）竖向叠合开发的地上车辆基地。不仅在车辆基地的盖上布置开发建筑，也在车辆基地的地下部分布置小汽车停车库等配建开发用房，如图 1-18 所示。

（3）带上盖开发的地上双层车辆基地。车辆基地主体建筑有双层，在其盖上做综合开发，如图 1-19 所示。

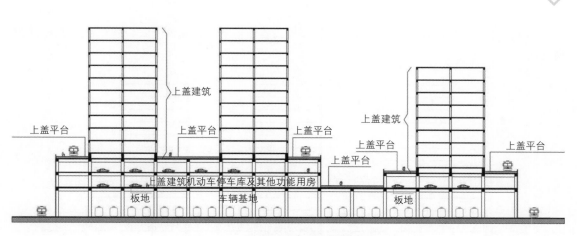

图 1-17　带上盖开发的地上车辆基地示意图

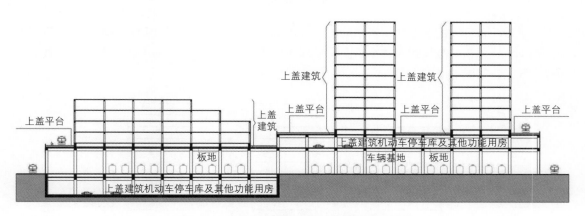

图 1-18　竖向叠合开发的地上车辆基地示意图

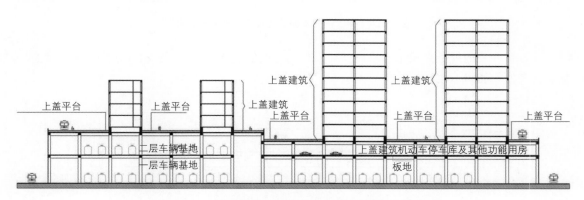

图 1-19　带上盖开发的地上双层车辆基地示意图

（4）带上盖开发的地下车辆基地。车辆基地设置于地下，在其盖上做综合开发，如图1-20所示。

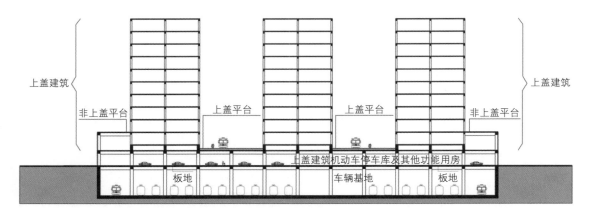

图1-20 带上盖开发的地下车辆基地示意图

（5）带上盖开发的下沉式车辆基地。下沉式车辆基地是指车辆基地用地范围内的场段区地面全部下沉，除沿盖板周边消防车道上设局部连接通道外，原则上全敞开消防车道，在其盖上做综合开发，如图1-21所示。

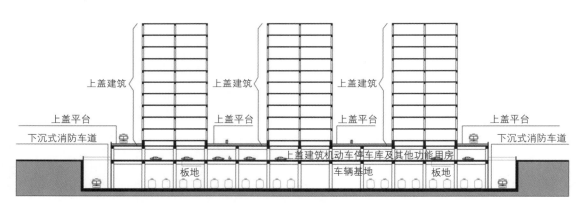

图1-21 带上盖开发的下沉式车辆基地示意图

（6）带开发的地上高架车辆基地。高架车辆基地是指车辆基地下方有架空层，利用架空层做综合开发，如图1-22所示。

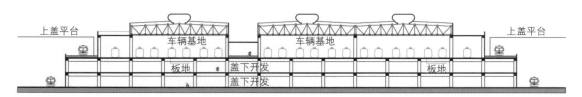

图1-22 带开发的地上高架车辆基地示意图

第四节　控制中心

运营控制中心是调度人员通过使用通信、信号、综合监控（电力监控、环境与设备监控、火灾自动报警）、自动售检票等中央级系统操作终端设备，对地铁全线（多线或全线网）列车、车站、区间、车辆基地及其他设备的运行情况进行集中监视、控制、协调、指挥、调度和管理的工作场所。

正常运行情况下，控制中心环控调度负责全线消防总值班、火灾自动报警系统（fire alarm system，FAS）的中央级监控、车站环控设备及隧道通风系统的中央监控，以及上述系统设备的施工组织实施；行车调度根据时刻表发车，按照列车运行图的要求，调节线上与车辆段进出列车，实现地铁运输服务，并通过闭路电视（closed-circuit television，CCTV）进行监控；电力调度负责正线及车辆段交流高中压及牵引供电的监控、供电系统施工作业的审批和组织实施；维修调度收集并传达由司机或监控设备上报的任何故障信息，与车辆维保人员协作，监管基地内列车的存车、维护和清洗，轨道进入管理及系统区域作业监控；客运调度负责权限客流监控和乘客信息发布。

在紧急情况下，控制中心将指挥与协调一线作业员（驾驶员、站务人员及维保人员）进行灭火救援与抢修工作，联络与协助消防、公安、医疗救护等外部单位进行应急救援。

一、控制中心

控制中心（operation control center，OCC）是轨道交通线路所有信息的集散地和交换枢纽，是对全线列车运行、电力供应、车站设备、防灾报警和乘客票务等实行管理和调度指挥的中心。

二、综合运营协调中心

综合运营协调中心（comprehensive operation coordination center，COCC），是指当一个城市的轨道交通发展到一定规模，需要从对单一线路的运营管理拓展到对多线乃至路网时，设置的基于 OCC 之上的轨道交通综合运营协调中心，以实现轨道交通网络中各条线路有效、合理、协调的运作，最大限度地满足客流的需求，充分发挥系统的整体能力和综合效益，确保系统的运营安全和可靠性。

三、线网运营控制、指挥、协调中心

线网运营控制、指挥、协调（command, control and coordination，C3）中心，是指当城市轨道交通网络逐步形成时，轨道交通运营管理实现由多线管理向网络化管理的转变，宜设置包含线路集中运营控制、线网调度与应急指挥、线网协调与辅助决策等综合功能的中心。C3 宜建为包含运营控制中心、运营协调与应急指挥中心、相关网络化业务中心于一体，服务于市轨道交

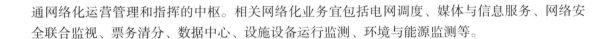

通网络化运营管理和指挥的中枢。相关网络化业务宜包括电网调度、媒体与信息服务、网络安全联合监视、票务清分、数据中心、设施设备运行监测、环境与能源监测等。

<h1 style="text-align:center">第五节　地铁车辆</h1>

地铁车辆是城市轨道交通工程最重要的设备，也是技术含量较高的机电设备，其应具有先进性、可靠性和实用性，应满足容量大、安全、快速、美观和节能的要求。

一、地铁车辆编组

城市轨道交通车辆按有无动力可分为两大类：动车（M），带有动力牵引装置，并可分为带受电弓的动车（Mp）和不带受电弓的动车（M）；拖车（T），本身无动力牵引装置，并可分为带驾驶室的拖车（Tc）和不带驾驶室的拖车（T）。

1. 全动车编组运行

这种编组的优点是摘编方便、编组灵活，可以充分利用粘着，以发挥再生制动或电阻制动的作用，减少基础制动带来的粉尘污染，而且比较容易实现大的加减速度，有利于缩短停站时间。

2. 动、拖混编（"四动加两拖"或"六动加两拖"）

这种编组形式虽然动车数量减少，但启动和制动的加减速度同样可以满足客运量及行车间隔的要求，而由于动车数量的减少可以显著节省投资和维修费用。编列运行时，多采用 8 节编组、6 节编组和 4 节编组。带驾驶室的 Tc 车始终编在列车的两端，其他车型在列车中的位置可以互换。如 6 节编组的形式可以是 Tc-Mp-M-Mp-M-Tc，也可以是 Tc-Mp-M-M-Mp-Tc，8 节编组的形式可以是 Tc-Mp-M-Mp-M-Mp-M-Tc，也可以是 Tc-Mp-M-M-Mp-Mp-M-Tc。

二、地铁车辆类型

地铁车辆主要在大城市地下隧道中运行，也可以在地面或高架上运行。根据线路和客运规模的不同，可将地铁分为高运量地铁和大运量地铁，其主要技术标准及特征见表 1-1。

三、地铁车辆组成

地铁车辆尽管形式不同，但均可由机械系统、牵引系统、辅助系统三大部分组成。其中，机械系统包括车体、客室车门、车钩缓冲装置、转向架、机械制动系统、空调系统；牵引系统包括车辆受电弓、牵引电机等电器以及电气传动控制系统；辅助系统由辅助电源、车钩、空调、照明、车门等自控监控系统等组成。

表 1-1　地铁车辆主要技术标准及特征

系统	分类	车辆和线路条件	客运能力 N（人次 /h）及运营速度 v（km/h）	备　注
地铁系统	A 型车辆	车长：24.4 m/22.8 m 车宽：3.0 m 定员：310 人 线路半径：≥ 300 m 线路坡度：≤ 35‰	N：4.0 万～7.5 万 v：≥ 35	高运量； 适用于地下、地面或高架
	B 型车辆	车长：19.52 m 车宽：2.8 m 定员：230～245 人 线路半径：≥ 250 m 线路坡度：≤ 35‰	N：3.0 万～5.0 万 v：≥ 35	大运量； 适用于地下、地面或高架
	直线电机B 型车辆	车长：17.2 m/16.8 m 车宽：2.8 m 定员：215～240 人 线路半径：≥ 100 m 线路坡度：≤ 60‰	N：2.5 万～4.0 万 v：≥ 35	大运量； 适用于地下、地面或高架

1. 车体

车体是容纳乘客和司机驾驶（对于有司机室的车辆）的地方，又是安装与连接其他设备和部件的基础。一般有底架、端墙、侧墙及车顶等。地铁列车内部如图 1-23 所示。

2. 动力转向架和非动力转向架

动力转向架和非动力转向架位于车体和轨道之间，用来牵引和引导车辆沿着轨道行驶，承受与传递来自车体及线路的各种载荷并缓冲其动力作用，是保证车辆运行品质的关键部位。其一般由构架、弹簧悬挂装置、轮对轴箱装置和制动装置等组成。地铁列车底部转向装置如图 1-24 所示。

图 1-23　地铁列车内部

图 1-24　地铁列车底部转向装置

3. 牵引缓冲连接装置

车辆编组成列安全运行必须借助于连接装置。为了改善列车纵向平稳性，一般在车钩后部装设缓冲装置，以缓和列车的冲动。地铁列车头部牵引装置如图1-25所示。

4. 制动装置

制动装置是保证列车安全运行所必不可少的装置（图1-26）。城市轨道车辆制动装置除常规的空气制动装置外，还有再生制动、电阻制动和磁轨制动等。

5. 受流装置

从接触导线（接触网）或导电轨（第三轨）将电流引入动车的装置称为受流装置或受流器。受流装置按其受流方式可分为杆形受流器、弓形受流器、侧面受流器、轨道式受流器和受电弓受流器等形式。图1-27所示为员工正在检查受电弓部件。

图1-25 地铁列车头部牵引装置

图1-26 地铁列车制动装置

图1-27 员工正在检查受电弓部件

6. 车辆内部设备

车辆内部设备（图1-28）包括服务于乘客的车体内的固定附属装置和服务于车辆运行的设备装置。前者包括车电、通风、取暖、空调、座椅、拉手等。后者即服务于车辆运行的设备装置大多吊挂于车底架，如蓄电池箱、继电器箱、主控制箱、电动空气压缩机组、总风缸、电源变压器、各种电气开关和接触器箱等。

7. 车辆电气系统

车辆电气系统（图1-29）包括车辆上的各种电气设备及其控制电路。按其作用和功能可分为主电路系统、辅助电路系统和控制电路系统三部分。

图1-28 车辆内部设备 　　　　　　图1-29 车辆电气系统

第六节 供电系统

地铁供电系统是专门为地铁提供电能的系统，不仅为地铁电动列车提供牵引用电，还为车站、车辆段等运营服务场所供应电力。地铁供电系统作为地铁运行的重要基础设施，不仅保证了地铁列车的正常运行，也为乘客提供了安全的乘坐环境。

一、供电系统的组成

地铁供电系统是为地铁运营提供电能的。供电电源一般取自城市电网，通过城市电网一次电力系统和地铁供电系统实现输送或变换，最后以适当的电压等级、一定的电流形式（直流或交流电）供给用电设备。城市电网一次电力系统发电厂的发电机发出的电能，要先经过升压变压器升高电压，然后以110 kV或220 kV的高压，通过三相传输线输送到区域变电站。在区域变电站中，电能先经过降压变压器把110 kV或220 kV的高压降低电压等级（如10 kV或35 kV），再经过三相输电线输送给本区域内的牵引变电站和降压变电站，并再降为地铁所需的电压等级（如1 500 V、380 V等）。图1-30中，虚线1上部为城市电网一次电力系统，虚线1下部为地铁供电系统。

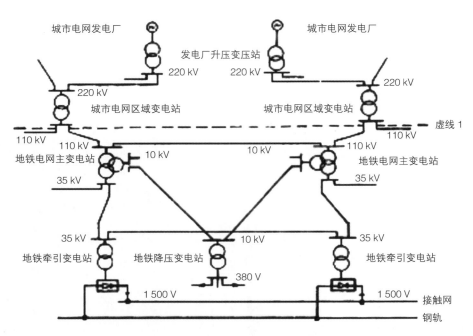

图 1-30　城市电网一次电力系统和地铁供电系统示意图

在城市轨道交通供电系统中，根据用电性质的不同可将其分为两部分，即以牵引变电站为主的牵引供电系统和以降压（动力）变电站为主的动力照明供电系统。

1. 牵引供电系统

地铁牵引供电系统示意图如图 1-31 所示，其各部分的名称及功能简述如下：

（1）牵引变电站。指供给地铁一定区段内牵引电能的变电站。

（2）接触网（架空线或接触轨）。指经过电动列车的受电器向电动列车供给电能的导电网。

（3）回流线。指用以供牵引电流返回牵引变电站的导线。

（4）馈电线。指从牵引变电站向接触网输送牵引电能的导线。

（5）轨道。指利用走行轨作为牵引电流回流的电路。

一般将接触网、馈电线、轨道、回流线总称为牵引网。

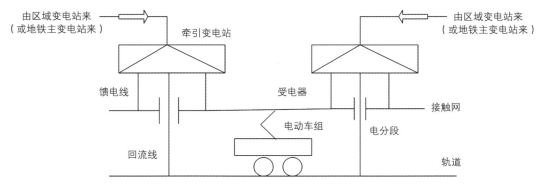

图 1-31　地铁牵引供电系统示意图

2. 动力照明供电系统

地铁动力照明供电系统示意图如图1-32所示，其各部分的名称及功能简述如下：

（1）降压变电站。其将三相电源进线电压降压变为三相380 V交流电。降压变电站的主要用电设备是风机、水泵、照明、通信、信号、防火报警设备等。

（2）配电所（室）。其仅起到电能分配作用。降压变电站通过配电所（室）将三相380 V和单相220 V交流电分别供给动力、照明设备，各配电所（室）对本车站及其两侧区间动力和照明等设备配电。

（3）配电线路。指配电所（室）与用电设备之间的导线。

在动力照明供电系统中，一般每个车站设置一个降压变电站，有时可几个车站合设一个；也可将降压（动力）变压器附设在某个牵引变电站之中，构成牵引与动力混合变电站。

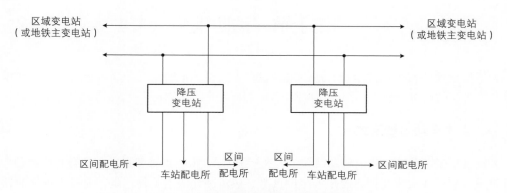

图1-32　地铁动力照明供电系统示意图

二、变电站的主要类型

在地铁供电方式中，变电站分为三种基本类型：主变电站、牵引变电站和降压变电站。

1. 主变电站

主变电站是由上一级的城市电网区域变电站获得高压（如110 kV或220 kV）电能，经其降压后，以中压电压等级供给牵引变电站和降压变电站的一种地铁变电站。为保证牵引等一级负荷的用电，应设置两座或两座以上的主变电站（室）。任一主变电站停电并且另一主变电站一路电源进线失压时，可切除地铁供电系统中属于二、三级负荷的用电，以保证全部牵引变电站不间断地供电，使电动列车仍能继续运行。

2. 牵引变电站

牵引变电站从城市电网区域变电站或地铁主变电站获得电能，经过降压和整流变成所需要的直流电。一般设置在沿线若干车站及车辆段附近，相邻牵引变电站之间距离为2～4 km，每个牵引变电站按其所需总容量设置两组整流机组并列运行，沿线任一牵引变电站故障解列，由两侧相邻的牵引变电站承担共同的全部牵引负荷。

3. 降压变电站

降压变电站要保证车站的环境正常和系统控制，就需要设置各种用电设备，如通风、给排水泵、自动扶梯等动力设备以及照明（包括事故照明）、通信、信号等，这些用电设备大都使用三相 380 V 或 220 V 交流电。降压变电站的作用就是从城市电网区域变电站或主变电站获得电能并降压变成低压交流电。然后，再经过下设的配电所分配给各种动力和照明等设备用电。动力和照明等设备大部分集中在车站，也有一部分分散在区间隧道内，所以，一般在车站附近设置降压变电站和配电所，由它们对车站和两侧区间隧道进行供电和配电。此外，车辆段和系统控制中心也需要由专设的降压变电站供电。

第七节　消防设施

为了保证地铁安全正常运行，地铁内设置有火灾自动报警系统、固定灭火系统、防排烟系统等各类必需的消防设施，起到火灾探测、扑救和烟气控制等作用。

一、火灾自动报警系统

火灾自动报警系统主要由触发器件（火灾探测器）、火灾报警装置以及具有其他辅助功能的装置组成。它能在火灾初期将燃烧产生的烟雾、热量和光辐射等物理量，通过火灾探测器变成电信号，传输到火灾报警控制器，并发出声、光警报信号，启动消防联动设备。地铁火灾自动报警系统一般分为中央级设备和车站级设备，中央与车站之间通过网络连接。中央级设备一般安装在控制中心。车站级设备一般安装在各车站的车站控制室。

1. 中央级设备

中央级设备由报警主机、中央工作站、打印机、网络模块和事故风机控制盘等组成，实现对全线火灾情况的监控和时钟同步功能。

2. 车站级设备

车站级设备由报警主机、车站工作站、打印机、网络模块、外围设备等组成。外围设备一般是指自动或手动火灾报警器、插式话机、电话插孔、带箱话机、消防泵启动开关等。车站级设备主要负责对所辖车站火灾情况进行监控，记录报警、故障等信息并上传中央级设备。

二、固定灭火系统

地铁常见固定灭火系统主要包括消火栓灭火系统、自动喷水灭火系统、高压细水雾灭火系统和气体灭火系统等。

地铁车站消防水系统由城市自来水管网两路给水。上海地铁地下车站和地面基地设有消火栓系统和自动喷水灭火系统，地面车站和高架车站一般仅设有消火栓系统。典型地下车站水灭火系统示意图如图 1–33 所示。

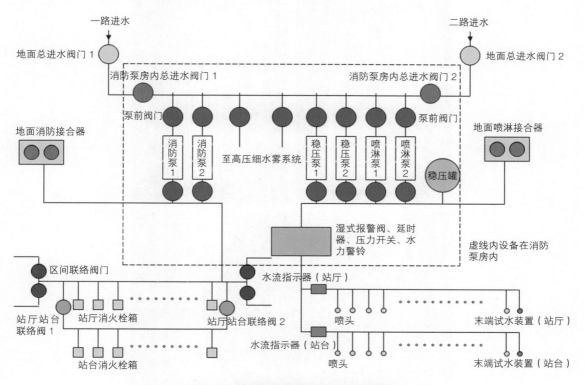

图 1–33 典型地下车站水灭火系统示意图

1. 消火栓灭火系统

消火栓系统由供水设施、消火栓、配水管网和阀门等组成。车站消火栓灭火系统由市政管网供水，管道从地面首先进入消防泵房内，经增压水泵增压。管道出消防泵房后，在车站内形成环网布置，并与相邻车站的消火栓管道相连通。在地面，消火栓系统设有两个双头消防水泵接合器，当本站消火栓增压水泵不能工作或两路消防供水断水时，也可由消防车将增压水通过消防水泵接合器向车站消火栓管网供水。消火栓如图 1–34 所示。

2. 自动喷水灭火系统

自动喷水灭火系统由洒水喷头、报警阀组、水流报警装置（水流指示器或压力开关）等组件，以及管道、供水设施等组成，是能在发生火灾时喷水的自动灭火系统。上海地铁地下车站站厅层和站台层的公共区、长度超过 100 m 的出入口通道、商业用房、停车场等均设置有自动喷水灭火系统。

3. 高压细水雾灭火系统

高压细水雾灭火系统是利用纯水作为灭火介质，采用特殊的喷头在特定的压力工作下（通常为 10 MPa）将水流直接或采用氮气等雾化介质将水分解成细水雾或分解成细小水滴进行灭火或防护冷却的一种固定式灭火系统。

图1-34 消火栓

高压细水雾灭火系统一般由高压细水雾泵组（图1-35）、高压细水雾喷头以及火灾报警联动系统等组成。高压细水雾泵组包括高压主泵、高压备泵、稳压泵、进水电磁阀、进水过滤器、泵组控制柜、调节水箱等；补水增压装置包括增压泵、供水管网、区域控制阀组（图1-36）等。

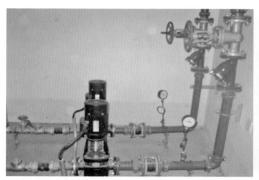

图1-35 高压细水雾泵组

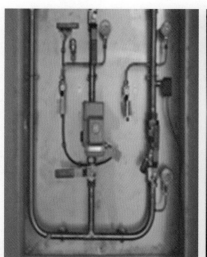 

（a）开式阀组　　　　　　　　　　　　　（b）闭式阀组

图 1-36　区域控制阀组

4. 气体灭火系统

气体灭火系统一般由灭火剂储存瓶组、液流单向阀、气流单向阀、压力开关、选择阀、阀驱动装置、喷头、集流管、释放管网及报警灭火控制器等组成。上海地铁用得较多的是 IG541 混合气体灭火系统，其一般被安装在车站的重要设备用房，如通信和信号机房（含电源室）、变电站（含控制室）、环控电控室、综合监控设备室、站台门控制室、蓄电池室、自动售检票机房等。

三、防排烟系统

地铁防排烟系统的主要作用是迅速排除烟气或将烟气控制在一定区域内，防止烟气向邻近区域扩散，并使疏散、救援通道或避难通道等免受烟气侵害或在人员耐受标准范围内，以创造疏散或救援环境条件。

地铁车站通风与空调系统、防排烟系统通常简称为环控系统，由于车站地下空间小、管线繁多，难以独立设置排烟系统，因此，地铁车站的防排烟系统通常和通风与空调系统合用，当火灾发生时将正常通风与空调系统转换为防排烟系统。地铁防排烟系统，按环控系统分类一般分为开（闭）式系统的防排烟系统和屏蔽门式系统的防排烟系统；按车站防排烟系统控制区域分类，通常分为车站公共区域防排烟系统、车站设备和管理用房区域防排烟系统和区间隧道防排烟系统三类；按车站通风与空调系统设置分类，通常分为车站大系统防排烟系统、车站小系统防排烟系统和区间隧道防排烟系统三类。开（闭）式系统和屏蔽门式系统的区别是车站站台是否设有屏蔽门，设有屏蔽门的称为屏蔽门式系统，没设的称为开（闭）式系统，两者的防排烟系统控制模式是有一定区别的。一般地铁车站防排烟系统，通常多按车站防排烟系统控制区域或公共区、设备区、区间系统分类。

第二章 地铁消防安全

地铁消防安全是一个涉及多个方面的复杂系统工程。它通过一系列预防措施、管理策略和应急响应机制，确保地铁运营过程中火灾风险的最小化，确保在火灾发生时能够高效处置，保护乘客和工作人员的生命安全及财产安全。

第一节 地铁消防内涵

地铁作为城市交通的重要组成部分，其消防安全对于乘客的生命安全和城市的正常运行至关重要。地铁消防不仅仅单指灭火和疏散，而且是一项系统工程，涵盖了地铁消防设计、地铁消防安全管理、地铁应急响应等多个方面，只有树立地铁"大消防"全局观念，严格执行标准规范和规章制度，充分吸收借鉴国内外先进理念，才能因地制宜地做好地铁消防安全工作，最大限度地降低地铁消防风险、减少灾害损失。

地铁消防设计是做好地铁消防安全的前置条件，只有在设计阶段就充分考虑地铁消防安全，才能为地铁的平安运行打牢坚实基础。按照"预防为主、防消结合"的原则，地铁消防设计要从火灾风险控制的角度出发，综合考虑火灾危险性、总平面布局、建筑耐火等级及防火分隔、结构防火、安全疏散及灭火救援等因素，对地铁车站、区间隧道、车辆基地等各部分进行充分分析和研判，建立完善的消防安全设施体系。

地铁消防安全管理是确保地铁消防安全的根本，只有在日常充分做好消防安全管理工作，才能避免各类事故的发生。按照"政府统一领导、部门依法监管、单位全面负责、公民积极参与"的消防工作原则，地铁消防安全管理的主体有政府、部门、单位、公民四个层级，只有通过多方共同努力，才能保障地铁消防安全。地铁运营单位作为全面负责地铁消防安全的主体，应全面实行"党政同责、一岗双责"制度，落实消防安全责任制，依法接受政府统一领导和部门监管。地铁行政管理部门作为监管单位，要按照《中华人民共和国消防法》（简称《消防法》）的要求，严格履职，确保地铁消防安全。

地铁应急响应是发生突发事件时的处置保证，只有建立完善的地铁应急响应机制、制定充分的应急预案，才能避免事故扩大，减少灾害损失。地铁系统中应建立应急指挥体系，明确各级应急指挥机构的职责和权限，确保火灾发生时能够迅速启动。应根据地铁的特点和火灾风险，制定详细的火灾应急预案，明确火灾发生时的应急措施和程序。应定期组织火灾应急演练，提高员工的应急处理能力和协同作战能力。与当地消防、医疗、交通等部门建立应急联动机制，确保火灾发生时能够得到及时的支援。

第二节　地铁事故风险特点及诱因分析

地铁事故风险的特点是多方面的，涉及人为、设备、环境、管理等多个因素。通过对地铁事故风险特点及诱因进行分析，有助于采取更有效的预防措施和应对策略，减少事故发生的概率和影响。

一、地铁事故风险特点

地铁系统庞大、内部结构复杂，系统内部各因素之间相互作用、相互影响，形成了诸多事故风险点，主要体现以下几个方面：

1. 烟气影响范围大、排烟困难

与其他建筑相比，地铁建筑空间狭小，只能通过出入口和有限的风井与外界相通。同时，我国地铁车站净高不高，容烟量非常有限。地铁内还受列车行驶活塞风影响，受工艺限制，防火、防烟分隔困难，烟气蔓延影响范围大。一旦发生火灾，烟气不易迅速排除，容易造成大范围的烟气扩散。

2. 火灾易产生轰燃

隧道内列车起火后，空气体积急剧膨胀、压力增高，在狭小空间内容易发生"轰燃"。同时隧道内空气量不足，不完全燃烧形成的 CO 等产物随高温烟气流动，当有新风补入并遇到新的可燃物时会引发新的燃烧，造成火灾规模的扩大。

3. 人员疏散困难

地铁空间狭小，人员疏散路径曲折、漫长，特别是大型深埋地下综合体、区间隧道内，疏散路线非常复杂。地铁车站客流量大，人员组成多样，相当多人员对地铁疏散环境不熟悉。同时，地铁内通道数量少，救援通道与疏散通道合用。这些因素都使有组织地指挥大型客流疏散变得极其困难。

4. 灭火救援困难

地铁的区间隧道只有两端与车站相接，间接通过车站通往地面。区间内乘客疏散路径与救援路径相同，火灾时救援人员很难及时到达灾害现场实施救援和灭火。同时，空间狭小，有效的消防灭火装备难以进入灾害现场。

5. 系统联动、组织指挥复杂

地铁内发生火灾时，联动的设备非常多，除了常规的风机系统、疏散指示系统外，还有列车控制、屏蔽门、闸机、电扶梯、门禁、通信、大面积的防火卷帘等，仅仅地铁系统内部就有数十种系统的联动。若火灾发生在区间，还需若干个车站甚至其他线路列车和风机系统的联动，枢纽车站或包含车站的地下综合体火灾时的系统联动就更为复杂。此外，由于造价高的问题，地铁系统内多数排烟系统与正常通风空调系统合用，造成火灾时工况转换复杂。

地铁枢纽车站或包含车站的地下综合体火灾时，建筑内部需要统一指挥人员疏散、救援，地面交通也需要疏导指挥，其间可能涉及地铁运营部门、公安、交通、电力、环保、民防、卫生等多部门的联动，组织指挥复杂。地铁通车运营后，实施预演困难、统筹各部门的预演更困难，致使实战经验明显不足，增加了救灾指挥的难度。

二、地铁事故诱因分析

地铁是一个集时间与空间于一体的封闭动态系统，在运营过程中引发灾害事故的因素错综复杂，可将地铁事故灾害的诱因总结为以下四个方面：

1. 人为因素

一方面是乘客的不安全行为引发的事件，如跳轨、踩踏等，另一方面是在岗人员的违规操作、错误行为导致的。人为因素属于可控因素，加强对乘客的安全引导以及从业人员的专业培训等，可以避免突发事件的发生。

2. 设备因素

近年来国内突发事件的发生多是由于设备故障导致的，如信号故障、通信故障、屏蔽门故障等，运营单位应加强设备的日常保养和安全检查，严控设备质量问题。

3. 环境因素

主要是指社会环境或自然环境造成的事故，且在短期内无法消除，如暴雨、台风、地震等自然因素以及纵火、恐怖袭击等社会因素。虽然它们均属于不可控因素，但可以通过加强监测预警，尽可能降低危害。

4. 管理因素

在地铁运营管理过程中长期存在的潜在风险导致事件的爆发，如应急预案不健全、处理滞后、处置不规范等，耽搁救援时间，可能造成二次事故的发生。

第三节　典型地铁事故案例

随着全世界地铁开通城市和客运量的增多，地铁运营过程中的突发事故数量不断增加，部分突发事故不仅带来了巨大的经济损失，而且严重影响了乘客的乘坐体验，并对乘客的通勤造成了极大的影响。

国内外地铁线路和站点发生过一些事故（表2-1）。从这些灾害事故案例看，国外恐怖活动对地铁消防安全的威胁较大，尤其是欧洲、东亚等区域的国家，发生过大量的恐怖活动，造成大量的人员伤亡；国内案例中，自然灾害、公共安全事故、停电事故等是威胁地铁消防安全的重要因素，尤其是水灾等自然灾害，可能引发较大的人员伤亡。

表 2-1　国内外地铁事故案例统计

分类	事故类型	事　故　案　例	事故后果
人为因素	错误行为	1987 年 11 月 18 日，英国伦敦国王十字车站乘客在出站自动扶梯上点着香烟后，随手将火柴梗扔进了扶梯缝隙内，引燃扶梯沉积的润滑油脂、可燃的纤维和碎屑等可燃物质发生火灾	31 人死亡，100 多人受伤
	跳轨、坠轨事故	2017 年 12 月 28 日，中国上海地铁 2 号线娄山关路站上行方向一男性乘客从站台跳入轨道	被后续列车冲撞身亡
		2022 年 8 月 9 日 11 时 30 分许，中国北京地铁 2 号线朝阳门站列车进站时，一名男子跳入轨道	人员死亡
	踩踏事故	2015 年 4 月 20 日，中国深圳地铁 5 号线黄贝岭站一名女乘客在站台上晕倒，引起乘客恐慌情绪，部分乘客奔逃踩踏，引发现场混乱	12 名乘客受伤被送往医院
		2017 年 7 月 20 日，中国深圳地铁中有人昏倒车厢，有一乘客因不明原因奔跑，人群受惊引起慌乱	致 15 名乘客轻微擦伤
设备因素	信号故障	1995 年 6 月 5 日，美国纽约一列南行的 J 线地铁列车与一辆停驶在红色信号灯处的 M 线地铁列车尾部相撞	1 人死亡，69 人受伤
		2006 年 7 月 11 日，美国芝加哥一列车因设备故障发生脱轨	致 154 人死亡
		2011 年 9 月 27 日，中国上海地铁 10 号线因信号设备发生故障，部分区间采用人工调度的方式。14 时 51 分，地铁 10 号线在豫园往老西门方向的区间隧道内发生了 5 号车追尾 16 号车的事故	致大量乘客受伤，271 人到医院就诊，其中 180 人出院、61 人住院治疗，无人员死亡
	电气故障	1995 年 10 月 28 日，阿塞拜疆首都巴库的乌尔杜斯地铁站因高压电线短路爆发出的火花引燃了车厢	死亡人数超过 600 人
	设施施工问题	2013 年 1 月 8 日，中国昆明地铁首期工程南段列车在空载试运行过程中发生意外，高架与隧道过渡段防火门脱落导致列车第一节车厢脱轨	致司机室暖风装置坠落，造成值班司机一死一轻伤
	屏蔽门夹人	2014 年 11 月 6 日 18 时 57 分，中国北京地铁 5 号线惠新西街南口站一女性乘客在乘车过程中卡在屏蔽门和车门之间，列车启动后掉下站台	1 人死亡
	电梯故障	2011 年 7 月 5 日，中国北京地铁 4 号线动物园站 A 口上行扶梯发生设备故障，正在搭乘电梯的部分乘客由于上行的电梯突然之间进行了倒转，原本是上行的电梯突然下滑，很多人防不胜防，人群纷纷跌落	造成 1 人死亡，30 人受伤
环境因素	炸弹	2010 年 3 月 19 日，俄罗斯莫斯科地铁卢比扬卡广场站和文化公园地铁站发生自杀性爆炸袭击	至少 41 人死亡，超过 74 人受伤
		2010 年 4 月 11 日，白俄罗斯首都明斯克奥克佳布里斯卡娅地铁站台发生爆炸袭击	15 人死亡，近 200 人受伤

续　表

分类	事故类型	事　故　案　例	事故后果
环境因素	炸弹	2011 年 4 月 11 日 17 时 56 分下班高峰时间，白俄罗斯首都明斯克唯一的地铁换乘站"十月"站发生爆炸	15 人死亡，约 200 人受伤
		2015 年 12 月 1 日傍晚，土耳其最大城市伊斯坦布尔一个地铁站附近发生炸弹爆炸	有 5 人受伤。有车辆在爆炸中损毁
		2016 年 3 月 22 日下午，比利时布鲁塞尔欧盟总部附近地铁站发生爆炸	至少 20 人遇难，另有 106 人受伤
		2017 年 4 月 3 日，俄罗斯圣彼得堡地铁发生爆炸事故	16 人死亡，50 多人受伤
		2017 年 9 月 15 日，英国伦敦帕森格林地铁站站台上一个简易爆炸装置在地铁车厢内爆炸	造成至少 29 人受伤
	纵火	2003 年 2 月 18 日，韩国大邱市 1079 号地铁列车在行驶过程中，车上一男子突然点燃随身携带的易燃燃料，列车座椅上的可燃材料随即燃烧，火灾快速蔓延到其他车厢。1079 号列车起火后，1080 号列车驶入车站。当 1080 号列车准备驶出车站时，电流中断，车辆无法行驶，车门也无法打开	198 人死亡，147 人受伤，受害者多为 1080 号列车乘客
		2011 年 1 月 10 日晚 10 时许，中国广州地铁 5 号线车厢起火发生火灾，现场发现一个装在包裹里的小型煤气罐	无乘客受伤
		2017 年 2 月 10 日晚 7 时前后，中国香港一列由金钟开往荃湾方向的地铁，突然在尖沙咀站起火	18 人受伤，其中有 4 人被严重烧伤
	自然灾害	2021 年 7 月 20 日，中国郑州持续遭遇极端特大暴雨，致使郑州地铁 5 号线五龙口停车场及其周边区域发生严重积水现象。积水冲垮出入场线挡水墙进入正线区间，导致 5 号线一列列车被洪水围困	14 人死亡
管理因素	生产安全责任事故	2023 年 12 月 14 日，中国北京地铁昌平线西二旗站至生命科学园站上行区间，两辆列车发生追尾事故。经调查认定，事故因雪天导致列车制动距离延长、运营单位雪天应对措施落实不到位、行车调度员处置不当、列车司机操作不当，造成事故发生	30 余人受伤，无人员死亡

第三章 "数"说上海地铁

上海地铁作为城市交通的重要组成部分，占全市公共交通出行比例 70% 以上。本章通过一系列特色数字的介绍，不仅是对上海地铁发展的回顾，更是对现状的总结和对未来的展望。

第一节 上海地铁发展及现状

上海地铁自 1993 年开通首条线路以来，已经走过了 30 年的发展历程，从最初的单一线路到如今总里程超过 800 公里的庞大网络，极大地方便了市民的日常出行。

一、上海地铁规划历程

1956 年 8 月 23 日，上海市政建设交通办公室首次向市人民委员会提出《上海市地下铁道初步规划〈草案〉》。

1983 年，随着上海市城市总体规划的完成，提出总规模为 176 km 的地铁系统规划，以人民广场为枢纽，规划地铁网由 7 条地铁线组成。

20 世纪 90 年代初，国务院批准上海市加快浦东地区的开发。为配合上海城市建设快速发展，上海调整地铁线走向。同时，开始地铁模式和网络扩充、完善的研究。1999 年，上海新一轮的城市总体规划中，城市总体布局以中心城为主体形成"多轴、多层、多核"的市域空间布局结构。轨道交通形成纵横交织的网络，总长 810 km，规划 4 条市域快线、8 条市区线和 5 条区域轻轨线三个功能层级的轨道交通线网。1993 年 5 月，上海地铁 1 号线南段（首期）正式试运营。

2005 年 7 月，国家发展和改革委员会（简称"国家发改委"）批复上海轨道交通第一轮近期建设规划（2005—2012），批复同意新建 8 条线路和 2 条延伸线，线路全长 389 km，开启了上海地铁的高速发展期。2005 年年底，随着上海地铁 1 号线全线至 5 号线的相继建成，上海地铁骨干网初具"十字加环"雏形。

2010 年 12 月、2012 年 6 月，国家发改委分别批复近期建设规划（2010—2016）及其调整规划。

2017 年，在《上海市城市总体规划（2017—2035 年）》的引领下，新版网络规划再次提出"一张网、多模式"的发展思路，形成市域线、市区线、局域线三个功能层次和三个"1 000 公里"的轨道交通线网规划。2018 年 12 月、2022 年 6 月，《上海市城市轨道交通第三期建设规划（2018—2023 年）》及其调整规划相继获得国家发改委批复。

近年来，国家层面、长三角区域层面及上海市陆续提出一系列新的发展政策、规划及需求。

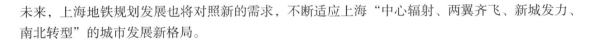

未来，上海地铁规划发展也将对照新的需求，不断适应上海"中心辐射、两翼齐飞、新城发力、南北转型"的城市发展新格局。

二、上海地铁运营历程

上海地铁自 1993 年 5 月 28 日投入试运营以来，至今已 30 余年，上海地铁在新时期得到了飞速的发展。2020 年，上海轨道交通列车数量突破 7 000 辆，位居世界地铁列车保有量第一位。2021 年年底，上海轨道交通全自动运行线路达到 7 条，运营里程达到 234.6 公里，位居世界第一。2021 年年底，上海地铁总里程达到 831 公里，地铁运营里程居世界第一。同时，上海地铁运营车站达到 508 座，换乘车站达到 87 座，日均客流超千万人次。2024 年 3 月 8 日，上海地铁峰值客流达 1 339.7 万人次。轨道交通占城市公共交通客运量的比重也从 2013 年的 47% 提高到 70% 以上（数据含磁浮线）。上海地铁运营发展的具体情况见表 3-1，地铁路网示意图见图 3-1。

表 3-1　上海地铁运营发展

时　间	历　　程
1993 年 5 月 28 日	上海地铁 1 号线南段（首期）试运营
2000 年 6 月 11 日	上海地铁 2 号线首期建成通车
2000 年 12 月 26 日	上海地铁 3 号线首期建成通车
2002 年 12 月 29 日	上海磁浮示范线建成（2006 年正式投入商业运营）
2003 年 11 月 25 日	上海地铁 5 号线建成通车
2005 年 12 月 31 日	上海地铁 4 号线 C 字形建成通车
2007 年 12 月 29 日	上海地铁三线两段（6 号线、8 号线首期、9 号线首期、1 号线北延伸段、4 号线修复段）建成通车
2009 年 12 月 5 日	上海地铁 7 号线首期建成通车
2009 年 12 月 31 日	上海地铁 11 号线首期建成通车
2010 年 4 月 10 日	上海地铁 10 号线建成通车
2010 年 4 月 20 日	上海地铁通行世博专线，为上海世博提供了重要交通保障
2012 年 12 月 30 日	上海地铁 13 号线首期建成通车
2013 年 12 月 29 日	上海地铁 12 号线、16 号线建成通车，上海轨道交通网络运营线路总长度增至 568 km，网络规模跃居世界首位
2017 年 12 月 30 日	上海地铁 17 号线建成通车
2018 年 3 月 31 日	上海地铁浦江线建成通车
2020 年 12 月 26 日	上海地铁 18 号线首期建成通车
2021 年 1 月 23 日	上海地铁 15 号线首期建成通车
2021 年 12 月 30 日	上海地铁 14 号线、18 号线一期北段建成通车，网络运营里程突破 800 公里

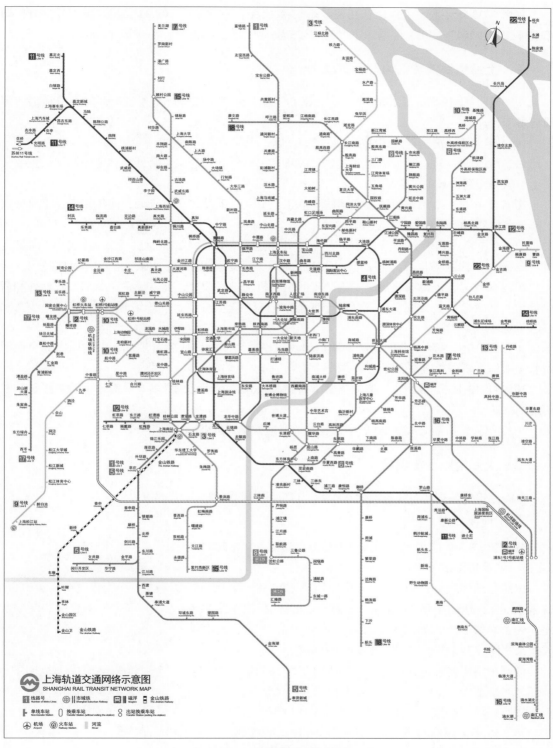

图3-1 上海地铁路网示意图

截至 2023 年年底，上海地铁在建线路共有 12 条，在建里程 209.21 公里。根据《上海市城市总体规划（2017—2035 年）》，到 2035 年，城市轨道交通运营线路将突破 1 000 公里。

三、上海地铁消防机构发展历程

1990 年 1 月 19 日，上海地铁 1 号线开工建设。市消防总队派出 4 名干部负责轨道消防建设筹备工作。

1993 年，轨道消防科正式成立，负责地铁施工现场的消防检查。

1995 年 2 月，轨道防火监督处成立。1995 年 6 月，轨道防火监督处管辖范围明确，主要负责上海轨道交通区域的消防监管。

2005 年 6 月，上海市轨道公安消防支队正式成立，下设防火监督处；同年年底，上海地铁已有 5 条线路，运营里程 234 公里。

2010 年 7 月，上海市轨道公安消防支队组织机构进行调整，成立综合处、防火监督处，功能职责进一步明确。当年随着世博会的召开，上海地铁迎来大发展，线路增至 11 条，运营里程 424 公里。

2012 年 5 月，上海市轨道公安消防支队组织机构进行调整，独立设置司令部、政治处和后勤处，与防火监督处共同构成支队四个职能部门。截至当年年底，上海地铁增至 13 条线路和 430 公里的运营里程。

2018 年 10 月 9 日，公安消防部队退出现役，成建制划归应急管理部，组建国家综合性消防救援队伍，轨道交通支队开始从"橄榄绿"迈向"火焰蓝"。

2019 年 12 月 31 日，轨道交通支队举行挂牌仪式，支队正式更名为上海市消防救援总队轨道交通支队。

2023 年，轨道消防成立 30 周年，也是上海地铁正式运营 30 年。

四、上海地铁运营现状

上海地铁运营现状主要包括地铁车站、区间、车辆基地、运营客流等情况。

（一）地铁车站

截至 2023 年，上海地铁路网共有线路 20 条、车站 508 座（含磁浮线及磁浮站）。

按照车站形式分：508 座车站中，地下车站 385 座，约占总数 75.8%；地面车站 11 座，约占总数 2.2%；高架车站 112 座，约占总数 22%，如图 3-2 所示。换乘车站 87 座，其中 4 线换乘 3 座，3 线换乘 15 座，2 线换乘 69 座。

按照车站所在区位分：上海内环线内车站 156 座，内环与外环之间车站 212 座，外环外车站 140 座。

按照所属行政区分：上海地铁覆盖的 14 个行政区中，浦东新区 156 座，闵行区 52 座，徐汇区 50 座，普陀区 39 座，宝山区 35 座，黄浦区 29 座，杨浦区 29 座，静安区 27 座，嘉

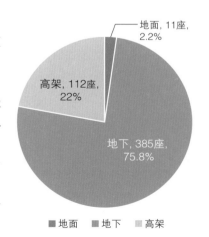

图 3-2　车站类型分类图

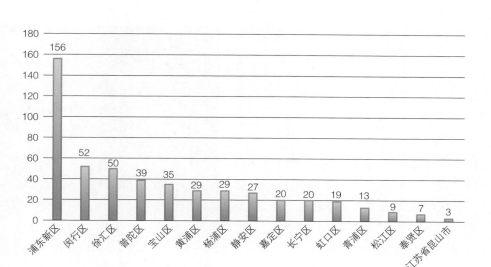

图3-3 上海地铁行政区车站分布情况（单位：座）

定区 20 座，长宁区 20 座，虹口区 19 座，青浦区 13 座，松江区 9 座，奉贤区 7 座，江苏省昆山市 3 座（由苏州地铁运营），如图 3-3 所示。

（二）区间

区间根据轨道所处位置可分为地下、地面和高架三种形式。其中地下区间隧道相对空间封闭，一旦发生紧急情况，疏散、排烟困难。上海地铁路网中，地下区间隧道 550.394 km，占 66%，具体占比分布如图 3-4 所示。

1. 疏散平台

地铁疏散平台是指在地铁区间隧道内设置的用于疏散乘客的专业通道。疏散平台的高度一般与车站站台的高度一致，一旦发生事故时可以开启车门组织乘客从疏散平台疏散到就近的

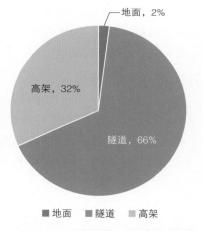

图3-4 上海地铁运营线路区间形式

车站。地铁运营过程中，若在隧道内发生事故，可在列车停稳后，乘客通过地铁疏散平台，离开事发点，安全抵达车站或安全出入口，从而保证乘客的安全。若在站台上发生事故，乘客则可以通过列车驾驶室的疏散门下至疏散平台，疏散离开。

受限于地铁建设年代远近和地铁设计等多方面因素，建设年代较早的车站不一定有此类消防设施；建设年代相对较新的地铁线路，均按照现行地铁建设规范要求，在隧道区间设有疏散平台，如图 3-5 所示。

2. 中间风井

地铁中间风井是建筑中预留的通道，主要用于通风或者防水，危急时刻也可用于逃生与救援。在地铁隧道内，中间风井是一个相对安全的区域。当两列列车同时存在同一段地下区间内，

并需要设置中间风井时，可以在井内设置疏散楼梯直到地面，这样不仅有利于人员的疏散，在灭火救援阶段也会起到重要作用。截至 2024 年 9 月底，上海地铁中设有人员疏散功能的中间风井共计 38 处。

（三）车辆基地

地铁车辆基地是地铁列车停放、日常保养、检修的所在地，同时还具备列车救援、办公综合、材料供应等重要功能。上海地铁共有 37 座车辆基地。

（四）线网调度与应急指挥中心

线网调度与应急指挥中心是调度人员通过使用通信、信号、综合监控、自动售检票等中央级系统操作终端设备，对地铁全线列车、车站、区间、车辆基地及其他设备的运行情况进行集中监视、控制、协调、指挥、调度和管理的工作场所，

图 3-5　隧道区间疏散平台

也是紧急情况下的指挥中心。上海地铁现有 1 个路网调度指挥中心和 4 个线路指挥中心。

（五）运营客流

自 2014 年上海地铁单日客流突破千万人次后，上海地铁客流始终在千万级别高位。2019 年 3 月 8 日，上海地铁当日客流达到 1 327.89 万人次顶峰，后受新冠疫情影响，有所回落。2023 年，上海地铁日均客流重回千万规模并已经超过疫情前的平均水平。近年来上海地铁年日均客流（万人次）统计如图 3-6 所示。

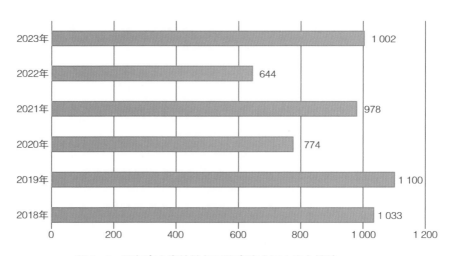

图 3-6　近年来上海地铁年日均客流（万人次）统计

由于各区站点居民密度、周边业态、站点规划等多重因素影响，地铁客流数也存在较大差异。

早高峰（7—9时）时段，上海地铁的进站客流主要集中在外环以外的泗泾、惠南、佘山、九亭等站，出站客流主要集中在陆家嘴、漕河泾、打浦桥等办公聚集区。

与之对应的是晚高峰（17—19时）时段，主要的进站客流同样来自漕河泾、陆家嘴和徐家汇等办公聚集区，而出站客流则主要集中在九亭、泗泾等地铁站。在进站、出站客流的基础上，如果算上换乘客流，2号线是当之无愧的地铁线路"顶流"，日均客流大约占到总客流的10%。

在工作日、周末日均客流最高的10个地铁站中，2号线承载了其中的6个，主要原因是2号线贯穿了多个换乘地铁站。

第二节　上海地铁历史之最

据统计，全球地铁系统较大的有上海、北京、广州、深圳、莫斯科、伦敦、纽约、首尔、巴黎、东京等10个城市。在世界其他城市地铁与上海地铁之间，可以发现许多相似之处和差异。上海地铁的发展反映了城市化进程的加速和对公共交通的需求不断增长。目前，世界范围内的地铁建设不断推进，各国都在努力提高城市交通的效率和便捷性。上海地铁建设中有很多令人瞩目的成就，以下列举其中10项目前之最：

一、世界最长的贯通运营的地铁线路——上海地铁11号线

上海地铁11号线，是上海市第十条建成运营的地铁线路，全长82.4 km，设有38座车站，是世界上最长的贯通运营的地铁线路，也是中国第一条跨省地铁线路，11号线西起江苏苏州花桥站，东至上海浦东迪士尼站，标志色为棕色（图3-7）。

2023年6月24日，上海地铁11号线与苏州地铁11号线（原苏州地铁S1线），在苏州市花桥站实现站内换乘，实现无缝衔接，两地乘客往返更加便捷高效。

二、世界第一条投入商业化运营的磁悬浮线路——上海磁悬浮线

上海磁悬浮线是世界上第一条投入商业化运营的磁悬浮线路（图3-8），全长30 km，

图3-7　上海地铁11号线

图 3-8 上海地铁磁悬浮线

采用德国 TR 技术体系，设计时速 430 公里，也是目前世界上唯一投入商业运营的高速磁悬浮线路。

三、中国可换乘线路最多的地铁线——上海地铁 2 号线

图 3-9 上海地铁 2 号线

上海地铁 2 号线是上海的第二条地铁线路，也是第一条穿越黄浦江的轨道交通线路，运营里程全长超过 60 公里，实现了与轨道交通 1、3、4、6、7、8、9、10、11、12、13、14、15、16、17、18 号线和磁悬浮共 17 条线路换乘，是可换乘线路最多的地铁线，如图 3-9 所示。

2 号线西起青浦区徐泾东站，连接虹桥与浦东两大机场，经过静安寺、南京路步行街、外滩、陆家嘴、世纪公园、上海科技馆、张江高科等上海黄金旅游、交通枢纽、CBD 商务核心区、住宅区等区域，它对促进浦东的开发开放和浦西浦东的联动发展起到了重要作用。

四、中国首座五线换乘车站——龙阳路站

龙阳路站是中国城市轨道交通网络中首座五线换乘车站，是上海唯一一座"五线换乘"的车站，可换乘轨道交通 2、7、16、18 号线和磁悬浮线，其中磁浮线为虚拟换乘（即需要出站换乘），如图 3-10 所示。

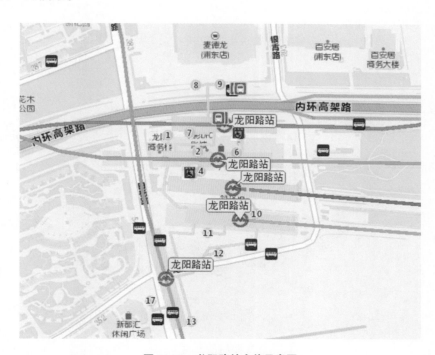

图 3-10 龙阳路站方位示意图

五、上海最深的地铁车站——豫园站（14 号线）

上海地铁豫园站是上海最深的地铁站，建筑深度达到地下的 36 m，相当于 12 层楼的高度。这个站点虽然在地下 30 多米，但是建筑却非常有特色，整个站点都很有艺术气息，站在扶梯上面向下行进，走进站厅就像走进了灯光艺术展，如图 3-11 所示。

六、上海最大的地铁车站——人民广场站

上海最大的地铁站是人民广场地铁站（图 3-12），总面积为 17.61

图 3-11 14 号线豫园站

万 m^2，为 1 号线、2 号线、8 号线换乘车站，共有 18 个出入口（截至 2023 年 6 月），工作日日均客流约 46 万人、位列上海第二，非工作日客流约 30 万人，为非工作日日均客流数最多的车站。

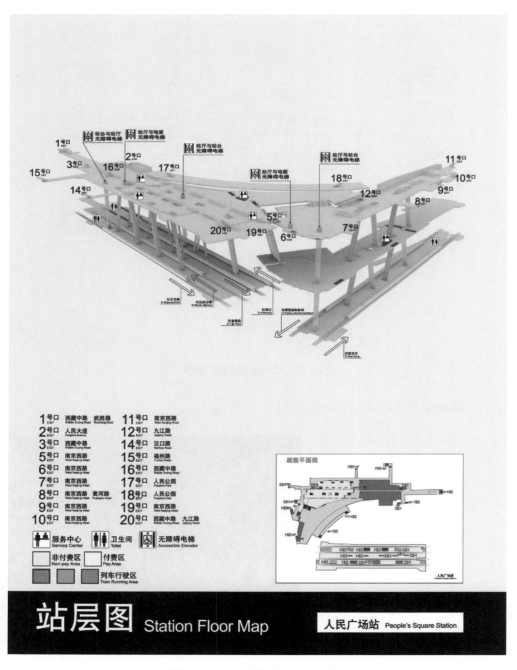

图 3-12　人民广场站站厅层示意图

七、上海出入口最多的地铁车站——徐家汇站

徐家汇站一共 19 个出入口，目前开启 18 个，另一个因为配合周边单位施工暂未开启，为上海出入口最多的车站，如图 3-13 所示。

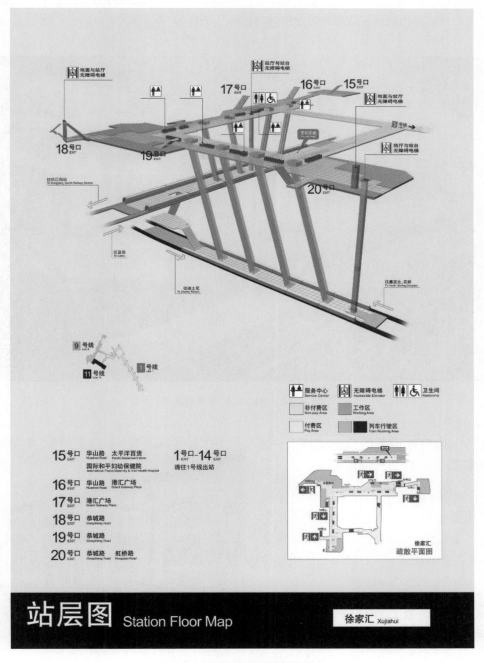

图 3-13 徐家汇站站厅层示意图

八、上海速度最快的地铁线路——16 号线

上海地铁 16 号线是上海市第十三条建成运营的地铁线路（图 3-14），于 2010 年 3 月开工，2013 年 12 月 29 日开通运营首通段（罗山路站至滴水湖站），2014 年 12 月 28 日开通运营后通段（龙阳路站至罗山路站），标志色为水绿色，西北起浦东新区龙阳路站，终点止于滴水湖站，最高时速 120 公里，超过其他地铁时速的 80 公里。

图 3-14 进站中的 16 号线列车

九、上海地铁最长的区间隧道——2 号线淞虹路与虹桥 2 号航站楼

上海地铁目前已运营的最长区间隧道为 2 号线淞虹路与虹桥 2 号航站楼，长度约 6 km，如图 3-15 所示（注：在建的崇明线越江工程两次穿越长江，南港区间长约 7.7 km，北港区间长约 9 km）。

十、上海地铁最短的区间隧道——13 号线自然博物馆与汉中路

上海地铁最短区间隧道为 13 号线自然

图 3-15 2 号线淞虹路站示意图

博物馆与汉中路，区间长度 610 m；第二短为 13 号线马当路站与新天地站，区间 620 m。上海最短区间隧道 Top10 如图 3-16 所示。

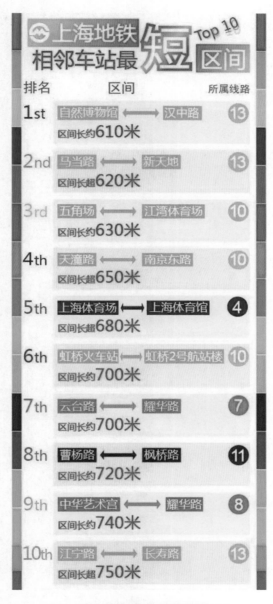

图 3-16 上海最短区间隧道 Top10

第 二 篇

地铁消防设计

地铁消防安全理念必须始终贯彻在建设、运营、维护的各个阶段。地铁消防设计是从源头提高地铁消防安全水平的"保险阀"，是后续工程施工、监理，以及正式开通运营的依据和基础，其作用是预防火灾的发生、控制火灾的蔓延、救护人员和疏散人员，将火灾损失降到最低，确保从源头提升本质安全水平，为运营和维护提供安全可靠的先天环境。

本篇通过对地铁火灾危险性进行分析，提出消防设计原则和消防设计依据，针对地铁车站、区间隧道和车辆基地三个主要场所，结合相关消防技术标准和上海实际建设情况，分别叙述其防火设计原则、建筑防火和消防设施配置要求等。

第四章　地铁消防设计原则

通过设计阶段对消防安全提前谋划和规范，可以让地铁消防设计更具科学性、合理性，有效地预防和控制火灾风险，从而保障地铁系统安全稳定运行。

第一节　火灾危险性分析

从地铁消防设计角度，地铁作为复杂的地下网络，对外出口有限，叠加超大规模客流，疏散逃生与消防救援环境复杂，火灾危险性、火灾后果和社会影响巨大。

一、地铁车站的火灾危险性分析

地铁车站的火灾危险性主要从地铁车站火灾类型、火灾特点两方面进行分析。

（一）地铁车站火灾类型

从第一篇地铁典型事故的案例中可以发现，地铁车站火灾发生的主要类型有以下 2 种：

1. 电气火灾

由于地铁大多位于地下，运行环境湿度大、气温略高，需要电气设备设施的动力支持，长时间运转容易引发高温、电气故障、短路负荷过大等，从而造成火灾危害。检修过程中的焊接作业、地铁车站内的违规使用电器或操作不当等，也会引发电路故障，导致地铁火灾发生。

2. 人为火灾

人员违规操作、用电不慎、乘客违规吸烟、携带易燃易爆物品、人为纵火等，也会导致火灾事故的发生。

（二）地铁车站火灾特点

结合地铁车站的设计，经分析，其火灾具有以下几个特点：

1. 人员疏散较为困难

地下车站站台公共区通常距地面超过 10 m，一旦发生火灾，烟气蔓延的方向和人员疏散方向一致，由于人员复杂宜造成垂直交通拥挤，面临此类突发事件，人们更容易产生恐慌心理，无法有效疏散。若火灾再引起电路故障，车站照明设施无法正常显示，加上火灾烟气导致能见度下降，疏散导向标志也会较难辨别。这种状况下极易发生踩踏事故，影响疏散。

2. 排烟较为困难

车站与外界连通的出口相对较少，位于地下的封闭空间中，层高相对较低、含氧量低，火灾发生时往往不完全燃烧，同时产生的大量高温气体无法与室外快速交换，烟气沉降至视线高度，极易发生轰燃现象，造成重大灾害。

3. 救援较为困难

一旦发生火灾，需要救援人员迅速到达现场。然而浓烟导致车站能见度较低，救援人员无法准确判断火源位置、火灾详情，从而难以实施有效的灭火救援。地下车站内又没有自然照明，火灾中的应急照明一旦出现问题，仅有的风井、疏散出口、出入口通道等在火灾时往往是烟气的出口，增加了救援难度，很难开展有效的救援和灭火工作。

二、区间隧道的火灾危险性分析

区间隧道的火灾危险性主要从区间隧道火灾类型、火灾特点两方面进行分析。

（一）区间隧道火灾类型

区间隧道作为地下区间，其可能发生的火灾主要有以下 2 种：

1. 电气火灾

由于区间隧道内有大量的电气设备如电缆等，可能由于长时间使用或者自身质量问题，在运行后发生短路或接触不良，短时间内产生大量热量，进而引发火灾。

2. 车辆火灾

地铁车辆在运行过程中，可能会由于车辆机械摩擦或撞击、车辆电气设备故障、电气线路短路等因素，在长时间使用后，由于操作有误、维护不当或者设备自身原因，导致火灾发生。

（二）区间隧道火灾特点

结合区间隧道设计，经分析，其火灾具有以下几个特点：

1. 疏散难度较大

由于地铁区间隧道内疏散条件较差，一旦发生火灾等突发事件，人员不易疏散。同时由于地铁客流量大且人员复杂，如果发生紧急情况，人群的引导和疏散将非常困难。区间隧道内由于信号传输受到屏蔽效应的影响，通信信号可能无法正常传输；疏散过程中指挥人员与乘客之间的信息传递存在障碍，可能会影响疏散进度和效果。

2. 烟雾排烟困难

由于隧道空间相对封闭，燃烧产生的大量烟雾不易散去，自然排烟能力有限，导致烟雾密度极高。同时由于隧道的宽度有限，一旦遇上火焰的猛烈燃烧，都会影响到烟气的排放速度。

三、车辆基地的火灾危险性分析

车辆基地是轨道交通大系统的重要组成部分，不同于车站建筑的开放性和公共服务属性，是轨道交通内部场所，类似于工业厂房建筑。车辆基地和车站都存在火灾危险性，但两者有所

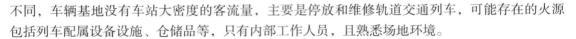

不同，车辆基地没有车站大密度的客流量，主要是停放和维修轨道交通列车，可能存在的火源包括列车配属设备设施、仓储品等，只有内部工作人员，且熟悉场地环境。

（一）车辆基地火灾类型

虽然车辆基地的火灾鲜有发生，但还是应该引起重视，防患于未然。车辆基地一旦发生火灾，会影响轨道交通正线的正常运行，给运营带来重大损失和安全隐患。车辆基地可能发生的火灾类型，主要有以下几个方面：

1. 车辆火灾

车辆基地通常存放大量的列车车辆，车辆内部设备较多，而且需要进行定期维护和修理。如果车辆存放等区域内防火措施不当或者维修不当，就存在导致车辆起火的可能性。

2. 仓库火灾

车辆基地里有甲、乙类火灾危险性类别的厂（库）房，如易燃品库、喷漆库、蓄电池充电间等，也有储存大量物品的物资仓库，内存有可燃的劳保物品、电子元器件等。同时车辆基地内还有车间和易燃废弃物存放间，如有堆放过多的易燃物品、生产检修作业废品如废旧车轮、废弃钢板、木板和包装品等，如果这些物品未经处理和分类，存在易燃性和危险性。

3. 电气火灾

车辆基地中的供电、通信、信号、动力照明等电气设备、线路及场区综合管廊或管沟、厂库房内综合支吊架和管线安装非常复杂，如果存在老旧设备和线路老化的情况，配电系统设计不合理，电线短路、电气设备过载，可能存在电气火灾的风险。

（二）车辆基地火灾特点

结合车辆基地的设计，经分析，其火灾具有以下几个特点：

1. 应急救援不及时

车辆基地的选址位置相对于整条轨道交通线路一般布置在两端，在城市的总体位置较为偏远，如果事故现场消防道路和消防市政配套没有保障，将会影响消防车及时迅速的到达、进入以及消防队员的扑救。

2. 消防设施有故障

车辆基地需要配备消防设施，包括消防水源、自动灭火设施、排烟设施、灭火器等。如果消防设施不足或者不合规，可能导致火灾扑灭困难，蔓延速度加快；车辆基地场地非常大，如消防设施缺乏日常的检查和维护、消防系统发生故障，将会影响火灾的扑救。

3. 人员疏散不迅速

由于车辆基地场地大，人员需要走更长的距离才能到达安全出口或紧急集合点，同时大型场地内可能存在通信信号覆盖不全的问题，导致紧急通知无法及时传达给所有人员，这些都会影响到人员的疏散。

（三）带上盖开发车辆基地火灾危险性分析

当车辆基地进行上盖综合开发后，成为特殊消防复合一体化的设计，火灾危险性陡增。上盖开发的公共建筑人员密集度加大，火灾风险叠加。火灾特性与普通车辆基地还有着明显的差别，主要表现在以下几点：

1. 火灾不受限制迅速扩大

有上盖开发的车辆基地其上部为大规模民用建筑，建筑体积庞大，为满足下部车辆基地采光、通风需求，很难将上下进行完全防火分隔，一旦发生火灾，火势会通过板地上的孔洞或盖边迅速扩展蔓延至盖上其他可燃物体或上盖建筑，从而极有可能发展成为重大火灾。

2. 早期探测和初期灭火较难实现

有上盖开发的车辆基地一般层高较高，室内空间较大，早期火灾烟气在上升过程中，沿途烟气温度及密度降低，达不到灭火装置所需要的启动值，从而不宜发现并控制早期火灾。

3. 灭火和扑救比较困难

由于车辆基地内设置分级管理、线路复杂，消防车直接进入库内进行扑救的难度增加，通常只能在距着火点较近的消防车道内展开人工扑救。加之灭火面积和消防供水量均有所增加，使灭火和扑救的难度加大。

第二节　消防设计原则

地铁的防火设计应遵循国家有关方针政策，从全局出发，统筹兼顾，做到安全适用、技术先进、经济合理。其要执行的原则主要有以下几个方面。

一、地铁车站的消防设计原则

地铁车站的消防设计按《地铁设计防火标准》（GB 51298—2018）并应满足规定要求。主要设计原则及要求如下：

（1）尽管一条线路由多至数十段区间、车站组成，但其处理火灾工况的能力是一条线路、一座换乘车站及其相邻区间的防火设计按同一时间发生一次火灾考虑。

（2）地铁的地面以上建筑与周边建筑之间的防火间距控制原则。地上车站及地下车站的出入口、风亭、电梯、消防专用出口、采光井等地面附属设施，按照一、二级耐火等级的多层民用建筑与周边建筑控制防火间距（超过 24 m 的地上车站按高层民用建筑与周边建筑控制防火间距）。

（3）安全疏散原则。与疏散方向一致的自动扶梯可用作疏散；电梯、竖井爬梯、消防专用通道以及管理区的楼梯不得用作乘客的安全疏散设施。

二、区间隧道的消防设计原则

地铁区间的消防设计按《地铁设计防火标准》并应满足规定要求。主要设计原则及要求如下：

（1）由于地铁地下区间的建筑空间狭长、对外出入口少，不论是乘客疏散还是发生事故时，外界施救难度都非常大。因此，国内外对地铁区间列车火灾的处理原则都是一致的，即发生火灾后列车应尽一切可能驶进前方车站，到车站实施疏散救援。若车辆着火后迫停区间，则需要在区间实施疏散和救援。

（2）区间防火设计的主要任务就是为车辆着火后迫停区间进行疏散和救援创造条件，其中重点是提供合适的疏散条件和控制烟气流动。

（3）地铁地下区间需设计可供乘客逃生的设施，包括安全出口（车站或中间风井内设置的安全出口）、通往并行区间的疏散出口、独立疏散隧道或廊道等。乘客下车之后，可以沿道床或纵向疏散平台到达车站、中间风井等安全区域，再通过安全出口出地面；或者通过联络通道内的安全门、疏散通路上的逃生门等安全出口撤向并行区间、疏散隧道或廊道，再撤至地面。

（4）为保障区间隧道内人员疏散和救援的安全性，隧道内设计有排烟、疏散指示、应急照明及消火栓等系统，确保达到合适的疏散条件和控制烟气流动的设计目标。

尽管一条线路由多至数十段区间、车站组成，但其处理火灾工况的能力是按一条线路、一座换乘车站及其相邻区间同一时间发生一次火灾进行防火设计的。

三、车辆基地的消防设计原则

车辆基地的消防设计按《地铁设计防火标准》并应满足规定要求。其主要类型可分为常规车辆基地和带上盖开发的车辆基地。

1. 常规车辆基地

常规车辆基地建筑主要以厂（库）房为主，配套有办公、生活用房。其消防设计除应满足《地铁设计防火标准》的规定外，还应按《建筑设计防火规范》（GB 50016—2014）中工业和民用建筑防火设计规范并满足规定要求。主要设计原则及要求如下：

（1）运用库、停车列检库、检修库等主要建筑的主库房按工业厂房设计，辅房按民用建筑设计，主库房和辅房为组合建筑，但是整体厂（库）房含辅房仍定性为工业厂房建筑。

（2）厂（库）房、混合变电站、水处理用房等配套设备用房按《建筑设计防火规范》确定各栋单体建筑的火灾危险性类别，然后按火灾类别进行相应的防火分区划分和安全疏散距离等的设计。

（3）综合楼、维修楼、培训中心、宿舍楼、员工食堂厨房、门卫等按民用建筑定义防火类别和耐火等级，按高度确定高层和（单）多层民用建筑。

（4）车辆基地场区应至少设置两个出入口，场内消防车道宜与两条不同方向的市政道路相接。主要厂（库）房周边应设环形消防车道。

（5）运用库、检修库、物资仓库等主要厂（库）房里的辅房，包括运转办公区、班组用房等应单独划分防火分区。

（6）当轨道交通全线的控制中心设置在车辆基地时，应划分单独的防火分区；该区域的建筑设计使用年限提高至100年。

（7）运用库、检修库等同一座厂房或厂房的任一防火分区内有不同火灾危险性生产时，厂房或防火分区内的生产火灾危险性类别应按火灾危险性较大的部分确定。当符合下述条件之一时，可按火灾危险性较小的部分确定：

① 火灾危险性较大的生产部分如工程车库、物资仓库占本层或本防火分区建筑面积的比例小于5%，且发生火灾事故时不足以蔓延至其他部位或火灾危险性较大的生产部分采取了有效的防火措施；

② 运用库、检修库等厂房内的喷漆库，当采用封闭喷漆工艺，封闭喷漆空间内保持负压、油漆工段设置可燃气体探测报警系统或自动抑爆系统，且油漆工段占所在防火分区建筑面积的比例不大于20%。

（8）物资仓库同一座仓库或仓库的任一防火分区内储存不同火灾危险性物品时，仓库或防火分区的火灾危险性应按火灾危险性最大的物品确定。

（9）丁、戊类储存物品仓库的火灾危险性，当可燃包装重量大于物品本身重量的1/4或可燃包装体积大于物品本身体积的1/2时，应按丙类确定。

（10）乘务员公寓宜单独设置，当公寓与综合楼合建时，应单独设出入口，安全出口和疏散楼梯均宜各自独立设置，并应采用防火墙及耐火极限不小于2.0 h的楼板进行防火分隔。

（11）当运用库、停车列检库、检修库等主要建筑的主体库房屋架采取轻钢结构屋架时，应采用有效的钢结构防火措施；应当选择具有较好防火性能的钢材和防火涂料，以提高钢结构的抗火性能。

（12）当采用全自动驾驶模式的运用库、停车列检库内部的地下通道同时满足下列条件时，该库内穿越轨道的地下通道可纳入库区防火分区：

① 地下通道深度不大于4 m，净高不小于2.1 m，宽度不小于1.2 m；

② 地下通道出口间距不大于30 m，轨道区出口管理门的透空率不小于50%；

③ 地下通道内设置应急照明；

④ 地下通道出口的管理门纳入消防联动系统，确保火灾时开启。

（13）当车辆基地采用全自动运行模式，消防车通行的道路穿越运用库、停车列检库等行车安全保护区的围栏时，应在围栏上设置可供消防车通行的门。门的启闭应纳入消防联动系统。

（14）酸性蓄电池充电间与运用库、检修库合建时，宜靠外墙单层设置，并采用防火墙与其他部位隔开，当防火墙上必须设置门、窗时，应采用甲级防火门、窗。

（15）易燃品库为车辆基地火灾危险性类别最高的甲类仓库时，应符合以下要求：

① 易燃品库设置应符合防爆、防雷等安全要求。

② 易燃品库的分间宜根据不同存放物品的要求进行设计，物件运输和存放过程不应产生火花，存放物品泄漏时应防止流出室外。

③ 易燃品库屋顶及外围护应设泄压设施，其泄压面积按计算确定。泄压设施宜采用轻质屋面板、轻质墙体和易于泄压的门窗等，且轻质屋面板、轻质墙体的单位质量不宜超过60 kg/m^2。

（16）喷漆库及其预处理间宜独立建造，其油漆存放间、漆工间、干燥间等应采用防火墙和甲级防火门与其他部位分隔；喷漆库及其预处理间的屋顶或门、窗的泄压面积应符合要求，应采用不发火花的地面；当喷漆库与检修库合建时，应布置在检修库外墙一侧，并应采用无门窗洞口的防火墙与检修库分隔。

（17）易燃品库和喷漆库的防爆设计可参照《建筑设计防火规范》中的泄压面积计算公式计算。

（18）易燃废弃物存放间、废品库等建筑应按照《危险废物贮存污染控制标准》（GB 18597—2023）相关规定要求；易燃废弃物存放间、易燃品库应各自设置，该两栋甲类仓库之间的防火间距不应小于 20 m。

（19）当车辆基地内新能源电动汽车停车位布置在综合楼地下室时，应按照《电动汽车分散充电设施工程技术标准》（GB/T 51313—2018）的相关规定要求，防火单元面积 ≤ 1 000 m^2；当电动汽车停车位集中布置在地面时，应与场区建筑保持一定的防火间距。

2. 带上盖开发的车辆基地

带上盖开发的车辆基地建筑，按照盖下与盖上建筑分别执行各自相关的消防规范要求。主要设计原则及规定如下：

（1）包括消防设计在内的综合开发各项设计，要满足车辆基地基本功能要求。总平面布局、建筑平面、用地红线、出入线、基地内股道数量、股道平面布置、线间距、库外线路长度等均要符合车辆基地工艺及建筑消防的要求，确保车辆基地功能不受干扰。

（2）车辆基地与综合开发应一体化设计。板地作为上盖开发与车辆基地之间竖向叠加的重要分界面，上、下方功能应合理布局，互不干扰，相对独立；上盖建筑与车辆基地各自的安全出口、消防设施应独立设置。

（3）上盖平台及板地、盖下建筑的耐火等级均应为一级；盖上建筑的耐火等级不应低于二级。

（4）板地自身的承重柱、承重墙的耐火极限不应低于 3 h，梁、板的耐火极限不应低于 3 h；盖下车辆基地建筑层间楼板的耐火极限不应低于 2 h；盖下开发设备管廊的耐火极限不应低于 2 h。

（5）上盖平台应至少有两条匝道与地面的城市道路连接。当板地作为室外安全疏散场地时，应露天且满足消防车通行和灭火救援要求；当上盖建筑的消防车道及登高场地均设置在板地或上盖平台范围内时，其消防建筑高度可将板地或上盖平台标高作为室外地坪标高起算，此时板地或上盖平台可视为室外安全区域。

（6）当盖下消防车道距离盖边不超过 30 m 且盖边侧无任何遮挡时，该消防车道可视为安全区；否则，需通过上盖平台板地开孔或设置准安全区合理解决超 30 m 进深的盖下消防车道的安全性。

（7）盖下运用库、停车列检库、检修库等附跨管理用房宜靠近盖边侧设置。

（8）盖下的车辆基地厂（库）房建筑和上盖建筑与周边建（构）筑物的防火间距应选取板地下部各类建筑和上盖建筑与周边建（构）筑物防火间距的较大值。

（9）板地下方不应布设易燃物品库、油漆库等甲、乙类火灾危险性的生产区域及存储甲、乙类物品的库房；反之，板地上方亦不应设置甲、乙类厂（库）房和甲、乙、丙类液体和可燃气体储罐及可燃材料堆场。

（10）板地下方不应设置燃油、燃气锅炉房、柴油发电机房以及电动汽车的充电设施；确需布置电动汽车停车位时，应控制数量并宜靠近盖边布置，或采取必要的防火分隔及配置消防设施。

第三节　消防设计依据

上海地铁消防设计主要依据《地铁设计防火标准》和《地铁设计规范》，同时还有一些其他的相关规范或标准，具体如下：

一、国家标准

《建筑防火通用规范》（GB 55037—2022）
《城市轨道交通工程项目规范》（GB 55033—2022）
《建筑设计防火规范》（GB 50016—2014）
《地铁设计规范》（GB 50157—2013）
《地铁设计防火标准》（GB 51298—2018）
《人民防空工程设计防火规范》（GB 50098—2009）
《建筑内部装修设计防火规范》（GB 50222—2017）
《汽车库、修车库、停车场设计防火规范》（GB 50067—2014）
《消防给水及消火栓系统技术规范》（GB 50974—2014）
《自动喷水灭火系统设计规范》（GB 50084—2017）
《工业建筑供暖通风与空气调节设计规范》（GB 50019—2015）
《民用建筑供暖通风与空气调节设计规范》（GB 50736—2012）
《建筑防烟排烟系统技术标准》（GB 51251—2017）
《民用建筑电气设计标准》（GB 51348—2019）
《消防应急照明和疏散指示系统技术标准》（GB 51309—2018）
《建筑防火封堵应用技术标准》（GB/T 51410—2020）
《供配电系统设计规范》（GB 50052—2009）
《低压配电设计规范》（GB 50054—2011）
《建筑机电工程抗震设计规范》（GB 50981—2014）

二、上海地方标准

《城市轨道交通工程设计规范》（DG/TJ 08-109—2017）
《城市轨道交通工程技术规范》（DG/TJ 08-2232—2017）
《城市轨道交通上盖建筑设计标准》（DG/TJ 08-2263—2018）
《建筑防排烟系统设计标准》（DG/TJ 08-88—2021）

第五章 地铁车站消防设计

地铁车站消防设计是针对地铁车站的特定使用功能，制定一系列旨在预防火灾、减少火灾危害、保障乘客和工作人员安全的综合性设计方案。通过对地铁车站进行科学合理的设计，能够及时控制火势、减少火灾损失。

第一节 地铁车站建筑防火

一、总平面布置和耐火等级

根据《地铁设计防火标准》规定，地上车站及地下车站位于地面的附属建（构）筑物，按照一、二级耐火等级的单、多层民用建筑与周边建筑控制防火间距。由《建筑设计防火规范》规定，一、二级多层民用建筑与多层民用建筑之间防火间距是 6 m，与高层民用建筑之间防火间距是 9 m。

根据《地铁设计防火标准》规定，地下车站及其出入口通道、风道为一级耐火等级，地上车站及地上区间、地下车站出入口地面厅、风亭等地面建（构）筑物不应低于二级耐火等级（图 5-1）。

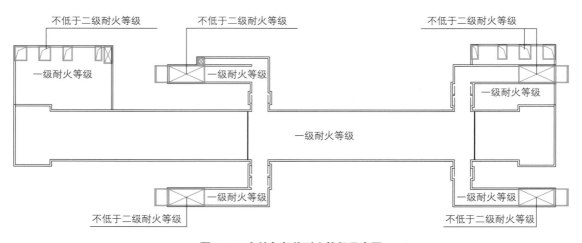

图 5-1 车站各部位耐火等级示意图

对于特殊情况下无法达到上述防火间距时，可参照《建筑设计防火规范》的相关规定，采取相应的消防措施来满足防火间距不足的消防要求。如：相邻较高一侧建筑的外墙为防火墙或高出相邻较低建筑的屋面 15 m 及以下范围内的外墙为防火墙时，则防火间距可不受限；或相邻建筑与车站附属同高的情况下，相邻建筑或车站附属一边设置防火墙以及屋面采用耐火极限不低于 1 h 的屋面时，则防火间距可不限（图 5-2）。

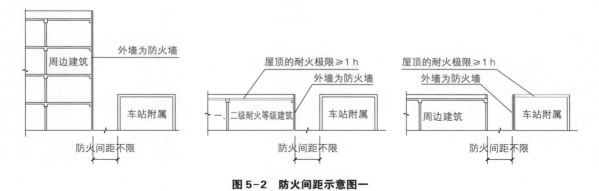

图 5-2　防火间距示意图一

若车站附属靠近相邻较高建筑一侧为防火墙，顶棚采用耐火极限不低于 1 h 的无天窗顶棚，则车站附属与多层建筑的防火间距为不小于 3.5 m，与高层建筑的防火间距为不小于 4 m；若相邻建筑靠近车站附属一侧范围内设置甲级防火门、窗或设置符合《自动喷水灭火系统设计规范》规定的防火分隔水幕时，则车站附属与相邻多层建筑的防火间距为不小于 3.5 m，与相邻高层建筑的防火间距为不小于 4 m（图 5-3）。

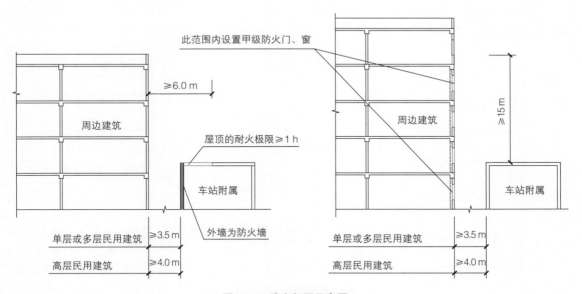

图 5-3　防火间距示意图二

由于车站出入口开口位置是没有防火保护措施的，因此出入口开口部位与相邻建筑无法满足防火间距的时候可进行特殊处理，如：出入口通过采用侧出的方式来满足消防要求（图 5-4）。

为了解决用地问题和减小车站附属设施对周边景观环境的影响，车站出入口、风亭等地面附属设施经常与周边开发建筑结合设置。根据上述原理，若出入口与周边建筑结合设置，出

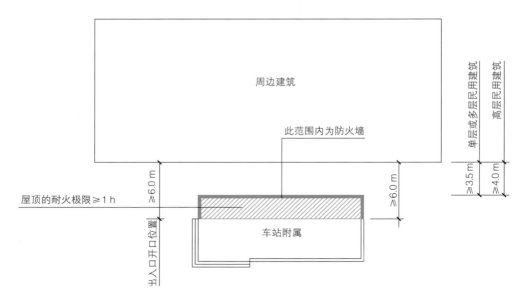

图5-4 防火间距示意图三

入口与上盖建筑之间的分隔要求是出入口的围护结构耐火极限不应低于3 h，即出入口的楼板与上盖建筑之间是3 h的楼板分隔，且出入口的装修材料采用A级不燃材料，为确保出入口安全，此时出入口与上盖建筑在垂直高度5 m以上才可开设门窗洞口；出入口开口两侧需设置5 m的防火墙进行分隔（图5-5）。

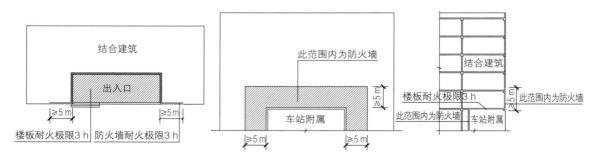

图5-5 出入口与上盖建筑合建防火间距示意图

当风亭与上盖建筑合建时，风亭的围护结构耐火极限均不应低于3 h，风口上方的保护距离不应小于15 m，两侧均不应小于10 m；当风亭口部上方设置宽度不小于1 m、每侧长于风口宽度0.5 m、耐火极限不低于2 h的不燃烧体防火挑檐时，风口上方的保护距离可减少至5 m（图5-6）；当上述保护距离不足时，相邻开口应采用固定甲级防火窗。

关于新、排风亭和活塞风亭及出入口的间距要求在《地铁设计防火标准》中进行了详细的规定。最简单的记忆方法是：把新风井、出入口当作清洁风井，排风井和活塞风井当作污染风井，污与洁的间距不管是低风井还是高风井都是≥10 m；或污比洁高出5 m以上，或洁污之间

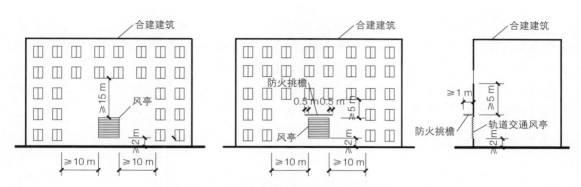

图 5-6 风亭与上盖建筑合建防火间距示意图

错开方向间距 5 m 以上。污与污之间各种情况都是 5 m；洁与洁之间没有要求。特殊的是消防专用通道与排风道和活塞风道间距要求 5 m 以上（图 5-7、图 5-8）。

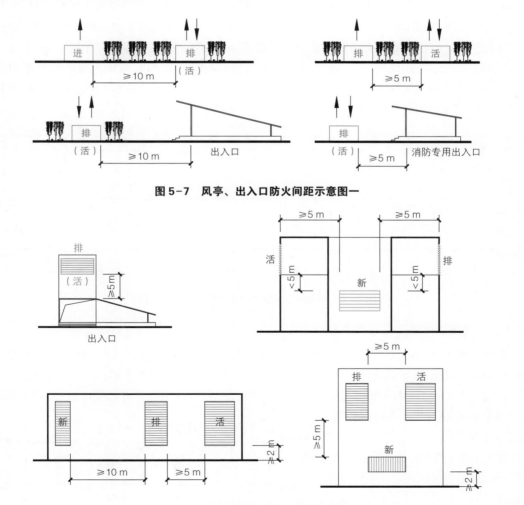

图 5-7 风亭、出入口防火间距示意图一

图 5-8 风亭、出入口防火间距示意图二

对于车站总图布置，除了熟悉《地铁设计防火标准》和《建筑设计防火规范》外，还应熟悉输油、燃气、加油加气站、电力等相关规范。如：《输油管道工程设计规范》（GB 50253—2014）规定：原油、成品油管道与城镇居民点或重要公共建筑的距离不应小于 5 m；《汽车加油加气站设计与施工规范》（GB 50156—2012）规定：重要公共建筑距离加油站的汽油加油机及油罐、油罐通气管管口的距离是 50 m 等相关规定。在车站总平面布置中，均应满足上述规定。

二、防火分隔

车站防火分隔包含管理用房、站内商铺、车站与商业连通部分、车站公共区、设备管理区。

（一）管理用房的防火分隔措施

《地铁设计防火标准》规定了车站控制室、变电站、配电室、通信及信号机房、气体灭火、消防泵房、废水泵房、通风机房、环控电控室、站台门控制室、蓄电池室等火灾时需要运作的房间都应独立设置，并采用耐火极限不低于 2 h 的防火隔墙和耐火极限不低于 1.5 h 的楼板与其他部位分隔。需要强调的是，新、排风道及活塞风道作为火灾情况下重要的排烟和补风路径，应与环控机房之间设置安全有效的防火分隔，即当新、排风道与环控机房位于同一防火分区时，其分隔墙应按防火隔墙设置。且防火隔墙被风管穿越时也需要和穿越防火墙一样设置防火阀（图 5-9）。区间通风机房与区间连通，为确保其相邻空间的安全，区间通风机房与同层的其他空间需要采用 3 h 的防火墙进行分隔。

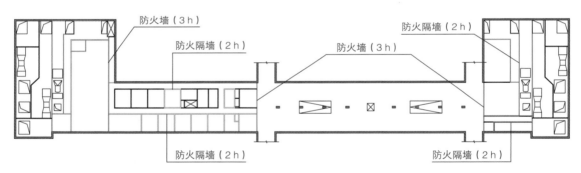

图 5-9　管理用房的防火分隔墙耐火极限示意图

（二）站内商铺的防火分隔措施

商业设施火灾风险较大，原则上不宜设置在车站内，但是为了方便乘客，还是需要配套设置一些便民服务设施。《地铁设计防火标准》对车站内设置商铺提出了具体要求，即：商铺总建筑面积不能超过 100 m²，单处不能超过 30 m²；商铺与车站其他部位应采用耐火极限不低于 2 h 的防火隔墙和耐火极限不低于 3 h 的特级防火卷帘分隔，商铺与商铺之间应采用耐火极限不低于 2 h 的防火隔墙分隔。考虑到商铺的疏散问题，一般考虑商铺在设置防火卷帘的同时另设一扇开向公共区的甲级防火门（图 5-10）。

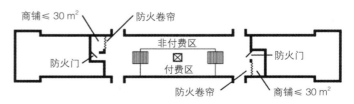

图 5-10　站内商铺的防火分隔示意图

《地铁设计防火标准》明确规定，车站内的商铺严禁设置在站台层、站厅付费区以及用于乘客疏散的通道内，即商铺的设置位置不得影响乘客安全疏散。如图 5-11 所示位于出入口通道内的商铺位置就不符合上述要求。

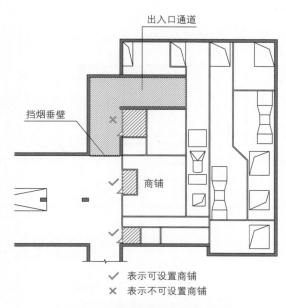

✓ 表示可设置商铺
✕ 表示不可设置商铺

图 5-11　站内商铺的设置位置示意图

（三）车站与商业连通的防火分隔措施

1. 通道连通方式

《地铁设计防火标准》明确规定：当车站公共区与商业采用通道连通时，连接通道的宽度不应大于 8 m、长度不应小于 10 m。且在连接通道内应设置商业和地铁分别控制的两道防火卷帘（图 5-12）。

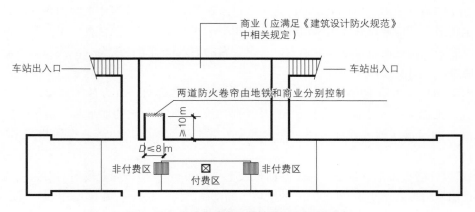

图 5-12　车站与商业连通的防火分隔示意图

与商业的连通口是车站的重要风险源，无限制的多个连通口并列设置也有较大的火灾蔓延风险，所以连通口的数量也需要有一定的限制。根据上海地方标准《城市轨道交通上盖建筑设计标准》的相关规定，一般要求开口的间距大于等于 3 倍的开口宽度，这样就可以基本保证多个连通口的安全问题（图 5-13）。

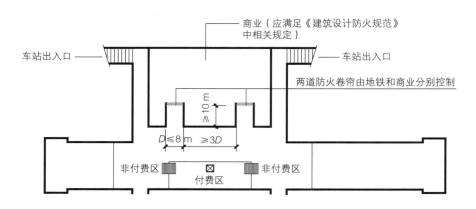

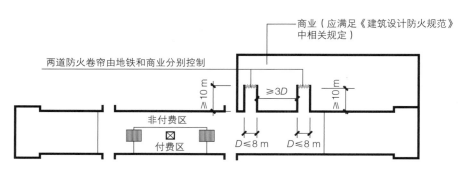

图 5-13 车站与多个商业连通口的防火分隔示意图

对于商业与车站之间设置连通口的位置，在执行过程中争议较大，很多商业开发地块连接车站最方便的地方是出入口通道，但因为出入口通道类似于民用建筑中的疏散楼梯间，用于乘客的安全疏散，若连通口开在出入口通道内，相当于连通口开在疏散楼梯间里，商业本身有较大的火灾隐患，将连通口设置在通道内，一定会影响出入口通道的安全，故连通口不能设置在出入口通道内（图 5-14）。

考虑车站与周边地下空间相互连通是社会发展的必然趋势，既方便车站引入周边地下空间的客流，也能够给周边商业开发导入大量的客流，实现多功能的地下步行系统。因此除上述规范规定的通道连通方式外，还应探索多种方式，将车站与周边商业设施相互串联起来，实现双赢。

《建筑设计防火规范》规定，总建筑面积大于 20 000 m² 的地下商业场所需要采用无门窗洞口的防火墙划分成若干小于 20 000 m² 的区域，局部确需连通时应采用下沉式广场、防火隔间、避难走道等形式进行连通。这条规定的初衷就是因为地下商业火灾风险较大，不希望出现过大

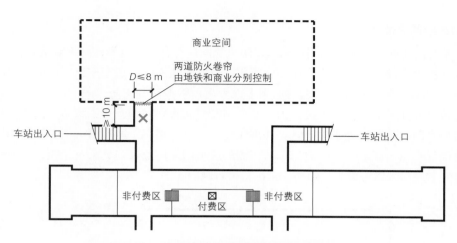

图 5-14　商业通过出入口通道连通车站示意图

规模的地下商业空间，但是为了满足社会发展的需求，还是给出了超大型地下空间连通的手段。通过以上分析，当防火隔间、避难走道、下沉式广场等与商业之间的连接措施均满足《建筑设计防火规范》相关要求前提下，车站与商业之间的连通也可通过采用下沉式广场、避难走道或防火隔间等措施，在不减少车站出入口通道数量的前提下，提供多种与商业连通的可能性。

2. **下沉式广场连接方式**

若车站与商业共用下沉式广场作为疏散，首先下沉式广场应符合《建筑设计防火规范》的相关要求；其次车站通向下沉式广场的安全出口与商业通向下沉式广场的疏散门之间的净距应不小于 13 m；再者，考虑到车站与商业之间是不同的疏散体系，商业的疏散宽度与车站的疏散宽度应该是叠加计算的关系，下沉式广场直通地面的疏散楼梯宽度应为商业的疏散宽度加上车站的疏散宽度（图 5-15）。

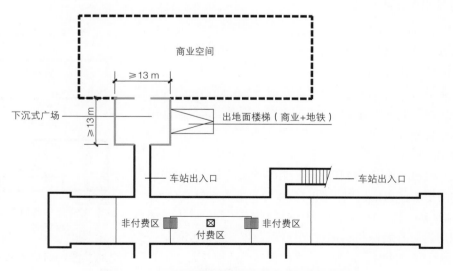

图 5-15　车站与商业通过下沉式广场连接示意图

3. 防火隔间连接方式

若车站与商业间通过防火隔间连通时，防火隔间应符合《建筑设计防火规范》的相关要求，且防火隔间应设在商业等非轨道交通功能场所一侧，防火隔间距离车站出入口的最小距离不应小于 10 m。防火隔间位于车站一侧的门洞上设置由地铁控制开向防火隔间的常开甲级防火门，防火隔间位于商业一侧的门洞上设置由商业控制开向防火隔间的常开甲级防火门；当任一方发生火灾时所有防火门均应处于关闭状态并确保任一方火灾情况下所有防火门关闭后的密闭性和完整性，确保车站与商业完全隔离。车站一侧的防火门还应通过门禁系统锁闭，此时位于防火隔间附近的车站出入口可作为车站的安全出口进行疏散（图 5-16）。

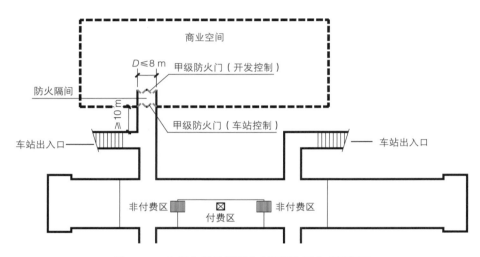

图 5-16　车站与商业通过防火隔间连接方式示意图

4. 楼扶梯间连通方式

《地铁设计防火标准》明确规定：当在站厅的上层或下层设置商业等非地铁功能的场所时，站厅严禁采用中庭与商业等非地铁功能的场所连通（图 5-17）。

当商业与站厅公共区为上下层关系时，相互间通常会通过楼梯、自动扶梯等垂直交通设施上、下连通；连通楼扶梯间在站厅层和商业层交界处分别设置由地铁和商业等连通场所各自控制、耐火极限均不低于 3 h 的防火卷帘，防火卷帘应符合《建筑设计防火规范》的相关规定。且在商业一侧的防火卷帘旁设一扇开向商业的常闭甲级防火门，以方便困于楼梯间内的人员安全疏散。其他临界面均应设置防火墙；连通楼梯间内不应用于除人员通行外的其他用途，且装修材料的燃烧性能应为 A 级；若商业处于

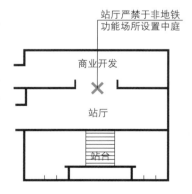

**图 5-17　车站与商业上下层布置
示意图**

站厅层与站台层中间时，站台至站厅的楼梯或扶梯与商业等非轨道交通功能场所应设置无门窗洞口的防火墙，且商业与站台层间应采用耐火极限不低于 2 h 的楼板进行防火分隔（图 5-18）。

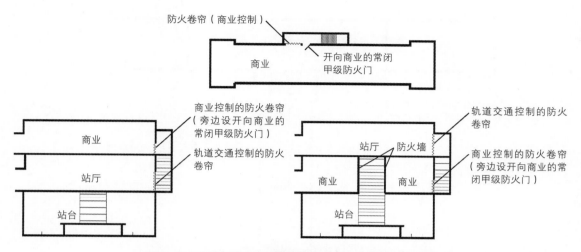

图 5-18　车站与商业上下重叠布置的防火分隔措施示意图

（四）车站公共区防火分区的划分及其防火分隔

1. 站厅公共区建筑面积超 5 000 m² 的防火分隔

《地铁设计防火标准》明确规定：站台和站厅公共区可划分为同一个防火分区，且站厅公共区的建筑面积不宜大于 5 000 m²；针对此条要求在工程实际中有许多换乘车站会出现站厅公共区面积超 5 000 m² 的情况，这也是《地铁设计防火标准》相对于《地铁设计规范》规定的站厅公共区建筑面积"不应"超过 5 000 m² 放松尺度的主要原因，且条文说明里也提到如果超过 5 000 m² 应采取防火分隔措施，但针对采用何种防火分隔措施并没有明确表达。

对于二线节点换乘车站来说（图 5-19），当站厅公共区面积超 5 000 m² 时，若参照《建筑设计防火规范》的相关要求，即：在防火分隔面小于 30 m 时，防火卷帘的宽度不应大于 10 m，当防火分隔面大于 30 m 时，防火卷帘宽度不大于防火分隔面的 1/3，同时不应大于 20 m 的相关规定。但防火分隔采用"防火墙 + 防火卷帘"的方式难以满足地铁的功能需求，车站的非付费区被隔断，客流通行能力受阻，乘客进出站和换乘流线不便捷，整体空间也不够通透。车站公共区最主要的功能就是流线便捷和空间通透，显然"防火墙 + 防火卷帘"的分隔模式影响了车站的功能和使用需求。而采用全断面的防火卷帘分隔措施，既不影响车站正常功能需求和空间景观效果，也可满足火灾时的防火分隔要求。

尽管《建筑设计防火规范》对防火分区处的防火卷帘设置比例要求非常明确，但考虑到工程实际，对于商业建筑中庭位置的防火分隔措施还是在条文说明中有所指出，即可以采用全断面的防火卷帘。众所周知，现代的商业建筑为了体现其空间效果，采用中庭的共享空间是重要的设计手法，但是中庭空间由于烟囱效应的影响，是火灾蔓延的重要环节，如果用规范限定了这个设计手法，则对商业空间的影响很大。之所以在商业建筑中规范放开了中庭的防火分隔措施，就是因为规范的目的不是制约技术的进步，而是应实实在在解决风险问题。商业建筑除中庭位置采用全断面的防火卷帘措施以外，同时还加强了朝向中庭空间的墙体及门窗的防火分隔措施。而对于地铁车站，车站自身并没有可燃物，且装修均是 A 级不燃材料，没有火灾蔓延的

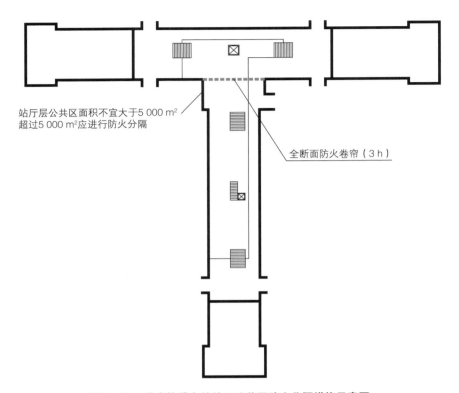

站厅层公共区面积不宜大于5 000 m²
超过5 000 m²应进行防火分隔

全断面防火卷帘（3 h）

图 5-19　节点换乘车站站厅公共区防火分隔措施示意图

基础条件，同时车站自身功能需求和流线组织均需要开敞、通透的空间环境。随着我国轨道交通的快速发展，各地二线平行换乘、三线及以上换乘站越来越多。对于如何兼顾功能性与安全性，在各地轨道交通车站的设计中纷纷做了研究与探讨，如：北京、上海、成都等地通过大量消防性能化分析和现场冷烟实验，以地方标准的形式对站厅公共区建筑面积大于 5 000 m² 时所采取的防火分隔措施提出了具体规定。其中一个共性的结论是，在乘客通行路径上对防火卷帘和防火墙的比例可不受限（图 5-20）。

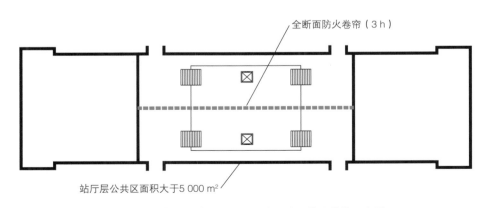

全断面防火卷帘（3 h）

站厅层公共区面积大于5 000 m²

图 5-20　平行换乘车站站厅公共区防火分隔措施示意图

值得思考的是，如果毫无限制地长距离设置防火卷帘，其可靠度确实不高。可参考《建筑设计防火规范》中规定的对设置自动喷淋系统防火分区的相关要求，使防火分区面积增加 1 倍。也就是在公共区域设置自动喷淋系统后，将站厅层防火分区的面积扩大至 10 000 m² 以内。这样既解决了空间通透性问题，也解决了过多设置防火卷帘后的可靠度问题（图 5-21）。

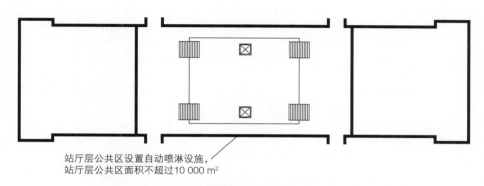

站厅层公共区设置自动喷淋设施，
站厅层公共区面积不超过10 000 m²

图 5-21 设置自动喷淋系统后公共区防火分区示意图

2. 地下一层侧式站台与同层站厅公共区的防火分隔

《地铁设计防火标准》规定，地下一层侧式站台与同站厅公共区可划为同一个防火分区，但站台上任一点至车站直通地面疏散通道口的最大距离不应大于 50 m；当大于 50 m 时，应在与同层站厅和站台的临界面处采用耐火极限不低于 2 h 的防火隔墙等进行分隔。从空间划分上来分析，厅、台同层的车站，站厅和站台是没有明确界限的，当疏散距离能够满足不超过 50 m 的前提下，无须在消防意义上给出明确的防火分隔界面（图 5-22）；当疏散距离超过 50 m 且增加楼梯解决疏散又没有条件的情况下，可考虑采用防火隔墙划分出站厅、站台两个区域，两部

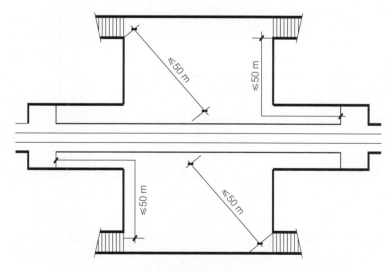

图 5-22 地下一层侧式站台与同层站厅公共区布置示意图

分之间设置门洞进行连通，门洞相当于标准站型的楼扶梯口部，同样为了保证这个口部的安全，也要考虑站厅站台之间在火灾情况下具备 1.5 m/s 的送风速度（图 5-23）。

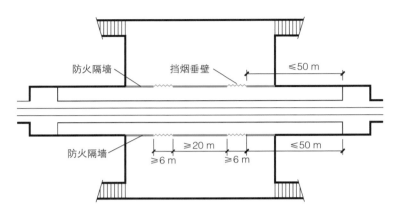

图 5-23　地下一层侧式站台与同层站厅公共区防火分隔示意图

3. 上下重叠站台的防火分隔

上下重叠平行换乘的站台，下层站台穿越上层站台至站厅的楼扶梯应在上层站台设置耐火极限不低于 2 h 的防火隔墙，主要是考虑到疏散路径的安全。如果上层站台起火了，没有设置隔断措施，那么下层站台的人员疏散路径就很难保证安全了（图 5-24、图 5-25）。

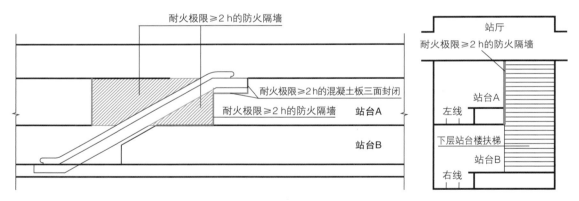

图 5-24　上下重叠站台防火分隔措施纵断面示意图　　**图 5-25　上下重叠站台防火分隔措施横断面示意图**

如果所设置的楼梯仅为上下站台之间相互联系的楼梯，那么这个楼梯不能作为下层站台的疏散楼梯，这是因为下层乘客需要通过上层站台转折之后才能疏散至站厅，不是安全疏散路径。为了避免两层站台相互影响，应在下层站台的口部设置耐火极限不低于 3 h 的防火卷帘，其他相通的位置应采用耐火极限不低于 2 h 的防火隔墙进行分割。之所以设置在下层站台的楼梯口部，是为了下层乘客第一时间看到防火卷帘的关闭状态，避免错误使用该楼扶梯进行疏散（图 5-26）。

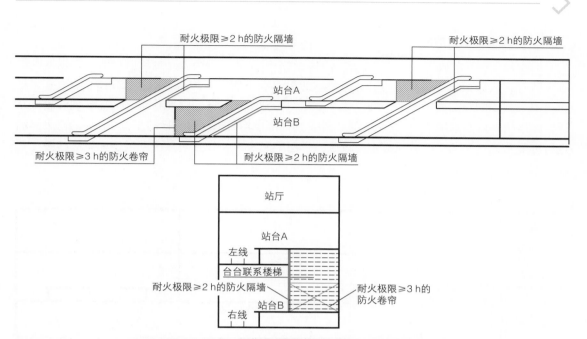

图 5-26 不作为疏散使用的楼扶梯口防火分隔措施示意图

4. 多线同层平行换乘站台间的防火分隔

《地铁设计防火标准》规定，多线同层站台平行换乘车站的各站台之间应设置耐火极限不低于 2 h 的纵向防火隔墙，该防火隔墙应延伸至有效站台以外 10 m，以减小轨行区火灾的蔓延风险（图 5-27）。

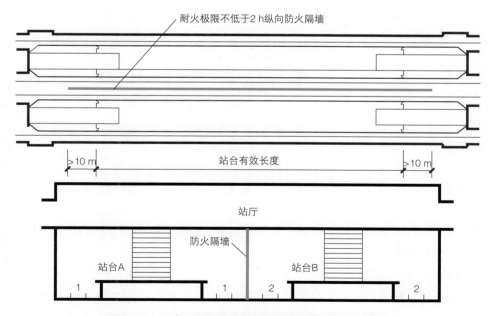

图 5-27 双岛平行换乘站台间设置纵向防火隔墙示意图

5. 点式换乘节点的防火分隔

对于岛-岛节点换乘车站，站台之间的换乘楼扶梯是不能作为安全疏散口的，所以这个换乘楼扶梯在火灾情况下需要进行防火分隔，也就是在下层设置耐火极限不低于 3 h 防火卷帘进行分隔，其原因跟前面的道理一样，让乘客尽快看到防火卷帘的关闭状态，选择合理的逃生路径。除楼扶梯口部采用 3 h 的防火卷帘以外，其他部位均需采用耐火极限不低于 2 h 的防火隔墙进行分隔（图 5-28）。疏散距离也应按照站台层空间考虑，任意一点至上层楼梯口部的距离不应大于 50 m。

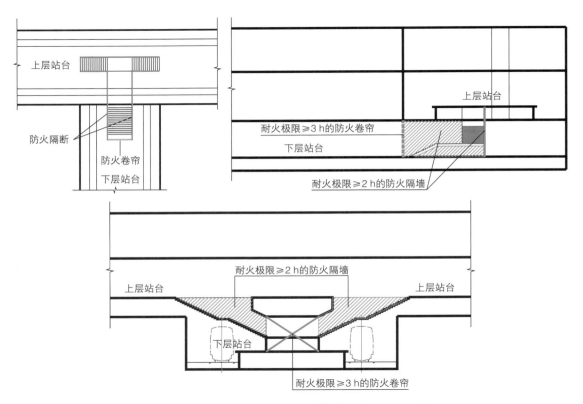

图 5-28 岛-岛节点换乘车站换乘楼梯的防火分隔示意图

对于岛-侧节点换乘车站，当二线车站不共享站厅公共区时，侧式站台与另一条线同层站厅设置换乘接口的位置也需要采用耐火极限不低于 3 h 的防火卷帘进行分隔，火灾情况下两线各自独立疏散（图 5-29）。当二线车站共享站厅公共区时，与共享站厅相通的侧站台可利用共享站厅进行疏散，这时要考虑设置门洞，且门洞口部应保证 1.5 m/s 的风速，以确保门洞位置能够作为安全点进行疏散（图 5-30）。

6. 换乘通道的防火分隔

关于换乘通道的防火分隔一直都有较大争议，《地铁设计防火标准》强调换乘通道两端设置防火卷帘与两端的车站进行防火分隔，但正文和条文说明都没有讲述换乘通道的防火分区如何

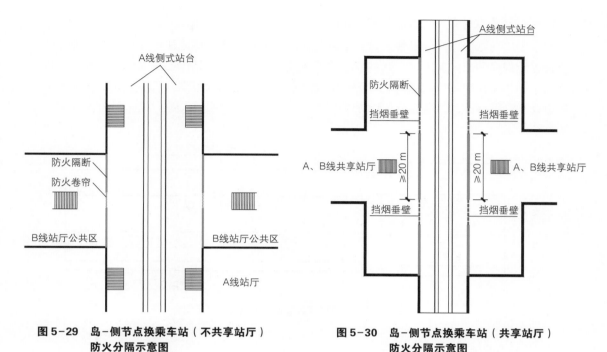

**图 5-29 岛-侧节点换乘车站（不共享站厅）
防火分隔示意图**

**图 5-30 岛-侧节点换乘车站（共享站厅）
防火分隔示意图**

划分。较为简单的处理方法是，把换乘通道当作站厅公共区的一部分来考虑，两道防火卷帘并列设置在同一个位置，防火卷帘落下后分别往不同的站厅方向疏散，距各自车站最近安全出口的距离均不超过 50 m。当换乘通道内的任意一点距最近安全出口距离超过 50 m 时，应增设安全出口（图 5-31）；如果换乘通道较长且面积较大，宜考虑将换乘通道独立划分成一个防火分区，将防火卷帘设置在两个车站分界处（图 5-32）。

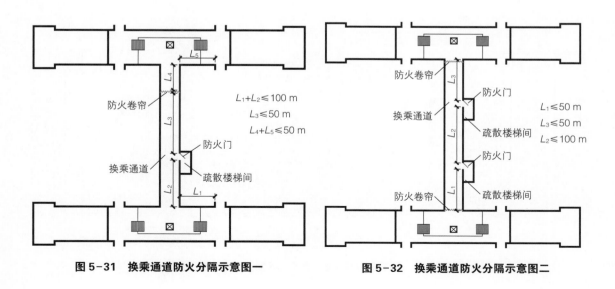

图 5-31 换乘通道防火分隔示意图一

图 5-32 换乘通道防火分隔示意图二

7. 公共区楼扶梯穿越设备层的防火分隔

在站厅层与站台层之间设置地铁设备层时，站台至站厅的楼梯或扶梯穿越设备层的部位周边应设置无门窗洞口的防火墙。这些要求主要还是保证站台层至站厅层疏散路径的安全。这里需要强调的是楼扶梯洞口四周的墙体不一定完全覆盖自动扶梯的范围，所以应注意在扶梯下方和侧边设置混凝土板，把穿越设备层的楼扶梯完全与设备层分隔（图5-33）。

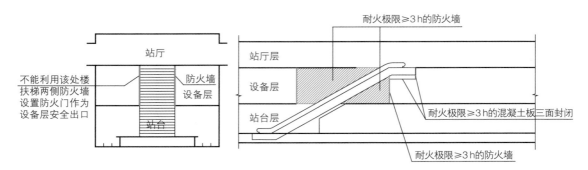

图5-33　公共区楼扶梯穿越设备层的防火分隔示意图

（五）设备管理区防火分区划分

《地铁设计防火标准》明确规定，地下设备管理区每个防火分区最大允许建筑面积不应大于1 500 m²，其中消防泵房、污水泵房、废水泵房、厕所、盥洗、茶水、清扫等房间的建筑面积可不计入所在防火分区的建筑面积。以上房间都是认为在火灾情况下不会造成火灾蔓延的房间。由于地铁功能的特殊性，车站内有大量的土建风道，车站的风道无人、无装修，纯粹就是混凝土的顶、地、墙，同样不具备火灾蔓延的风险，所以设计中可考虑将纯风道的部分在防火分区面积上扣除，这里纯风道是指风机、消音器以外的风道部分（图5-34）。

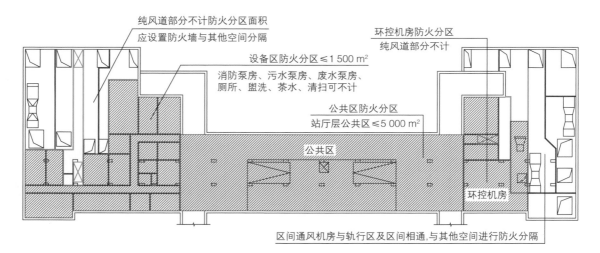

图5-34　地下车站站厅层设备管理区防火分区划分示意图

地下三层车站设备区防火分区划分较为复杂，特别是设备层面积较大，功能繁多，疏散难度大。有些通风机房和风道上下层贯通，应注意将风道与其他空间做好防火分隔（图5-35）。在设备层穿越的公共区楼扶梯周边应采用防火墙进行分割，同时应做好楼扶梯底部和侧边的防火封堵。设备层防火分区较多，应做好每个防火分区的消防疏散设计，有人区应在直通地面的疏散通道设置疏散门，其余防火分区可以借用相邻防火分区作为安全疏散点。

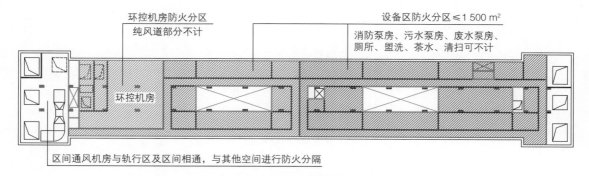

图5-35 地下车站设备层防火分区划分示意图

（六）站台层设备用房防火分区划分和消防措施

对于站台层设备用房相应的防火分隔和消防措施，目前存在较大的争议。首先是关于分区划分的问题：有人将这个区域定义为防火分区，有人将这个区域定义为防火单元。如果定义为一个防火分区，那这个防火分区又无法独立成体系，每个房间都向边走廊开门，边走廊又不是封闭独立的空间，与传统意义上的防火分区概念有较大的不同。但是定义成"防火单元"，很多人认为消防上没有这个概念，不能被广泛认同。这里需要强调的是，在民用建筑中也不是所有的空间都是按照防火分区来划分的，如设置商业服务网点的住宅建筑，商业服务网点中的每个"分隔单元"采用耐火极限不小于2 h的防火隔墙与住宅之间进行分隔，同时要求每个分隔单元的建筑面积不应大于300 m²。这里提到"分隔单元"的概念，是因为每个商业服务网点都是向室外开门的，所以在这类建筑中就没有生搬硬套防火分区的概念（图5-36）。

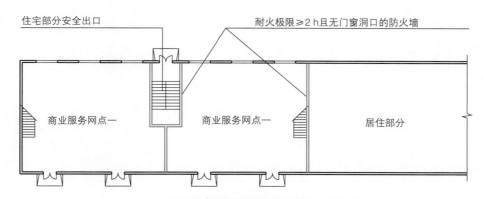

图5-36 住宅建筑中商业服务网点的防火分隔示意图

与车站站台两端的设备用房概念更相似的是有顶棚步行街两侧的商店，其防火分隔措施也没有采用防火分区的概念，规范中只是对商铺的建筑面积和防火分隔措施提出了要求（图5-37）。

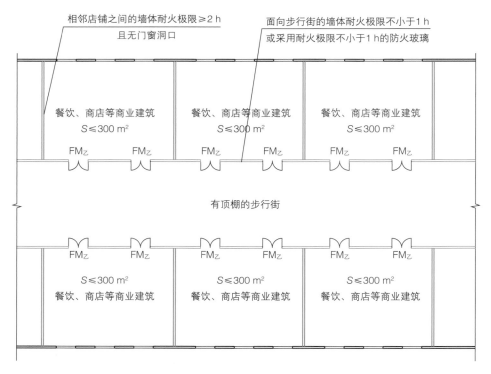

图5-37　有顶棚步行街两侧商业服务网点防火分隔示意图

从上述商业服务网点和有顶棚步行街两侧商店的概念来看，车站站台两端的设备用房采用"防火单元"或"分隔单元"的概念更为确切（图5-38）。有顶棚步行街两侧的商业空间就是以步行街为安全疏散区，当然这个有顶棚的步行街不是无限加长的，规范里要求其长度不超过300 m。进而我们思考地铁车站站台层边走廊旁边设备用房的疏散问题，边走廊与轨行区是相通的，在设备房间发生火灾的情况下，烟气在走廊的扩散能力很强，可以作为安全疏散的路径；当区间发生火灾时，烟气也被区间通风机房排出，可以确保短时间内房间人员的疏散；如确有烟气覆盖到该区域，检修人员也可在房间内暂避等待救援，毕竟四周的墙体是防火墙，门是甲级防火门。至于边走廊旁边房间划分成多大的防火单元、边走廊的长度是多少，是否给出一个

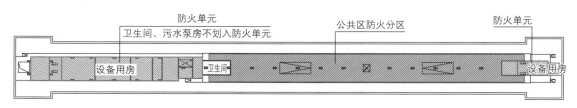

图5-38　地下车站站台两端的"防火单元"示意图

限定值，还是需要进一步研究和商榷的。

三、安全疏散

提起安全疏散，每个建筑设计人员都应该意识到这是车站设计的重要内容，它是车站运营安全的保障，对于建筑专业来说最重要的安全疏散设施就是疏散楼梯及通道。但考虑到地铁车站的特殊性，《地铁设计防火标准》明确规定：与疏散方向一致的自动扶梯可用作疏散；电梯、竖井爬梯、消防专用通道以及管理区的楼梯不得用作乘客的安全疏散设施。

1. 站台公共区疏散

站台公共区是乘客乘降列车的空间，人员密集，是车站疏散最不利的位置。对于地铁来说，由于车站本体相关设备设施相对完善，发生事故比较危险的地方除了站台就是区间的车辆上，所以根据《地铁设计防火标准》规定：站台公共区的疏散能力应满足将高峰时段一列进站列车所载乘客及站台上的候车乘客在 4 min 内全部撤离站台（图 5-39）。

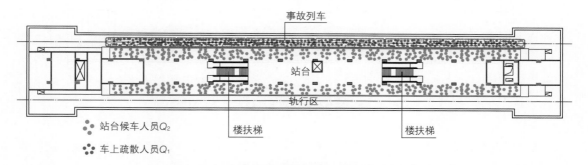

图 5-39　事故工况下的站台层人员分布示意图

乘客全部撤离站台的时间应满足下列公式要求：

$$T = 1 + \frac{Q_1 + Q_2}{0.9 \left[A_1 (N-1) + A_2 B \right]} \leq 4 \; （\text{min}）$$

式中各参数说明如下：

自动扶梯通过能力 $A_1 = 8\,190$ 人 /（h·m），人行楼梯通过能力 $A_2 = 3\,700$ 人 /（h·m）。

Q_1、Q_2 都是高峰小时的客流，并乘以超高峰系数，乘以超高峰系数也是考虑了最不利的情况。

N 是参与疏散的扶梯数量，这也是地铁相比民用建筑比较特殊的地方。考虑到人性化服务，地铁车站设置了大量的自动扶梯，则设置疏散楼梯的空间有限，所以在地铁设计中需要将自动扶梯作为疏散设施，参与疏散的自动扶梯应满足两路供电的一级负荷要求。由于自动扶梯在事故情况下不能反转，所以参与疏散的自动扶梯必须是与疏散方向一致的，（$N-1$）是考虑到自动扶梯毕竟是机电设备、有故障检修的时候，故考虑减掉 1 台，充分考虑紧急疏散的最不利情况。

B 是疏散楼梯的总宽度，在计算的时候应按照 0.55 m 的整数倍计算，这种计算方式更为准确，0.55 m 是一股人流走行的宽度。如果一个楼梯的净宽度是 2.0 m，大于三股人流的 1.65 m，但剩下来的 0.35 m 的宽度走不了一股人流，所以还是尽量按照 0.55 m 的倍数计算疏散宽度。

根据《地铁设计防火标准》规定：每个站台至站厅公共区的楼扶梯组数不宜小于列车编组数的 1/3，且不得少于 2 个。这条规定其实相当于要求保证站台层至少有两个安全出口，事故工况下能够保证多条逃生路线，避免一个楼梯口发生火灾时乘客无处逃生的情况发生（图 5-40）。

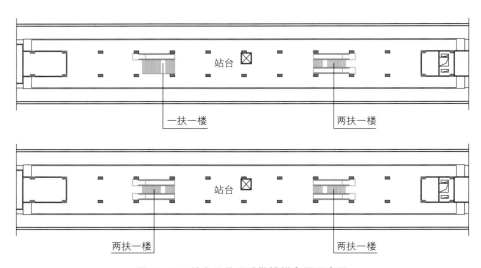

图 5-40 站台公共区疏散楼梯布置示意图

站台层安全疏散计算点的概念必须明确，这个安全疏散点影响着疏散口的数量，同时也影响疏散距离的计算。标准形式的车站，安全出口计算点就是楼梯的起步点和自动扶梯的下工作点，在计算站台层疏散距离的时候，按照行走距离计算最不利点至楼梯起步点或者自动扶梯的下工作点。这里的安全疏散点完全不同于民用建筑的概念，民用地下建筑的疏散肯定是要设置防烟楼梯间或者封闭楼梯间的。地铁之所以能够定义这个楼梯口作为安全疏散点，主要是地铁空间受限，乘客正常通行路径同时也是疏散路径，不同于很多大型公共建筑疏散路径和正常通行路径是不同的交通体系，其相互之间不影响。考虑到地铁作为大客流公共建筑，客流密度很高，乘客疏散较为集中，同时公共区又需要较高的通透性和便利性，在紧急疏散时就算是有防火门也都是连续开启的、与开敞楼梯相似，所以地铁采用无防火门的楼梯间，但是这个楼梯间也不同于民用建筑的开敞楼梯间，为了保证楼梯口的安全，通风设计中加强站台排风，站厅层公共区利用出入口自然补风，保障楼梯口 1.5 m/s 向下的送风速度，其作用相当于民用建筑封闭楼梯间补风造成的压力差来保证楼梯间的安全（图 5-41）。

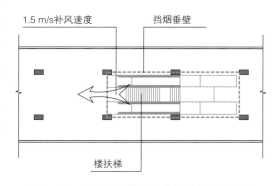

图 5-41 公共区楼扶梯口的补风措施示意图

在规范中对于站厅站台之间的楼扶梯保护措施只有楼扶梯底部设置防火板，对于楼扶梯两侧的封闭性没有提出要求，目前常见做法是用挡烟垂壁覆盖整个自动扶梯的底部和楼扶梯洞口四周。最合理的做法应该是扶梯的底部和侧边均采用全封闭的方案，仅楼扶梯的开口部位敞开，这样既保护了楼扶梯的安全，也能够保证楼扶梯口的补风速度（图5-42）。

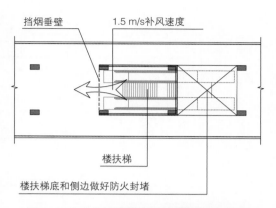

图5-42　公共区楼扶梯口的保护措施示意图

参考民用建筑的做法，封闭楼梯间和防烟楼梯间同样也是能够满足地铁的疏散要求。当站厅站台之间的疏散能力不满足要求的情况下，可以在站台端部补充封闭楼梯间（三层车站为防烟楼梯间）解决疏散问题。开向直通站厅公共区或地面的通道口部也能作为安全疏散点，按照公共区楼扶梯的设计理念，该通道口的口部也需要1.5 m/s的补风速度来保证安全疏散点的安全性。侧式车站站厅站台同层的情况下，设计一个物理分界面，分界面上的开洞也能作为安全疏散点，同样也需要在事故工况下保证这个口部有1.5 m/s的补风速度朝向站台空间。如果站厅站台同层车站不设置分界面，应按任一点疏散距离不超过50 m，设置直通地面的疏散楼梯，并需验算出地面楼梯口的补风速度是否满足1.5 m/s的要求（图5-43、图5-44）。

如果站厅站台之间的楼梯间均按照民用建筑的做法，设计为封闭楼梯间，则站台、站厅层的楼扶梯口部均应设置防火门，且对楼梯间进行正压送风才能保证楼梯间的安全（图5-45）。这种方案严重影响地铁建筑的通透性，同时这种模式下，站台层在排烟的时候就需要做补风措

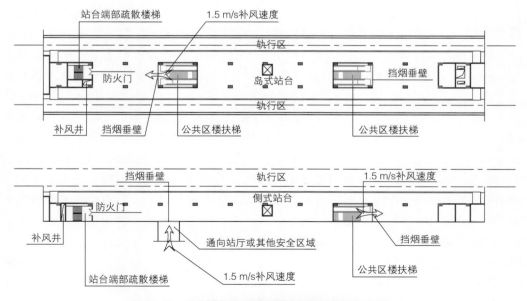

图5-43　站台端部补充封闭楼梯间解决疏散示意图一

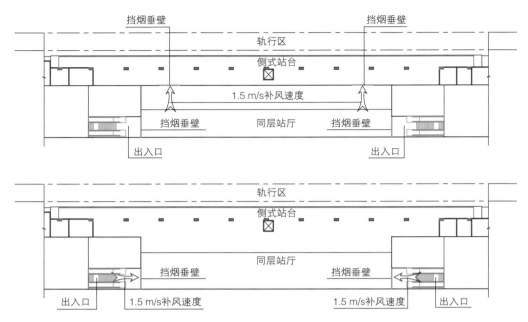

图 5-44　站台端部补充封闭楼梯间解决疏散示意图二

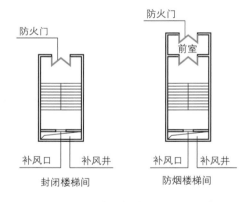

图 5-45　疏散楼梯间的补风措施示意图

施，地铁作为大客流交通建筑，过于复杂的排烟模式，太多道疏散门都会影响疏散的可靠度，所以地铁选择了从出入口到站厅至站台的自然补风模式，减少或取消疏散路径上的疏散门，便于乘客尽快疏散，排烟模式也相对简单。

或许在设计中大家会有一个疑问：为什么站台层的疏散楼扶梯通向了站厅层，没有直接进入室外或其他安全区域，怎么会认为这个楼扶梯口是安全疏散点呢？首先应该理解火灾工况的概念，考虑到概率问题，一座车站（含换乘站）甚至是一条线路仅考虑一处发生火灾的情况，当站台层发生火灾或者区间发生火灾的时候，将通过楼梯口的风速将烟气压制在站台层。这种工况下，站厅层就是一个相对安全的过渡空间，然后站厅再考虑其自身的疏散距离要求，这就是分段疏散、分段计算的概念，分段理解站台到楼扶梯口距离、站厅层到出入口距离。这等同于民用建筑房间内疏散距离和走廊内疏散距离分段计算的概念（图 5-46）。站台层的疏散距离要求可以理解为房间内的疏散距离要求，站厅层的疏散距离要求可以理解为走廊内的疏散距离要求。也就是实际上从站台疏散至站厅只是完成了疏散的第一个步骤，还需要从站厅疏散至地面才算完成整个疏散过程（图 5-47）。为了避免乘客在站厅拥堵，规范对车站各部分的通行能力提出了匹配的要求，即：站厅至地面的疏散能力应大于等于站台至站厅之间的疏散能力。

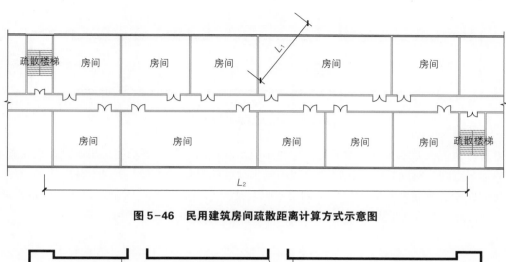

图 5-46　民用建筑房间疏散距离计算方式示意图

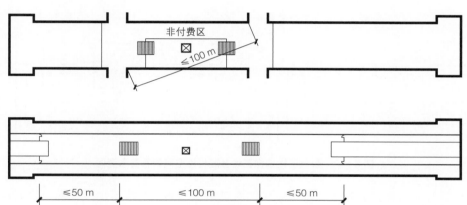

图 5-47　车站公共区疏散距离计算方式示意图

2. 站厅公共区疏散

站厅公共区是乘客进出站的交通枢纽空间，乘客在这个区域完成购票、安检、进站、出站等行为，客流流线复杂，人员密度较高，也是车站需要解决疏散问题的重要空间。《地铁设计防火标准》规定：每个站厅公共区至少设置两个直通室外的安全出口，安全出口应分散布置，间距不小于 20 m，换乘车站的安全出入口数量应每条线不少于两个。每个站厅公共区的安全出口不少于两个也是车站运营通车的必备条件。除满足上述数量和间距要求外，还需要满足任一点疏散距离的要求。这里需要指出的是，两个安全出口的间距不小于 20 m 是指安全疏散点的间距（图 5-48），不是指安全出口出地面口部的距离。因为出到地面已经属于安全区域了，没有必要对口部的间距提出要求。当然不是说间距小于 20 m 的安全出口不能作为安全疏散，它可解决疏散宽度和疏散距离的问题，但不能解决数量问题。

站厅公共区是客流集散的空间，设计中容易出现争议的是公共区楼扶梯在设备层的转换空间，有人认定这个空间为站厅，有人认为这个空间属于楼梯间的一部分。对此要具体情况具体分析。如果认定为楼梯间，这个空间是不允许设备区向该空间开门的，同时这个转换空间也不

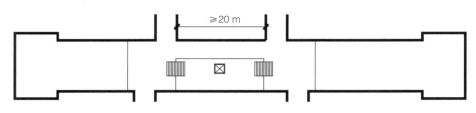

图5-48 两出入口间的间距示意图

能接出入口通道或换乘通道。然后这个空间不应出现进出站闸机等功能，出现这些设备就需要较大的集散空间，空间越大，在这个空间内发生火灾的风险就越大，所以设计中应尽量压缩转换空间的面积、满足通行需求即可，如果根据功能需求，必须要接入出入口通道或换乘通道，那就完全按照公共区的标准进行设计，必须要考虑安全疏散的问题（图5-49）。

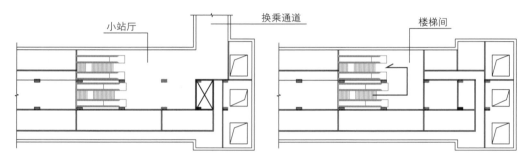

图5-49 公共区楼扶梯在设备层转换空间的布置示意图

《地铁设计防火标准》规定：地下一层侧式车站，每侧站台应至少设置两个直通地面或其他室外空间的安全出口。如前防火分隔章节所述：当出入口口部能够覆盖站厅和站台任意一点的疏散距离时，两者可无缝衔接、呈开敞式布置（图5-50）；当出入口口部不能够覆盖站厅和

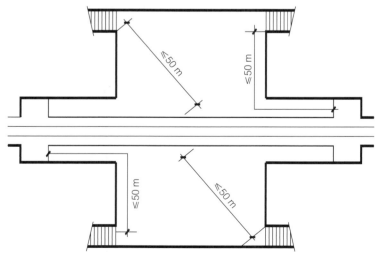

图5-50 地下一层侧式站台公共区布置示意图一

站台任意一点的疏散距离时，则应在站厅公共区与站台公共区的分界面设置防火隔墙，并至少设置两个距离不小于 20 m 的门洞。这两个门洞起到的作用等同于地下二层车站的站台至站厅的楼扶梯口部，是站台层的安全出口，这个 20 m 的要求就是对站台安全出口的间距要求（图5-51）。同时还应保证站厅公共区任一点距最近直通室外安全出口的距离不应超过 50 m。

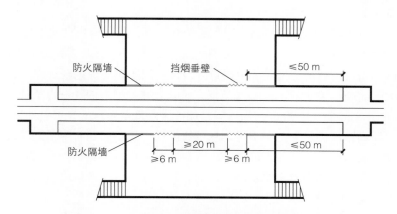

图5-51　地下一层侧式站台公共区布置示意图二

3. 站厅站台倒置车站的公共区安全疏散

当地下车站站厅位于站台下方时，《地铁设计防火标准》规定在站厅层楼扶梯开口处设置耐火极限不低于 3 h 的防火卷帘，对疏散并没有相应的规定，只是条文解释站厅层发生火灾时防火卷帘落下来，站台上的人乘列车离开。但是在事故工况下，可能会出现列车停运的问题，这样一来站台上那么多候车乘客的安全疏散就很难保证。如果是站台发生火灾，卷帘不落下，人员考虑向下疏散，疏散的路径与正常使用状态相同，虽然路径曲折，可基本满足疏散要求。但是在疏散路径上设置防火卷帘一定需做好控制，避免防火卷帘误降的可能性发生（图5-52）。

对于站厅站台倒置的安全疏散问题，最好的解决办法就是利用车站的覆土夹层，给站台层单独设置安全疏散楼梯，当站厅火灾时，站厅站台之间的防火卷帘落下，站台层通过独立疏散楼梯进行疏散，疏散方向也是顺向的；当站台发生火灾时，除按规范规定通过站厅疏散外，也可通过站台增加的安全出口直接疏散，这样就不会存在安全隐患了（图5-53）。

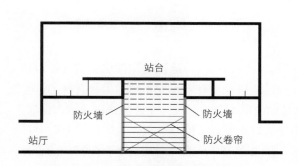

图5-52　站厅站台倒置站厅楼扶梯开口
处的防火分隔措施示意图

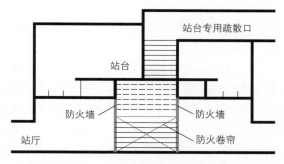

图5-53　站厅站台倒置安全疏散示意图

4. 出入口通道疏散

车站出入口通道与车站主体相接处可定义为安全疏散点，车站内发生火灾进行排烟的情况下形成负压，出入口自然补风，将烟气压制在车站公共区，保证了出入口的安全。当车站出入口长度超过 60 m 时，出入口通道内的火灾风险加大，所以需要考虑对出入口通道进行排烟，以保证出入口通道的安全（图 5-54）。

出入口通道的长度不应大于 100 m，当大于 100 m 时，其通道内的集散空间较大，同时在出入口通道内的乘客较多，火灾风险进一步加大，通过排烟已经无法满足出入口通道的安全，所以超过 100 m 的出入口通道应增设安全出口。规范规定了长通道内任一点至最近安全出口的疏散距离不应大于 50 m，对此一直存在着争议，争议就在"通道内任一点至最近安全出口不应大于 50 m"这句话，原本一个 90 m 的出入口是能够满足规范要求的，可是如果在 70 m 的地方增加一个出入口反而不能满足规范要求了，从逻辑上就出现了问题。为了能够理解这句话，可以把出入口分段，离车站公共区最近的一个出入口为第一段，只要不大于 100 m 就能够满足规范要求了，后面的出入口就相当于原来出入口的延长，这两个出入口之间的通道内可以按照任一点疏散距离不超过 50 m 考虑（图 5-55）。

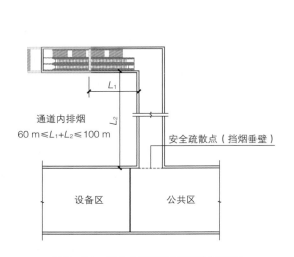

图 5-54　出入口通道平面布置示意图

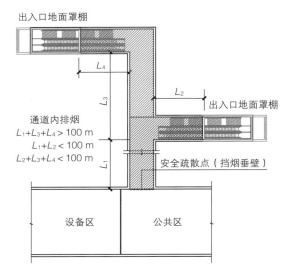

图 5-55　出入口长通道疏散示意图

出入口通道的长度决定了相关消防设施的配置，起点从出入口通道与站厅层公共区接口位置起算，接口位置设置挡烟垂壁，终点位置存在一定的争议。有人认为是出地面楼扶梯的起步点，有人认为是出地面楼梯台阶处，还有人认为是地面出入口暗埋段，在《地铁设计防火标准》的条文说明里明确了地面出入口暗埋段位置作为出入口长度计算终点。但是这个终点有时并没有自然排烟条件，作为长度终点的条件并不理想，建议考虑在出入口后部设置自然排烟的百叶窗（图 5-56）。

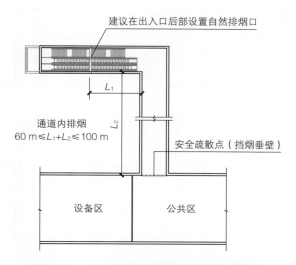

图 5-56　出入口长通道疏散计算终点示意图

5. 高架车站疏散

《地铁设计防火标准》规定：高架车站站厅通向天桥的出口可作为安全出口，但前提条件是天桥必须是 A 级不燃材料制作且有良好的自然排烟条件。从概念上来说地下车站的出入口通道是有气流压制烟气进入通道来保证出入口安全的，高架车站站厅层一般是考虑自然排烟的。如果出入口通道是封闭的，就无法保证通道口部与车站公共区相接的地方是安全的，所以必须要求高架车站的出入口具有良好的自然排烟条件，天桥的透空率建议参考《建筑设计防火规范》中关于下沉式广场设置风雨篷时开口面积的相关要求执行，即透空率按不小于 25% 取值（图 5-57）。

《地铁设计防火标准》对高架换乘车站的换乘通道也做了相关规定，如果采用 A 级不燃材料制作且具有良好排烟条件的换乘通道可以作为安全出口。这条规定基于只有一处火灾考虑，并利用了相邻防火分区逃生的概念（图 5-58）。

6. 设备区疏散

《地铁设计防火标准》规定：设备管理区内有人值守的防火分区安全出口的数量不应少于两个，并应至少有一个安全出口直通地面。当值守人员少于或者等于三人时，设备管理用房可利用与相邻防火分区相通的防火门或者能通向站厅层公共区的出口作为安全出口。这条规定里没有强调人数少于三人的无人区具体设置几个疏散口，《人民防空工程设计防火规范》不仅对人数有要求，对面积也有要求，面积不大于 $200\,\mathrm{m}^2$ 且人数少于三人的情况下只可设置一个通向相邻防火分区的疏散口。而《地铁设计规范》相关条文则规定只要是一个防火分区就必须要有两个安全出口。这就使得很多面积较小的防火分区也要设置两个疏散楼梯。建议参照相关规范，对建筑面积小于 $200\,\mathrm{m}^2$ 且无人值守的防火分区可只设置一个疏散口，超过 $200\,\mathrm{m}^2$ 的无人区仍考虑设置两个安全疏散口（图 5-59、图 5-60）。

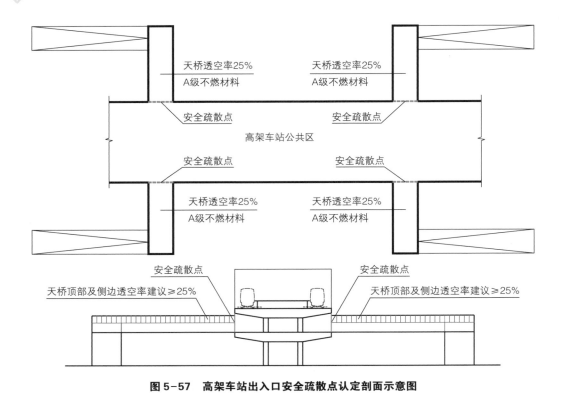

图 5-57　高架车站出入口安全疏散点认定剖面示意图

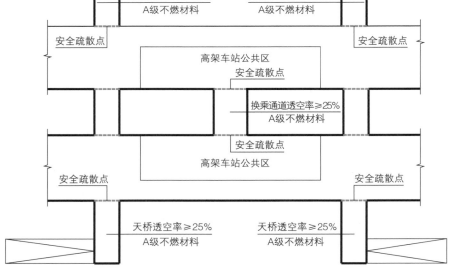

图 5-58　高架换乘车站换乘通道可作为安全疏散点认定示意图

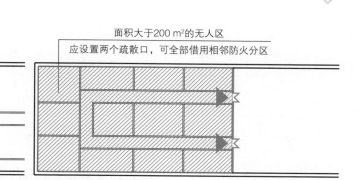

图 5-59　设备区疏散方案示意图一

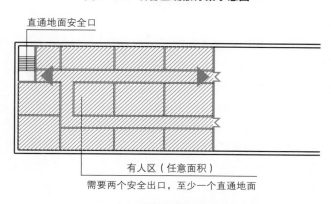

图 5-60　设备区疏散方案示意图二

在车站设备管理用房设计的过程中，一般考虑将有人区集中设置，这样既方便管理，又方便解决疏散问题。根据规范要求，有人区需要设置直通室外的安全出口；除直通室外的安全出口外，设备区的疏散一般都是防火分区之间相互借用或者是向公共区借用疏散口。无人区原则上借用相邻防火分区的两个疏散口就可以解决疏散问题。有些设备区在车站的尽端，其自身的两个安全出口都是借用相邻的防火分区的，这种情况下，其相邻的防火分区就不能再借用尽端的防火分区作为疏散了。这种情况经常出现在地下三层车站。有些位于尽端的防火分区不应向相邻防火分区借用两个疏散口，需要补充一个直通地面或通向站厅层的安全疏散口（图 5-61、图 5-62）。

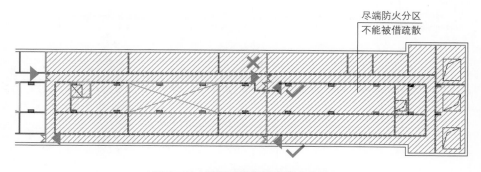

图 5-61　错误的设备区疏散示意图

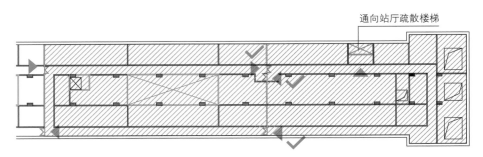

图 5-62　正确的设备区疏散方案示意图

7. 消防专用通道

消防专用通道是地铁车站最重要的消防设施，其作用与民用建筑中消防电梯的功能类似，其定义为：供消防人员从地面进入站厅、站台、区间等区域进行灭火救援的专用通道和楼梯间。其主要是承担消防救援的作用，同时也兼顾设备区的疏散作用，每个车站一般仅考虑设置一处消防专用通道。这也是由地铁功能的特殊性决定的。往往车站设置在道路之下，楼梯间不能直出地面，不能像其他民用建筑一样从上到下地贯通，消防专用通道经常是多个楼梯间和多个通道组合形成的一个消防救援及消防疏散体系。对于两层车站，消防专用通道由两部分组合而成：一部分是地面至站厅的楼梯间加通道，另一部分是从站厅直达站台的楼梯间。按照以往惯例，这两部分可以断开，通过设备区走道过渡（图 5-63、图 5-64）。

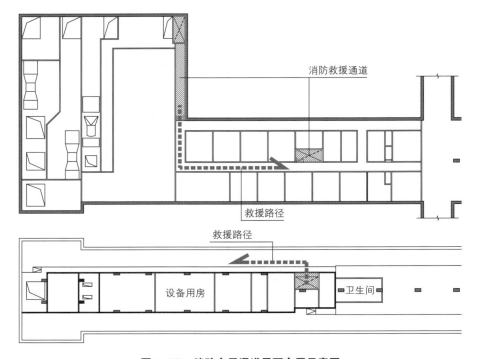

图 5-63　消防专用通道平面布置示意图

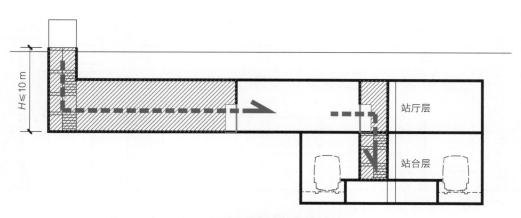

图 5-64　消防专用通道断面示意图

　　深埋车站的救援难度较大，当地下车站超过三层（含三层）时，消防专用通道内的"组合楼梯间"应从地面直达站台，提升高度一般需超过 10 m，均应设计为防烟楼梯间，并应尽量减少转折，且接入这个"组合楼梯间"的疏散口必须采用前室接入。

　　根据规范要求，消防专用通道应能直达车站各层，以满足消防人员迅速到达火灾扑救点。有些特殊的站型，大部分设备用房设置在外挂部分，错误的做法是将消防专用通道设置在外挂部分（图 5-65），如果需要到达站台层公共区或者区间需要通过站厅层公共区，消防人员与疏散乘客之间会有对冲的情况发生，这就没有起到消防专用通道的作用。设计中应考虑消防专用通道能直达车站各层，即直通站台（图 5-66）和设备层。

　　如果设备区较大，消防专用通道兼顾管理人员疏散不能满足疏散要求的情况下还需补充设备区的安全出口，且有人值守的设备管理区至少设置一个直通室外的安全出口（图 5-67）。

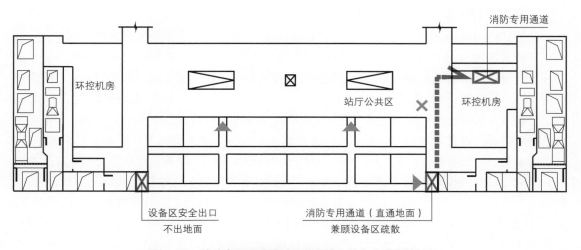

图 5-65　消防专用通道通过公共区进入站台（错误做法）

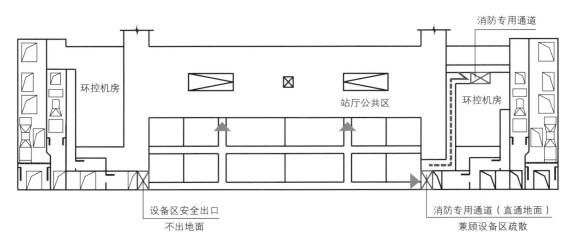

图 5-66　消防专用通道可直接进入站台（正确做法）

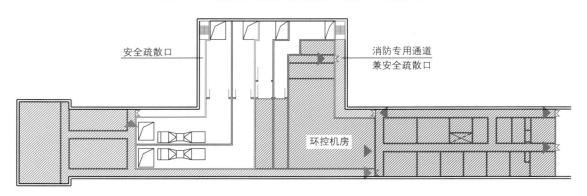

图 5-67　消防专用通道兼有人区安全疏散口

8. 疏散门的设置

设备管理用房的疏散门至最近安全出口的距离：当疏散门位于两个安全出口之间时，疏散距离不应大于 40 m（图 5-68）；当疏散门位于袋型走道两侧或者尽端时，疏散距离不应大于 22 m。这里强调的疏散距离最不利点是设备管理用房的门，而不是走廊内的任意一点。安全出口的计算点是疏散楼梯的疏散门和开向相邻防火分区的疏散门，如果有局部的袋型走廊，那就将局部袋型走廊的长度乘以 2 再加上剩余的至最近安全出入口距离之和不大于 40 m，即能满足疏散距离要求，如图 $L_1 \times 2 + L_2 \leqslant 40$ m，或者 $L_1 \times 2 + L_3 \leqslant 40$ m 即可满足要求（图 5-69）。

变电站、环控电控室、配电间、弱电用房等房间的疏散门同时需要遵从相关专业规范的要求。《民用建筑电气设计标准》规定长度大于 7 m 的配电装置室应设两个疏散出口，并宜布置在配电室的两端，长度大于 60 m 的配电室应设置三个疏散门，相邻疏散门间距离不应大于 40 m；《电子信息系统机房设计规范》（GB 50174—2008）规定建筑面积大于 100 m² 的弱电房间需要设置两个疏散门，面积小于 100 m² 的弱电机房可只设置一个疏散门，车站内的通信信号等弱电房间可参考上述相关要求。其余的房间可参考《建筑设计防火规范》的相关要求。

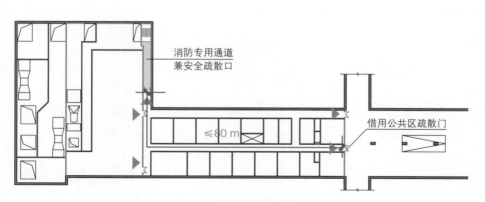

图 5-68 设备管理用房疏散门布置示意图

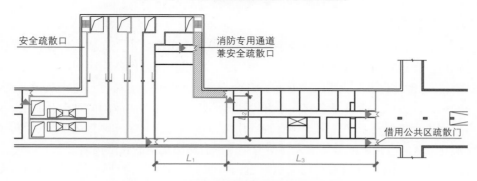

图 5-69 设备管理用房疏散距离计算示意图

疏散门应开向疏散方向，对于房间的疏散门如果有特殊需求，在房间人数不超过 60 人、每个门疏散人数不超过 30 人时房间疏散门的开启方向可不受限制。但是疏散走道的疏散门必须开向疏散方向，所以在两个防火分区相互借用疏散的时候，一定是并列设置的两道疏散门相互对开，分别作为安全疏散口。走廊宽度不够的情况下，可以局部外扩设置两道门，分别开向相邻防火分区，或者是采用走廊相邻的方式，解决相互借用安全疏散口的问题（图 5-70）。

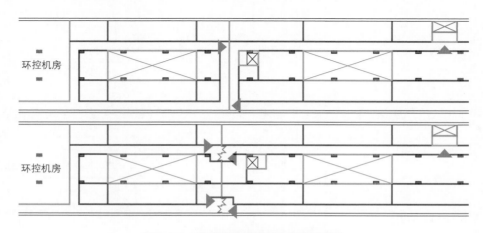

图 5-70 走道疏散门的开启方向示意图

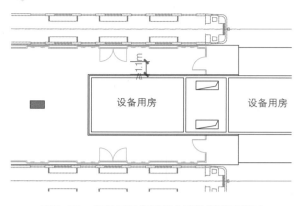

图 5-71　应急门开启后前方疏散宽度示意图

《地铁设计防火标准》规定：站台应急门的数量宜按列车编组数确定，当应急门前方有设备用房和楼扶梯的时候，应核算应急门开启后的通行能力，规范对这个通行能力没有具体要求，一般情况下认为净宽度不应小于两股人流的通行。经核算，一般情况下侧站台宽度达到 2.7 m 时，可以满足应急门开启后前方墙体装修完成面与 90° 开启的门扇之间能够达到 1.1 m 的净宽度（图 5-71）。

9. 站台层设备用房疏散

站台层有效站台以外的空间会设置一定数量的设备用房，由于空间狭长，设置了供区间疏散的边走廊后，就很难再设置设备用房的内走道了，所以这部分设备用房的消防疏散问题一直存在一定争议。《地铁设计防火标准》规定：站台设备区可利用站台公共区进行疏散，由于区间不能作为安全疏散方向，也就是说房间门开向边走道后，疏散方向应朝向站台公共区。站台层设备用房借用边走道进行疏散，由于站台设备用房边走道与公共区和轨行区是相通的，烟气扩散能力较强，且区间有强大的排烟能力，所以规范没有对边走道的长度提出要求。

考虑站台层边走道是区间重要的疏散通道，参照《民用建筑设计统一标准》（GB 50352—2019）的相关要求：开向疏散走道及楼梯间的门扇开足后，不应影响走道及楼梯平台的疏散宽度。依此要求开向边走道的房间疏散门，当门扇开启后疏散宽度不满足要求时，应采用门扇内凹的处理方式（图 5-72）。

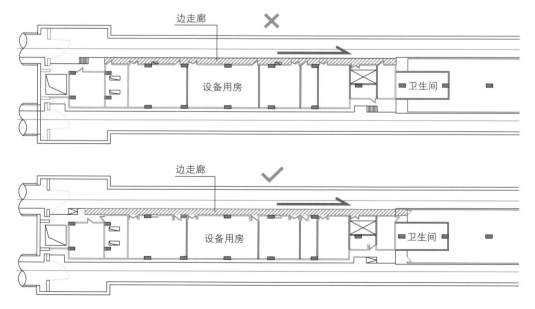

图 5-72　站台层设备用房疏散门开启方式示意图

有人值守的设备管理区应至少设置一个直通室外的安全出口，也就是说如果站台层设置了有人房间，也应设置内走道接入直通室外的疏散楼梯间，同时该走道设置开向边走道的疏散门作为第二安全疏散口，楼梯间应按照防烟楼梯间设计，从站台层贯通至地面（图 5-73）。

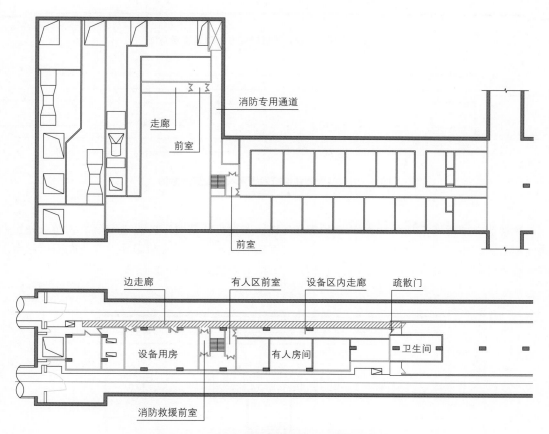

图 5-73　站台层设备用房有人房间疏散示意图

10. 非地铁功能场所疏散

商业等非地铁功能场所的安全疏散应满足《建筑设计防火规范》的相关规定，其与车站的安全出入口应各自独立设置，两者的连通口、互相联系的楼梯等不能作为相互的安全出口。这主要是基于商业和地铁之间由于功能差异的考虑，为确保安全，相互间的连通口是不能相互借用作安全出口，且车站内各安全出口也不应开向商业内（图 5-74）。

11. 疏散指示标志

《地铁设计防火标准》规定：站台和站厅公共区、人行楼梯及其转角处、自动扶梯、疏散通道及其转角处、消防专用通道、防烟楼梯间、安全出口、设备管理区内的走道和变电站的疏散通道等均应设置电光源型疏散指示标志。公共区疏散指示标志的间距不应大于 20 m，且不应大于两跨柱间距。设计中还应注意疏散指示标志不应出现视线盲区（图 5-75）。

图 5-74　车站与商业连通后的安全出口设置示意图

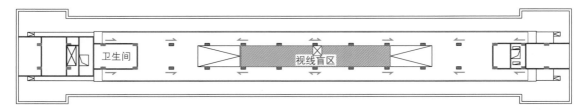

图 5-75　站台公共区疏散指示标志设置示意图

　　换乘节点处的疏散指示标志以防火卷帘为界，在火灾的情况下防火卷帘落下，防火卷帘两侧分别疏散。下层站台层换乘通道口不作为乘客疏散使用，为了避免误导乘客，在下层站台层换乘通道口部（设置防火卷帘处）不应设置安全出口的疏散指示标志（图 5-76）。

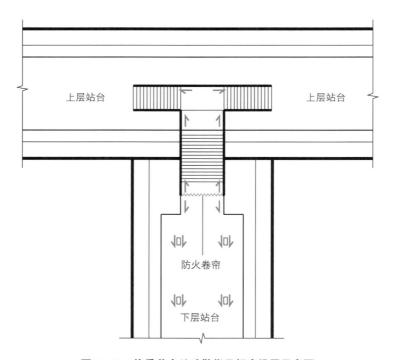

图 5-76　换乘节点处疏散指示标志设置示意图

第二节 地铁车站消防设施

地铁车站的消防设施是确保乘客安全的重要组成部分，包括消防给水与灭火设施、防烟与排烟、火灾自动报警、消防通信、应急照明等。

一、消防给水与灭火设施

车站消防给水与灭火设施主要包括水消防系统、灭火器和气体灭火系统。

水消防系统主要供给车站的消火栓系统和地下车站的自动喷水灭火系统；手提式或推车式灭火器设于车站内，对扑灭轨道交通初起火灾可起到非常积极的作用；气体灭火系统主要用于地下车站无人值守的重要电气设备用房，对保护电气设备和火灾后快速恢复车站运营，可起到很好的作用。

（一）消火栓系统

1. 消防供水模式

当车站周边市政管网满足两路水源要求时，消防水源直接从市政管网抽水。从城市不同市政管道上各接出一路 DN200 的消防引入管，从风井进入车站，在风道内设置倒流防止器后环通，在每个出入口从环管上接出室外消火栓，并从 DN200 环网上引出两路供水管进入车站消防泵房并连通，为车站室内消防系统提供水源。

双水源车站室内消火栓系统采用临时高压系统，从消防泵房内 DN200 连通管上接出两路 DN150 供水管，增压后为室内消火栓环网供水。室外消火栓采用低压系统，从泵前环网上接出。

当车站周边市政管网仅满足一路水源时，应设置消防水池。若室外消防水量不大于 20 L/s，消防水池有效容积按一次火灾室内消防用水量确定；若室外消防水量大于 20 L/s，消防水池有效容积按不小于一次火灾室内外消防用水量之和确定，储存室内外消防水量的消防水池尽量合并设置；储存室外消防用水的消防水池应设置取水口，且吸水高度不应大于 6.0 m。

单水源车站从市政给水管网上接出一路 DN150 消防引入管，作为室外消火栓供水及消防水池补水水源。室内消火栓系统采用临时高压系统，从消防水池接出两路 DN150 供水管，接入消防泵房，增压后为室内消火栓环网供水。室外消火栓采用低压系统，从消防引入管或市政给水管上接出。

对于无水源的车站，考虑结合市政规划敷设专用市政供水管解决，尽量采用市政水源。车站应设置消防水池，消防水池有效容积按不小于一次火灾室内外消防用水量之和确定，储存室内外消防水量的消防水池尽量合并设置；储存室外消防用水的消防水池应设置取水口，且吸水高度不应大于 6.0 m。

无水源车站室内外消火栓系统均采用临时高压系统，车站从消防水池接出两路 DN200 出水管，接入消防泵房，增压后为室内外消火栓管网供水。

2. 管网及设备布置

（1）消防引入管接入消防泵房，经消防泵加压后接出两根消防干管，在车站纵向和横向分别连通形成环状供水管网。

（2）车站两端左右线分别向两端地下区间隧道引入一根 DN150 消防给水干管，沿隧道行车方向右侧布置，使本站及相邻两个区间形成一个完整的环状消防给水管网。在进入区间的消防管道前安装手动 / 电动两用蝶阀，平时常开，区间管网漏水、检修时关闭。

（3）消火栓系统压力控制要求：全线消火栓系统的最大静压（系统最低点）不应超过 1.00 MPa；消火栓栓口出水压力不应超过 0.50 MPa；当栓口压力超过 0.50 MPa 时，应采用减压稳压型消火栓。

（4）在车站每个出入口 5～40 m 范围内设置室外消火栓，满足距离要求的市政消火栓也可利用。

（5）在车站靠近出入口或风亭处设置消火栓水泵接合器两套，在水泵接合器 15～40 m 范围内应设置水量匹配的地上式室外消火栓。

（6）当室外消火栓采用临时高压系统时，供水总管经消防泵加压，在站厅成环后接至出入口室外地面。

（二）自动喷水灭火系统

上海地铁在地下车站站厅和站台层公共区设置自动喷水灭火系统，按中危险 II 级标准设计。

车站两路消防供水管接入消防泵房，经自动喷水泵组加压后通过湿式报警阀，阀后管道在车站内呈枝状布置，在站厅、站台或每个其他防火分区设置信号蝶阀和水流指示器，每个分区系统末端设置末端试水装置或末端放水阀。

喷头的选择和布置与环境温度和吊顶形式相适应，应保证发生火灾时喷头能及时爆破启动，且保护区域内洒水均匀。

（三）消防加压设备

消火栓系统设主泵两台、稳压泵两台，均互为备用，另设置隔膜气压罐一台。

自动喷水灭火系统设主泵两台、稳压泵两台，均互为备用，另设置隔膜气压罐一台。

物业开发区域一般独立设置消火栓系统和自动喷水灭火系统，消防泵房及设备均与车站分开设置。

（四）灭火器的设置

车站内按《建筑灭火器配置设计规范》（GB 50140—2005）中严重危险级别场所的相关规定配置灭火器，在公共区和设备区均设置手提式灭火器，个别大型电气设备用房增设推车式灭火器，手提式灭火器单具规格一般选择 MF/ABC5（3A/5 kg）磷酸铵盐干粉灭火器，设置点位间距不大于 20 m。

（五）其他自动灭火系统

地下的通信和信号机房（含电源室）、变电站（含控制室）、环控电控室、综合监控设备室、站台门控制室、蓄电池室、自动售检票机房等重要电气设备用房，应设置自动灭火系统。轨道交通工程选用的灭火介质，除应满足电气设备灭火的技术要求外，尚应满足绿色环保、耐久性好、灾后恢复简便迅速等要求。对于气体灭火剂存在多种选择，如七氟丙烷、IG541、IG100

等；除气体灭火系统外，还有高压细水雾系统等。

上海轨道交通工程常规采用 IG541 气体灭火系统，IG541 是 52%N_2、40%Ar 和 8%CO_2 三种惰性气体的混合物，其气体来自大气，灭火前后不会对人体造成伤害，不产生任何化学分解物，对精密设备及数据资料无腐蚀作用，对环境无任何影响，在地铁工程中具有丰富、成熟的应用案例，运营效果良好。IG541 气体灭火系统由管网子系统和控制子系统两部分组成，采用自动控制、手动控制、机械应急启动三种控制模式。

上海地铁 11 号线一期、17 号线等个别线路也试点采用过高压细水雾系统，该系统能扑灭电气火灾，但会对电气设备造成一定影响，不利于火灾后地铁迅速恢复运营，且《细水雾灭火系统技术规范》（GB 50898—2013）中部分条款在轨道交通工程中难以执行，故未做推广使用。

二、防烟与排烟

车站防排烟消防设计的重点在于地下车站，地上车站的防排烟基本按常规民用建筑设计。地下车站防排烟主要考虑区域包括车站公共区、各类地下长通道和车站设备管理区。

总体上，防排烟的主要目标是将火灾烟气控制在一定范围内并及时排除，防止其进入疏散通道、安全区以及邻近区域。车站防排烟设计的主要目标具体如下：

（1）当站厅公共区着火时，需对着火区域排烟，防止烟气进入出入口通道、换乘通道、站台、连接通道等邻近区域。

（2）当站台公共区着火时，需对站台公共区排烟，防止烟气进入站厅、换乘通道等邻近区域，并尽量防止烟气进入轨行区；为防止烟气顺疏散楼梯进入上层站厅，楼梯口还需要达到一定的防护风速。

（3）当列车着火迫停在区间，或区间设施设备着火时，需对地下区间进行控烟或排烟。采用纵向控烟时，烟流方向应与乘客疏散方向相反，并应能防止烟气逆流和进入相邻车站和相邻区间；采用横向排烟时，需要就近排除烟气。

（4）车站设备管理区的强弱电机房一般设置自动灭火系统，这些房间在灭火后需要进行通风换气。设备管理区的其他区域超过一定规模时，也需要考虑排烟，与常规民用建筑的设计要求基本相同。

（5）车站设置的封闭楼梯间或防烟楼梯间在火灾时需要加压送风，保障疏散或救援通道的安全性。

地铁作为交通工程，其独特性在于载客列车在区间的运行是动态系统，地下区间与车站之间相互影响、难以有效分隔，公共区和区间火灾时烟气影响面广、控制难度大，公共区的疏散楼梯采用敞开式、防护难度大。列车的运行和车载乘客的安全保障使烟气控制复杂化。

三、火灾自动报警

根据地铁使用场景的不同，选择不同类型的火灾自动报警系统。

（一）全线系统构成

城市轨道交通火灾自动报警系统由设置在控制中心的中央监控管理级、车站（含车辆设施与车辆基地、停车场、控制中心大楼）监控管理级、现场控制级及相关网络组成。

全线火灾自动报警系统信息传输网可利用通信专业提供的光纤组成独立光纤环网，也可利用地铁公共通信网络。

上海地铁前期火灾自动报警系统大多由独立的光纤组成环网。随着技术的发展，城市轨道交通公共通信网络已经被证实是安全可靠的，利用它可实现资源共享，其网络结构简单、传输速率高，近期火灾自动报警系统组网采用综合监控传输网络。

全线火灾自动报警系统示意图如图5-77所示。

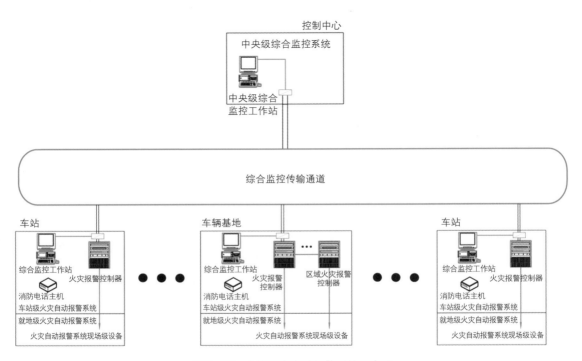

图5-77　全线火灾自动报警系统示意图

（二）中央管理级

火灾自动报警系统的中央管理级设于控制中心调度大厅，设置控制中心级火灾报警控制器作为全线消防报警控制器主机，通过独立的光纤网络或公共传输网络通道和各车站、车辆设施与车辆基地等处的火灾自动报警系统进行通信联络，接收全线火灾灾情信息，对全线系统进行监控管理，火灾自动报警系统信息通过网络接口与综合显示屏显示。中央管理级防灾报警系统示意图如图5-78所示。

（三）车站监控管理级

车站级火灾自动报警系统由火灾报警控制器、图形显示终端、所管辖范围内的各种探测器、手动报警按钮、电话插孔、消防专用电话、控制联动设备、信号接收设备和信号反馈设备等构成。

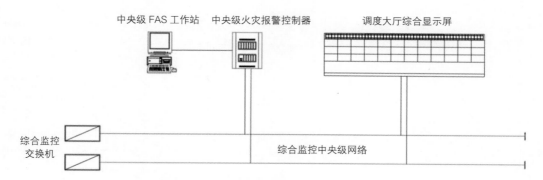

图 5-78　中央管理级防灾报警系统示意图

　　火灾报警控制器通过控制总线将现场设备连接起来，控制回路宜采用环形闭合式回路。图形显示终端单独设置或与综合监控系统合用，由综合监控系统提供。

　　地下车站因空间狭小，许多通风空调设备与通风排烟设备合用，火灾自动报警系统与车站设备监控系统之间应设数据通信接口，正常工况运行时由车站设备监控系统控制管理，火灾工况时火灾自动报警系统发出指令，由设备控制系统执行指令，转入火灾工况模式运转，并确保火灾工况优先权。

　　地下车站火灾自动报警系统工程范围包括车站和车站相邻的区间隧道、隧道中间风井。区间隧道和区间隧道中间风井的防灾报警，以区间中心里程为分界点分别纳入邻近的车站火灾自动报警系统。中间风井火灾报警纳入相邻车站回路，或采用设置区域报警控制器接入车站的方式，由车站级火灾报警控制器实施报警和联动控制。

　　火灾自动报警系统各车站级与综合监控系统通信前置处理器（FEP）相连，实现火灾报警图形显示功能。

　　在车站控制室内配置的综合后备盘上设置用于操作重要消防设备的直接启动按钮。重要消防设备包括消火栓泵、喷淋泵、排烟专用风机等。综合后备盘的直接启动按钮能在火灾情况下不经过任何中间设备，直接启动这些重要消防设备，具有最高优先级。同时在综合后备盘上还可显示这些重要消防设备的工作和故障状态，以及启动按钮的位置及状态。

　　车站设置独立的消防专用电话网络。在车辆基地调度中心（DCC）设置消防专用电话总机。在变电站控制室、消防泵房、环控机房、电梯机房、气瓶间、气体灭火盘处等重要场所设置固定式消防电话分机；在车站的站台层、站厅层、地下区间的适当部位（如手动报警按钮、消火栓按钮旁），设置消防电话插孔，以实现车站控制室与这些场所的消防语音通信。车站火灾报警系统示意图如图 5-79 所示。

　　（四）换乘车站设计方案

　　换乘站 FAS 方案要结合车站建筑形式、建设工期等分别考虑，具有共享公共区的两线或多线换乘车站，应遵循一座车站设一套火灾报警系统、先建带后建的原则。先行实施的车站，应考虑后建线路火灾报警系统车站设备的接入条件（包括容量、接口等）。两线同步实施时，火灾报警系统设备应同步实施，如图 5-80 所示。

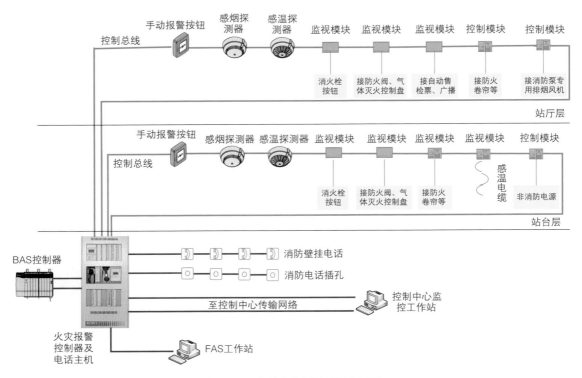

图5-79 车站火灾报警系统示意图

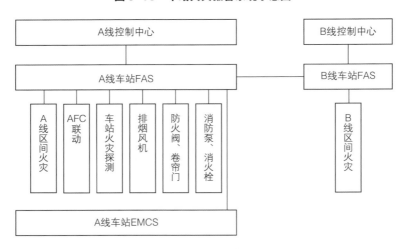

图5-80 共享公共区换乘站FAS框图

对于通道换乘的车站两线均独立设置FAS，在换乘通道处设置信息接口，互通火灾报警信息。

（五）主要设备的选择与设置

1. 火灾探测器

火灾探测器的选择应符合《火灾自动报警系统设计规范》（GB 50116—2013）的相关规定。

地下车站站厅层、站台层公共区、设备管理用房、主变电站等各管理用房设置光电感烟探测器，茶水室设置智能型感温探测器。

高架车站敞开式站厅层、站台层公共区可不设置探测器，封闭式公共区及车站设备管理用房设置光电感烟探测器。茶水室设置感温探测器。防火卷帘门两侧设感烟及感温探测器。点式探测器外形示意图如图5-81所示。

（a）点式感烟探测器　　（b）点式感温探测器

图5-81　点式探测器外形示意图

车站站台下电缆通道、变电站电缆夹层的电缆桥架上设置缆式线型感温探测器，缆式线型感温探测器在电缆桥架或支架上设置时宜采用接触式布置，按正弦波形敷设，保护长度不大于100 m（图5-82）。

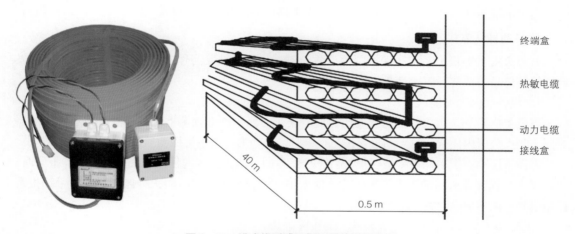

终端盒

热敏电缆

动力电缆

接线盒

40 m

0.5 m

图5-82　缆式线型感温探测器外形示意图

2. 手动报警按钮

每个防火分区至少设置一个手动报警按钮，从一个防火分区内的任一位置到最邻近一个手动报警按钮的距离不大于30 m。

车站公共区、设备区、通道内设置手动报警按钮。

车站内消火栓箱旁设置带地址手动报警按钮、消防电话插孔，带地址手动报警按钮、消防电话插孔组合成手报箱，安装在靠近消火栓箱旁的墙上。

手动报警按钮在墙上的安装高度为1.3～1.5 m。

3. 警报装置

车站设置火灾探测器的处所均设有声光警报器（老的地铁线路公共区未设警报装置），车站运营广播兼消防广播，火灾时强切至消防广播，消防广播具有最高优先级。

根据规范要求声光警报器与广播应实现交替播放的功能。在环境噪声大于60 dB的场所设置警报装置时，其声压级应高于背景噪声 15 dB。

4. 模块

在防火卷帘门、消防泵、喷淋泵、压力开关、自动扶梯、水流指示器、信号蝶阀、防火阀等处设置监控模块。

为减少回路短路对火灾报警系统的影响，在总线回路中应设置短路隔离装置，当短路隔离装置动作时，回路中被隔离的点数按规范规定不能超过 32 个点。

5. 消防电话

在车站控制室（消防控制室）设置消防电话总机，在消防泵房、环控机房、电梯机房、气瓶间、强弱电机房等场所设置固定消防电话。手动火灾报警按钮、消火栓按钮旁设置消防电话插孔，可采用手动报警按钮及电话插孔组合箱方式进行安装。消防控制室设可直拨外线的直线电话及调度电话分机。

（六）火灾报警的确认方式

火灾报警的确认方式有自动确认方式和人工确认方式两种。

1. 自动确认方式

需要火灾自动报警系统联动控制的消防设备，其联动触发信号应采用两个独立的报警触发装置报警信号的"与"逻辑组合。

1）设备区的火灾确认

当设备区第一个火灾探测器报警后，同一防烟分区内除此探测器之外任意一只火灾探测器或同一防火分区内任意一只手动报警按钮报警时，启动第一个报警探测器所属的火灾工况模式。

当设备区第一个手动报警按钮报警后，且仅当同一防火分区内任意一个火灾探测器报警时，启动该火灾探测器所属的火灾工况模式（即使第二个报警点是同一防火分区任意一只手动报警按钮报警，也不启动火灾工况模式）。

2）公共区（若只有一个火灾模式）的火灾确认

当公共区第一个火灾探测器报警后，同一防火分区内除此探测器之外任意一个火灾探测器或手动报警按钮报警时，启动该区域对应的火灾工况模式。

当公共区第一个手动报警按钮报警后，同一防火分区内除此手动报警按钮之外任意一个火灾探测器或手动报警按钮报警时，启动该区域对应的火灾工况模式。

3）公共区（有两个或以上火灾模式）的联动条件应符合规定

当公共区第一个火灾探测器报警后，同一防烟分区内除此探测器之外任意一个火灾探测器报警或同一防火分区内任意一个手动报警按钮报警时，启动第一个火灾探测器所属的火灾工况模式。

当公共区第一个手动报警按钮报警后，当且仅当同一防火分区内任意一个火灾探测器报警时，启动该火灾探测器所属的火灾工况模式（即使第二个报警点是同一防火分区任意一只手动报警按钮报警，也不启动火灾工况模式）。

2. 人工确认方式

如果报警区域为闭路电视监控的区域，火灾探测器报警时，可由车站控制室的值班人员将闭路电视系统切换到报警区确认，如闭路电视系统监视不到的报警区域则需现场人工确认。

（七）消防联动控制要求

车站级火灾报警系统设置联动型火灾报警控制器，火灾的探测、报警与消防联动控制一体化实现。

火灾报警控制器应能按设定的控制逻辑向各相关受控设备发出联动控制信号，并接收相关设备的联动反馈信号。

火灾报警控制器的电压控制输出应采用直流 24 V。

当火灾报警控制器确认火灾后，根据联动条件，将火灾信号发送给相关系统，控制各系统按火灾工况的要求进行相关动作，并接收每个设备的状态反馈信息。

控制自动售检票系统、变电站自动化系统、门禁系统、广播、防火卷帘门、防火门、消火栓泵、水喷淋泵、专用排烟系统的风机、排烟防火阀、防烟防火阀，以及垂直电梯等设备按照火灾工况的要求进行相关动作，并接收每个设备的状态反馈信息。

通过模块控制专用排烟系统的风机和相应的防火阀进入火灾工况，并接收其状态信号。

通过模块控制防火卷帘门下降，并接收反馈信号。防火卷帘门的控制方式应符合《火灾自动报警系统设计规范》的规定。

通过模块强启设备区应急照明，并接收反馈信号。联动应急照明和疏散指示灯，疏散指示灯方向与火灾工况下的疏散方向相一致。

通过模块向自动售检票（AFC）系统提供指令信号，由自动售检票系统控制打开所有自动检票机，AFC 系统将执行结果信号反馈到 FAS。

通过模块将火灾信息传送给变电站专业，由该专业切除非消防电源，并反馈执行结果信号。

通过模块将火灾信息发送给门禁系统，门禁系统释放管辖区域内的所有门锁。

通过模块将火灾信息发送给车站广播系统，由公共广播自动转换到火灾紧急广播状态。由本系统设置的火灾声光报警器，启动建筑内的所有火灾声光警报器，并与消防广播循环交替播放。

通过模块将火灾信息发送到垂直电梯控制器，控制垂直电梯达首层，并将垂直电梯的状态反馈给火灾报警系统。

通过模块启动消火栓泵、水喷淋泵，并接收消火栓泵、水喷淋泵的工作状态信号和故障状态信号。

显示气体自动灭火系统保护区的一次报警信号、二次报警信号、故障信号、气体喷放信号、手动／自动状态信号、防火阀状态信号。

通过火灾报警控制器的数据通信接口，向机电设备监控系统发出报警信息和模式指令，机电设备监控系统按照火灾报警系统的模式指令将其所监控的设备运行模式转换为预定的火灾模式，火灾报警系统发出的指令具有最高优先权。

区间隧道通风系统由设备监控系统实施控制，火灾确认后，根据控制中心确定的乘客疏散方向，人工向设备监控系统（BAS）发出指令，控制区间两端的事故风机及其风阀，迎乘客疏散方向送风，接收事故风机及其风阀状态信息。

同时通过与综合监控系统接口，向综合监控发出报警信息，综合监控系统将视频监控调整至火灾区域监视火情，乘客信息系统显示火灾信息。

在车站控制室综合控制盘上可实现消防泵、喷淋泵、专用排烟风机的启 / 停及状态显示，以及进出站闸机的释放及门禁的解锁。

四、消防通信

消防通信是指利用有线、无线、计算机通信等技术传送消防信号、文字、图像、声音等信息的通信方式。消防通信应满足消防部门在轨道交通范围内的通信要求，并应在突发事件发生时，为消防部门应急调度指挥提供通信保障。

轨道交通中的消防通信服务对象不仅包括消防救援队伍和与消防救援灭火直接相关的部门，还包括轨道交通运营指挥人员。

消防通信一般包括以下几个方面：

1. 防灾调度电话

防灾调度电话是轨道交通专用电话的一种应用方式，与列车运营、电力供应、日常维修、票务管理等共用一套专用电话系统。该系统可为控制中心环控（防灾）调度员提供专用直达各车站、车辆基地消防控制室的语音通信，并且具有单呼、组呼、全呼、紧急呼叫和录音等功能。

一般在控制中心环控（防灾）调度席位设置调度电话总机，在车站控制室、车辆基地调度中心（DCC）内设专用调度电话分机。

2. 消防无线通信

消防无线系统主要是为解决指挥员与战斗员间、战斗员与战斗员间的通信，采用与地面消防指挥系统相同的制式，实现车站周边地面附近主要道路与站内消防人员的无线通信联系。系统一般采用分散引入的方式，采用本地异频转发方式将消防无线信号引入地下，实现消防无线通信系统的引入。

无线电信号在站厅层及站台层采用吸顶式全向天线进行辐射；在隧道区间采用漏泄同轴电缆进行辐射，天馈系统可与公安无线系统共用。

3. 视频监视系统

视频监视作为地铁运营、安全管理的辅助手段，一般与运营、公安视频监视整合设置。

系统采用高清系统制式，图像分辨率一般不小于 1 080 P。车控室值班员利用监视终端监视车站各区域实时情况，系统可设定时序循环或手动方式切换，同时对所有图像进行录像，并可上传至控制中心以及其他上层监控点，录像保存时间不少于 90 天。

4. 消防广播

消防广播系统一般与运营广播系统合设，火灾情况下由防灾报警系统联动播放或由车控室（消控室）值班员向现场人工广播。车站广播系统可设置播音优先级，且控制中心防灾调度员和车站防灾值班员的优先级最高。

车站广播系统由车站值班员广播控制盒、控制设备、扬声器、噪声传感器、功放等组成，系统采用 N+1 的功率放大器备份模式，主、备用功率放大器可以自动或手动切换。

各车站的站厅层、站台层扬声器宜采用小功率密布方式，间距一般为 4～6 m，扬声器功率为 3～5 W。扬声器在其播放范围内最远点的播放声压级应高于背景噪声 15 dB。

五、应急照明

应急照明是一种辅助人员安全疏散的建筑消防系统，在火灾等紧急情况下，为人员的安全疏散提供必要的照度条件。

（一）低压设备配电

（1）火灾自动报警系统、环境与设备监控系统、消防泵即消防水管电保温设备、通信、信号、变电站操作电源、站台门、防火卷帘、活动挡烟垂壁、自动灭火系统、事故疏散兼用的自动扶梯、地下车站及区间的废水泵等应采用双重电源供电，并应在最末一级配电箱处进行自动切换。其中，火灾自动报警系统、环境与设备监控系统、变电站操作电源和地下车站及区间的应急照明电源应增设应急电源。

（2）消防设备与非消防设备自成系统分开供电，消防回路电缆与非消防回路电缆在各自独立的电缆竖井内分别敷设，且对于双电源电缆优先采用不同路径或同路径不同层敷设，当在同一桥架内敷设时应加防火隔板。

（3）车站及区间隧道范围内电线采用低烟、无卤阻燃铜芯线，电缆选用低烟、无卤阻燃电缆。在火灾时仍需供电的电缆应采用矿物绝缘类电缆或满足敷设条件的耐火电缆。

（4）电缆穿越楼板、不同的防火分区时均应按照相关规范要求实施防火封堵。

（5）设备选型和安装符合相关规范的要求。

（二）应急照明

地铁应急照明包括备用照明及疏散照明。在车站公共区和设备区走道、楼梯区域设置疏散照明；在车站变电站、配电室、车站控制室、消防控制室、消防泵房、防排烟机房、环控电控室、应急照明电源室、弱电综合电源室、弱电综合机房等火灾时需要继续工作的房间设置备用照明。

1. 备用照明

备用照明采用平时可控，消防（应急）时，由 FAS 专业强启控制。备用照明由应急电源装置供电，应急供电时间不小于 60 min。

2. 疏散照明

（1）车站公共区、车站设备区走道和楼梯间设置疏散照明。

（2）车站疏散照明由集中电源集中控制型消防应急照明和疏散指示系统供电，应急供电时间不少于 90 min。

（3）疏散照明的控制。车站公共区、设备管理区的疏散指示标志平时处于节电点亮模式，当系统主电源断电或接收到 FAS 信号后，强制点亮公共区的疏散照明灯具，同时疏散指示标志转入应急点亮模式。

（4）照明器标明的高温部位靠近可燃物时，应采取隔热、散热等防灾保护措施。可燃物品库房不应设置卤钨灯等高温照明器。

第六章　区间隧道消防设计

区间隧道是地铁线路的重要组成部分。由于地下环境封闭、空间狭窄且通风条件差，一旦发生火灾，火势蔓延快且烟雾难以排出，故对区间隧道消防设计方面具有较高的要求。

第一节　区间隧道安全疏散

按照地铁区间隧道的消防设计原则，提供合适的疏散条件是区间防火设计的重点。地铁地下区间火灾疏散可分为两个阶段，即乘客撤离列车和乘客撤离事故隧道。因此，除了提供列车和区间疏散设施外，还要做好车辆和区间疏散设施的衔接。列车除了正常使用的侧门外，通常在首、尾车厢设有应急门，火灾时可开启应急门引导乘客撤向道床。同时在区间的一侧还设有与车地板基本同高的纵向疏散平台，乘客也可从侧门走向纵向疏散平台撤离列车。

一、单线双洞隧道

单线双洞隧道由两个独立的隧道组成，每个隧道内设置单条轨道交通线路。由于两个隧道完全独立，当列车在一个隧道内发生火灾时，通过消防预案，控制另一个隧道的车辆停驶，另一个隧道可作为发生火灾隧道的安全逃生方向。相邻两条联络通道之间的距离应满足消防疏散要求，并不应大于 600 m，通道内应设置一道并列二樘且反向开启的甲级防火门。如图 6-1 所示为并行的单线双洞隧道形式。

当列车在地下区间发生火灾，又不能牵引到相邻车站时，乘客要利用列车端门下至道床面，并开启部分列车侧门通过纵向疏散平台进行疏散。如安全出口较远，乘客可利用相邻区间之间的联络通道，进入另一条非着火区间内疏散到邻近车站。地下区间纵向疏散平台上应设置疏散指示标志和与疏散出口的距离标志。联络通道洞口上部，还应设置安全出口指示标志。纵向疏散平台如图 6-2 所示。

二、单洞双线隧道

单洞双线隧道是指在一个大的隧道内同时设置两条不同方向的轨道交通线路。根据施工工艺不同，常见有大盾构、双圆盾构、类矩形盾构、矿山法隧道、明挖法隧道等结构形式。单洞

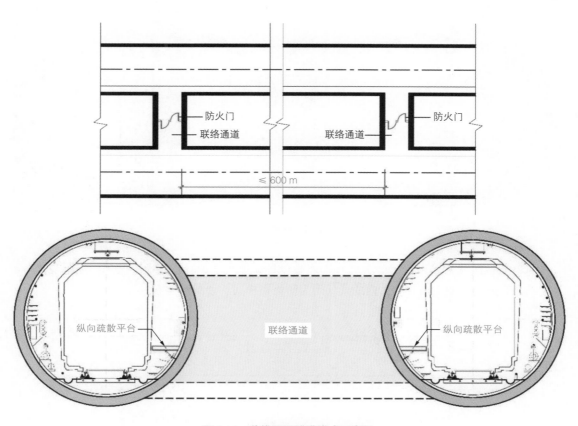

图 6-1　单线双洞隧道形式示意图

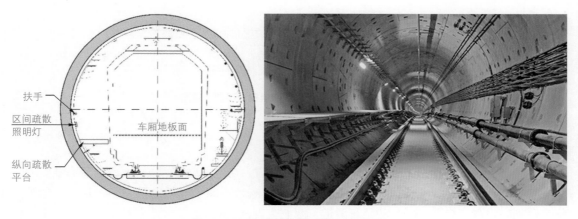

图 6-2　区间隧道纵向疏散平台示意图

双线载客运营的地下区间线路间常设置耐火极限不低于 3 h 的防火墙，墙上设置并列二樘且反向开启的甲级防火门作为不同线路间的逃生门，逃生门之间的距离一般不大于 200 m，逃生门开启时需确保纵向疏散平台的安全疏散，如图 6-3 所示。

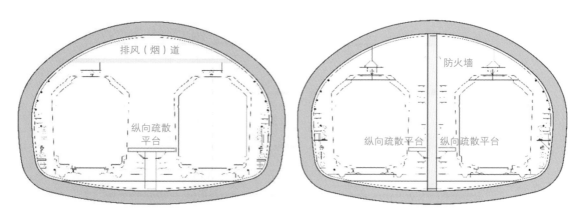

图 6-3　单洞双线隧道形式示意图

当单洞双线隧道难以设置防火墙且不能敷设排烟道（管）时，在地下区间内需每隔 800 m 设置一个直通地面的疏散井，井内的楼梯间为防烟楼梯间，如图 6-4 所示。

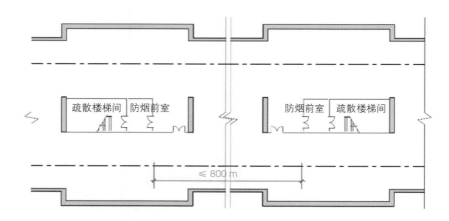

图 6-4　区间单洞双线隧道安全疏散示意图

三、独立疏散隧道

对于部分特殊工程，如穿越水体下方的长大隧道，在主隧道空间以外，常设置有独立的疏散通道。对于小断面、单一功能的主隧道，该独立疏散空间一般采取第三隧道形式。如英法海底隧道，设置三座长 51 km 的平行隧道；两侧为直径 7.6 m 的载客运营铁路主隧道，中间设置直径 4.8 m 的服务隧道。服务隧道兼有消防逃生和检修功能，与主隧道之间设置间距不超过 375 m 的横向联络通道，如图 6-5 所示。

四、独立疏散廊道

部分工程采用单洞双线大盾构区间，此时也可通过进一步放大盾构尺寸，利用大断面内剩

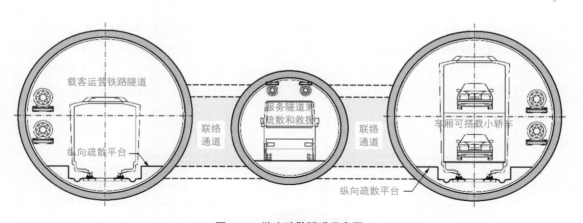

图 6-5 独立疏散隧道示意图

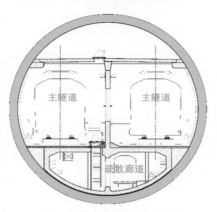

图 6-6 独立疏散廊道示意图

余空间，设置独立的辅助廊道用于疏散。该廊道必须与主隧道做好防火分隔，并能使乘客安全、便捷进入其中，如图 6-6 所示。

第二节 区间隧道消防设施

地下车站和隧道是一个几乎封闭的空间，自然排烟能力有限。发生火灾时，因受建筑条件限制，主要采用机械排烟。一般情况下，在区间隧道的两端结合车站设有事故风机，通过两端车站甚至更多车站的事故风机联合运作，使事故区间形成一定的纵向风速，将烟气沿隧道的一端排除，另一端可供乘客疏散和消防人员救援。单台事故风机的流量为 $60 \sim 90 \ \mathrm{m^3/s}$，视隧道横断面积和线路形式不同。当采用屏蔽门系统时，参与联合运行的车站数量一般为两座；当采用闭式系统时，参与联合运行的车站数量会多一些。

目前地铁区间隧道内火灾时纵向排烟的方向视着火点在车厢的位置而定，当着火点位于整列车的车头侧半列时，通风方向指向车头，以保护尾部车厢乘客的安全；当着火点位于车尾侧半列时，通风方向则指向车尾，以保护头部车厢乘客的安全。因此，列车因火灾迫停区间时，首先要判定列车着火点的位置，以正确选定纵向通风方向。区间火灾通风示意图如图6-7所示。

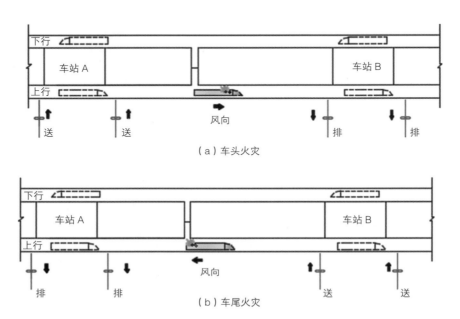

图6-7　区间火灾通风示意图

地铁区间隧道内除设有排烟设施外，还设有与之配套的疏散指示和应急照明系统，用于指示事故时的人员疏散方向和保障区间有一定的亮度。应急照明的持续供电时间不少于60 min。除此之外，还设有室内消火栓系统，由相邻车站供水，消火栓间距不大于50 m，消火栓旁设消火栓按钮及电话插孔，另外疏散平台侧设手动报警按钮。

第七章　车辆基地消防设计

车辆基地是地铁车辆停放、维修以及办公、培训的场所，其占地和建筑规模都很大，基地内有一定数量的工作人员，停放车辆和储存物资也多，一旦发生火灾且未被有效控制，将会影响轨道交通的运行秩序。

第一节　车辆基地建筑防火

一条地铁线的车辆基地根据功能要求，一般分设为一个车辆段、一个或几个停车场，其主要功能是用于地铁列车的停放和检修。

一、车辆基地内主要建筑类别

车辆基地内主要建筑类别有停车列检库、检修库、洗车库、不落轮镟轮库及工程车库等。

1. 停车列检库

其主要功能为日常停放、列检、内部清扫及定期消毒工作，不做维修。辅助用房主要为出乘室、DCC、班组、会议、更衣等必要的办公、管理用房和设施。停车列检库主要用于列车日常停放、清扫和检查，不做检修（图7-1）。

图7-1　停车列检库现场照片

停车列检库和双周 / 双月检库合建组成运用库。主库房一般包含停车列检线、双周双月检线，月检线设双层检修平台，附跨部分包含运转办公等辅助用房，根据功能使用需求，附跨可布置有物资仓库、空压机房等工艺用房，此外，根据场区供电情况，可设置跟随变电站。根据《建筑设计防火规范》相关规定，其火灾危险性类别为戊类厂房。

2. 检修库

检修库用于车辆的检修，包括定修、大架修、临修、列车吹扫，并根据其功能和检修工艺要求设置检修、静调、转向架、牵引电机、电器、车钩缓冲装置、车门、受电弓、单元空调、制动系统及蓄电池等部件检修分间。对车辆各部件进行分解、检查、修理、互换、试验，对仪器仪表进行校验，对车体及其余部分的技术状态进行检查修理（图 7-2）。

图 7-2　检修库现场照片

一般情况下检修库包含吹扫线、静调线、定临修线、大架修线等主库房区，此外还包含附跨班组用房、检修部件车间等工艺用房。此外，根据场区供电情况，可设置跟随变电站。根据《建筑设计防火规范》相关规定，其火灾危险性类别为丁类厂房。

3. 洗车库

洗车库承担基地内车体外皮的洗刷任务，包含辅助用房，内设控制室、值班室；基本无火灾危险（图 7-3）。根据《建筑设计防火规范》相关规定，其火灾危险性类别为戊类厂房。

图 7-3　洗车库现场照片

4. 不落轮镟轮库

不落轮镟轮库承担定修列车和部分临修列车的偏磨轮对、擦伤轮对的镟修作业，不落轮镟车床设于车库中部，列车通过时在数控程序控制下，自动完成车轮踏面、轮缘及轮辋表面的镟修加工。镟轮库作业时，由于镟轮装置的高速运行及与车轮的摩擦，会有火花迸出，由于库内基本无可燃物，镟轮后的铁屑会被及时清理，对于列车底部的可燃物，如可燃电缆、橡胶制品等，并未直接受到加热，在短时间内能被引燃的可能性较低。根据《建筑设计防火规范》相关规定，其火灾危险性类别为丁类厂房（图 7-4）。

图 7-4　不落轮镟轮库现场照片

5. 工程车库

工程车库承担基地内燃调机和轨道车的停放、运用、日常维修保养任务，负责基地内检修车辆的调车作业。包含主库房和辅助用房，其中辅助用房含整备间、备品、班组用房（图7-5）。根据《建筑设计防火规范》相关规定，当为柴油动力时其火灾危险性类别为丙类厂房，当为蓄电池动力时其火灾危险性类别为丁类厂房。

图7-5 工程车库现场照片

6. 喷漆库

喷漆库是大、架修库所属检修设施用房的一部分，负责车体和车体设备等在架修和大修后的表面打磨、喷漆工作，配备油漆铲除、喷漆、干燥设备。包含喷漆干燥室、前处理室及夹层设备机房、夹层泄爆缓冲区域，并设有电控室、调漆室等用房（图7-6）。根据《建筑设计防火规范》相关规定，其火灾危险性类别为乙类厂房。

图7-6 喷漆库现场照片

7. 混合变电站

混合变电站属于车辆基地重要的配套供电用房，包含整流变电器室、高压开关柜室、变配电室、控制室等设备用房及值班室等。根据《建筑设计防火规范》相关规定，其火灾危险性类别为丙类厂房。

8. 雨水泵房和沉砂池

雨水泵房包含水泵房间、配电间、地下水池等。沉砂池是对收集的雨水进行沉砂处理，将车辆基地内的雨水通过管网收集后进行提升，接入排水系统（图7-7）。根据《建筑设计防火规范》相关规定，雨水泵房火灾危险性类别为戊类厂房。

图7-7　雨水泵房现场照片

9. 水处理用房

水处理用房属于车辆基地配套设备用房，对车辆基地内的生产废水进行气浮隔油处理，达标后会同基地内生活污水一起排入市政污水管网。根据《建筑设计防火规范》相关规定，其火灾危险性类别为戊类厂房。

10. 易燃品库

易燃品库用于车辆基地内生产所需的瓶装氧气、瓶装乙炔、化学品、油漆、油脂等的存放，储存物品大多为易燃、易爆物（图7-8）。根据《建筑设计防火规范》相关规定，其火灾危险性类别为甲类库房。

图7-8　易燃品库现场照片

11. 物资仓库

物资仓库负责轨道交通正线以及车辆基地维护、检修所需材料物品的保管与供应，是各种设施设备、备品、配件、钢材、建筑材料及劳保用品的保管、供应、回收的场所（图 7-9）。虽然物资仓库内存放零部件、备品备件材质多为钢、铁、铜、铝合金等金属器件，以及阻燃橡胶、工程塑料等材质的不燃、难燃物品，但仍有少量可燃物品，如棉制劳保用品等，具有一定的火灾危险性。故根据《建筑设计防火规范》相关规定，其火灾危险性类别根据存放物品不同，分为丙类 2 项仓库或丁类仓库。

图 7-9　物资仓库现场照片

12. 综合楼

综合楼为车辆基地办公、生活配套用房，其主体通常为多层或高层建筑（图 7-10）。按民用建筑进行防火设计。综合楼主要布置有管理用房、技术中心、物业办公、食堂、厨房、浴室等生活配套用房；还有车辆基地党政工团等各级行政组织办公室、多功能厅、救援办公室、生产计划调度、质量管理等用房；还可和乘务员公寓等合建为多功能综合楼。

13. 维修楼

维修楼是车辆基地生产配套综合维修中心用房，对各系统进行综合维护。维修楼通常为多层建筑，按民用建筑进行防火设计。综合维修用房具体布置有存放间、大件备品及抢修料库、维修料库、转辙机检修及试车线设备室、通信及信号用房、工区办公、检修间、更衣、班组、测试室、会议室、技术室、驻勤室及培训管理用房、AFC 设备用房、设备维护用房等。

图 7-10　车辆基地综合楼效果图

14. 宿舍楼

乘务员宿舍楼是车辆基地配套车辆乘务员休息用房。宿舍楼通常为多层建筑，按民用建筑进行防火设计。宿舍楼内设休息室、活动室、被服间、备餐间、洗衣房等。

15. 轮对检测棚

轮对检测棚承担车轮检测。其火灾危险性类别为丁类厂房。轮对检测棚内设控制室、值班室及辅助设备用房。

二、总平面布局

车辆基地总平面布局需要考虑轨线布置、消防车道、防火间距、火灾危险性生产区域等因素。

1. 车辆基地轨线布置

（1）咽喉区（库前道岔区）。指列车从正线穿过出入段线进入停车列检库、检修库的轨道区域，用于车辆的进出。该区域主要为轨道，无其他建筑物、构筑物及可燃物，因此火灾发生的可能性较低。

（2）出入段（场）线。指由车辆基地引出出入线连接正线，用于列车出入车辆基地与正线运营互相连通的线路。

（3）试车线。指对车辆进行动态性能试验的线路，其线路标准通常与正线一致。

车辆基地总平面轨线布置如图 7-11、图 7-12 所示。

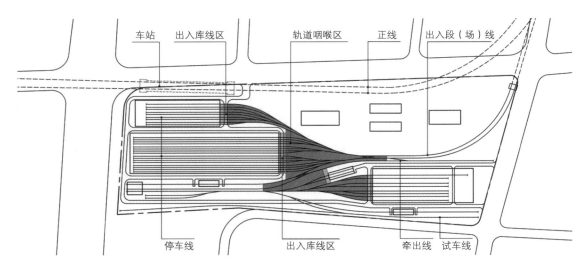

图 7-11　车辆基地总平面轨线布置示意图

图 7-12　带上盖开发车辆基地盖下总平面轨线布置鸟瞰图

全自动驾驶系统车辆基地轨线布置的特点如下：全自动驾驶系统是指完全没有司机和乘务人员参与，车辆在控制中心的统一控制下实现全自动运行，自动实现列车休眠、唤醒、准备、自检、自动运行、停车和开关车门，以及在故障情况下实现自动恢复等功能，包括洗车也能在无人操作的情况下完成。按照全自动运行控制的功能要求，车辆基地内部咽喉区、停车列检库区内部皆可形成无人区，对消防疏散与灭火救援的需求也相应降低。

2. 消防车道

车辆基地的总平面布置应根据城市规划、功能需要、地形条件等因素，合理确定基地内各建筑的位置、防火间距、消防车道、消防水源等。应设置不少于两处出入口，且宜与外界不同方向道路相通，并应与基地内的消防车道连通成环形消防车道。主要厂（库）房周边应设置环形消防车道。消防车道区域为供车辆基地正常运营、人员疏散、消防扑救所设置的场区内部交通道路。

当停车列检库、运用库、检修库在两列或两列以上且库房总长度大于 150 m 时，宜在列位之间沿横向设置可供消防车通行的道路；当库房的各自总宽度大于 150 m 时，应在库房的中间沿纵向设置可供消防车通行的道路。大型的停车列检库、运用库、检修库等总宽度往往大于 150 m，为确保消防车在灭火救援时能快速到达着火点，需要在宽度大于 150 m 的库房中间适当位置沿轨道平行方向设置纵向供消防车通行的通道；当采用短编组轻轨系统制式且一线两列位的车库总长不大于 150 m 时，可不设置两列位之间横向供消防车通行的道路；当地下库房的总宽度不大于 75 m 时，可沿库房的一个长边设置地下消防车道。消防车道布置如图 7-13 所示。

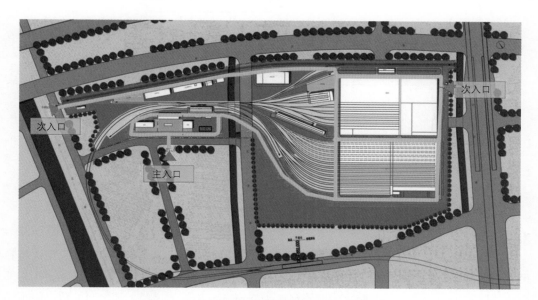

图 7-13　车辆基地消防车道与出入口布置示意图

当车辆基地采用全自动驾驶模式，消防车通行的道路在穿越行车安全保护区的围栏时，应在围栏上设置可供消防车通行的门，门的启闭应纳入消防联动系统。因为当车辆基地采用全自动驾驶模式时，消防车通行的道路与在此道路上的行车安全保护区即无人区围栏互有交叉、干扰，且此处围栏的门无法人工开启，如果采用常规的对开门，开启时易侵限，存在安全隐患，故通常采用"翻杆式"电动道闸等隔离措施，以满足消防车 4 m×4 m 的基本通行要求。

有上盖建筑车辆基地内主要厂（库）房的附跨管理用房宜靠近盖边侧设置。地下车辆基地、有上盖建筑的车辆基地内单独设置的办公建筑不应设置在地下或板地下方，确需布置时，其长边应贴邻室外开敞空间或盖边设置。

3. 防火间距

常规车辆基地及加盖后的盖下车辆基地内各类用房之间均应按照《建筑设计防火规范》的相关要求控制相互之间的防火间距；加盖后的车辆基地还应考虑盖上民用建筑和盖下工业建筑叠加后相互之间，以及两者叠加后作为综合体建筑与周边建筑物之间防火间距的要求，具体如下：

（1）板地上、下部建（构）筑与周边建（构）筑物的防火间距，应选取板地上、下方各类建（构）筑与周边建（构）筑物防火间距的较大值，如图7-14所示。

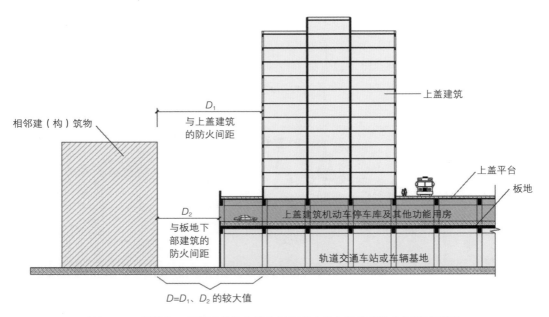

图7-14　板地上、下部建（构）筑与周边建（构）筑物的防火间距示意图

（2）当带上盖开发车辆基地的采光窗井设置在板地上方时，采光窗井与多层民用建筑和高层民用建筑裙房的防火间距不应小于6 m，与高层民用建筑的防火间距不应小于9 m；当相邻上盖建筑外墙均为防火墙时，其防火间距不限。采光窗井与相邻建（构）筑之间的防火间距详见表7-1。

表7-1　采光窗井与相邻建（构）筑之间的防火间距

单位：m

名　称	裙房和其他民用建筑			高层民用建筑	丙、丁、戊类厂房、库房			甲、乙类厂房、库房
建筑耐火等级	一、二级	三级	四级	一、二级	一、二级	三级	四级	一、二级
采光窗井	6	7	9	9	10	12	14	25

注：表中甲、乙类厂房、库房是指板地投影线范围以外的建筑。若有涉及生产或储存有毒、易燃易爆危险化学品的场所，除应符合表中规定的防火间距外，还应采用定量风险评价方法确定外部防护距离，两者中取较大值。

（3）当板地开孔洞时，上下分属不同的功能属性，同时考虑到火灾时火势由下向上蔓延，应进行防火分隔。板地上的孔洞边缘与相邻上盖建筑的防火间距可参照表 7-1 执行（图 7-15）。

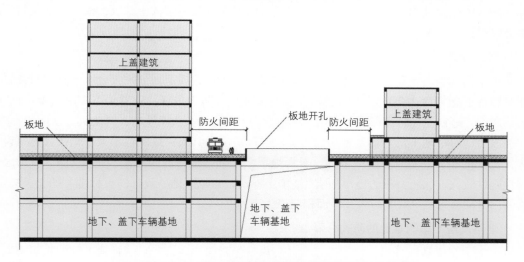

图 7-15　板地上的孔洞边缘与上盖建筑的防火间距示意图

4. 甲、乙类火灾危险性生产区域的规定

车辆基地内的易燃品库、喷漆库等甲、乙类火灾危险性的生产区域及储存甲、乙类物品的库房上方不应布设板地。为减小火灾和爆炸的危害，避免因操作不当等原因引发事故，应严格控制；板地上方也不应设置甲、乙类厂（库）房和甲、乙、丙类液体、可燃气体储罐及可燃材料堆场。为避免其火灾和爆炸时对板地下部车辆基地造成危害，故做此规定，如图 7-16 所示。

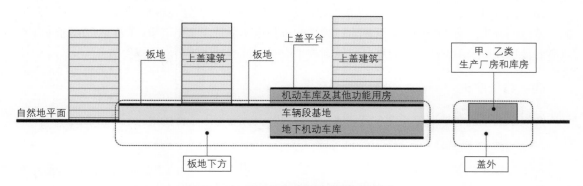

图 7-16　甲、乙类生产用房布置示意图

三、建筑耐火等级及防火分隔

影响车辆基地耐火等级的因素有建筑物的重要性、使用性质和火灾危险性等。

1. 建筑耐火等级

常规地上车辆基地的高层综合楼、易燃品库、酸性蓄电池间、喷漆库等的耐火等级不应低于一级，其他建筑的耐火等级不应低于二级。带上盖开发车辆基地是板地下部建筑和上盖建筑不同使用功能建筑的复合叠加，板地下部车辆基地为工业厂房性质建筑，上盖建筑为民用建筑，叠加后的火灾危险性加大。加盖后板地上部建筑的耐火等级不应低于二级，板地下部建筑的耐火等级应提高为一级。

2. 防火分区

常规车辆基地内各建筑按《建筑设计防火规范》的相关规定划分防火分区，其中对设置在停车列检库、运用库内集中布置的运转办公应单独划分防火分区；针对地下车辆基地中的丁、戊类厂房按《地铁设计防火标准》的相关规定，当采用自动灭火系统时，其防火分区面积不限。

加盖后，对板地下部车辆基地内的丁、戊类厂房考虑其火灾危险性不大，仍按《建筑设计防火规范》的相关规定划分防火分区，对板地下部车辆基地内的丙类（2 项）仓储区域考虑其火灾危险性较大，故将其视为地下丙类（2 项）库房，根据《地铁设计防火标准》的相关规定，当其采用自动灭火系统时，防火分区面积应不大于 600 m^2。

3. 地下及盖下车辆基地的防火分隔

（1）盖下车辆基地各出入口、采光窗井、风亭等附属建筑，一旦从板地下部的轨道交通功能建筑穿越板地或上盖平台，由于分别处于不同的防火分区和功能区，应采用防火墙、固定甲级防火窗等进行防火分隔，各出入口、风道的围护结构耐火极限不应低于 3 h，采光窗和风亭井壁的耐火极限不应低于 2 h。

（2）当车辆基地位于盖上的风井与上盖建筑合建时，应符合本书车站部分的相关要求。

（3）地下停车列检库、运用库、检修库与消防车道之间除应满足轨道交通车辆限界要求的入库门洞外，其余均应采用防火墙、甲级防火门分隔。

（4）盖下工程车库、混合变电站等丙类生产区域与其他区域之间应采用防火墙分隔。

（5）上盖建筑的设备管廊应布置在板地上方，确有困难需设置在板地下方时，其与下方车辆基地空间应进行防火分隔，管廊围合结构的耐火极限不应低于 2 h；其位于板地上的检修口所对应的接口处应采用防火材料封堵，且管廊内不应布置可燃气体等易燃易爆管道。

四、结构防火

常规车辆基地与带上盖开发车辆基地，在结构防火方面有不一样的要求。

（一）常规车辆基地

对于常规车辆基地，其车库和办公、生活、管理等用房为一般的工业与民用建筑，耐火等级不低于二级，其结构防火按《地铁设计规范》《地铁设计防火标准》《建筑设计防火规范》等的相关规定进行设计。

（二）带上盖开发车辆基地

1. 板地的概念及其防火重要性

带上盖综合开发车辆基地是在满足车辆基地安全及正常使用功能的前提下，将车辆基地结构顶板视作带荷载的地坪形成板地，上盖进行物业开发的一体化城市综合体。

车辆基地的上下空间通过板地实现了分层管控、一地多用的功能布局，即板地下部保证车辆基地轨道交通相关工艺功能的实现，同时满足车辆基地的总图布置、车辆运行、检修工艺、最小净空及限界等要求，板地上部建设开发包括住宅、商业、办公、汽车库等民用建筑。相应地其防火设计也以板地为界定区域，板地上部按民用建筑的使用性质进行防火分类、防火设计，板地下部按车辆基地各建筑用途分别根据民用建筑和工业建筑的使用性质进行防火分类、防火设计，板地上下的消防各自独立设置，并将满足疏散和救援要求的板地及其上部的上盖平台作为上盖建筑的安全疏散救援场地。因此，对带上盖综合开发车辆基地，应着重加强板地的防火设计。

2. 板地的耐火极限要求

根据《地铁设计防火标准》的相关规定，车辆基地建筑的上部不宜设置其他使用功能的场所或建筑，确需设置时应符合下列规定：

（1）车辆基地与其他功能场所之间应采用耐火极限不低于 3 h 的楼板分隔；

（2）车辆基地建筑的承重构件耐火极限不应低于 3 h，楼板的耐火极限不应低于 2 h。

据此，国内各省市的轨道交通车辆基地上盖开发项目均要求车辆基地上方承载上盖综合利用工程建筑的结构顶板，即板地的耐火极限不低于 3 h，承受板地重量的结构梁耐火极限不低于 3 h（有些省市对此要求提高至 3.5 h），承受板地、结构梁重量的结构柱、墙的耐火极限不低于 3 h（有些省市对此要求提高至 4 h）。以上海市为例，根据《城市轨道交通上盖建筑设计标准》的相关规定，板地下部建筑和上盖建筑的耐火等级均应为一级。板地自身的承重柱和承重墙的耐火极限不应低于 4 h，梁和板的耐火极限不应低于 3 h。

3. 板地的结构防火构造要求

根据《建筑设计防火规范》的相关规定，梁、板、柱最高耐火极限的截面最小尺寸或保护层厚度对照见表 7-2。

表 7-2 结构构件最高耐火极限的截面最小尺寸或保护层厚度对照

构件名称	构件厚度或截面最小尺寸 /mm	耐火极限 /h	燃烧性能
混凝土、钢筋混凝土实体墙	240	5.50	不燃性
钢筋混凝土柱	370 × 370	5.00	不燃性
钢筋混凝土圆柱	直径 450	4.00	不燃性
简支的钢筋混凝土梁，非预应力钢筋，保护层厚度 50 mm	/	3.50	不燃性
现浇的整体式梁板，保护层厚度 20 mm 楼板	120	2.65	不燃性

由表 7-2 可知，混凝土柱、墙的耐火极限与钢筋的混凝土保护层厚度无关，主要受柱、墙的截面尺寸影响，车辆基地上盖结构中柱、墙的截面尺寸较大，已满足 4 h 耐火极限要求。

《建筑设计防火规范》也明确梁、板的耐火极限主要受截面尺寸、保护层厚度影响，按照梁、板的受力特性（简支、连续）和受力钢筋的种类（普通钢筋、预应力钢筋）等列出构件的耐火极限。板地结构多为截面尺寸较大的连续梁板，但规范未列出连续梁的耐火极限参数，规范只给出现浇的整体式梁板最高耐火极限为保护层厚度 20 mm，板厚 120 mm，可满足 2.65 h 的耐火极限，小于 3 h 要求。

综上，现行国家标准对耐火极限不低于 3 h 的梁、板构件尺寸及保护层厚度均无明确规定，尚属空白。为攻克防火设计规范在轨道交通车辆基地上盖开发利用中的这一难题，国内多个省市先后进行了多项研究，编制并发布了多个地方标准，对耐火极限 3 h 的防火构造要求做了相应的具体规定，分别介绍如下：

1）上海市《城市轨道交通上盖建筑设计标准》（DG/TJ 08-2263—2018）

条文第 6.3.14 条规定，板地设计宜符合下列构造要求：

（1）楼板厚度不宜小于 250 mm；

（2）板底钢筋的混凝土保护层厚度不宜小于 45 mm；

（3）梁底及梁侧钢筋的混凝土保护层厚度不宜小于 45 mm。

该条文主要参考了英国规范 BS8110 和中国国家标准《建筑设计防火规范》的相关规定，综合考虑了板地的刚度、后期施工荷载的受力要求等做出相关规定。

2）《深圳市轨道交通车辆基地上盖建筑结构设计标准》（SJG 121—2022）

条文第 4.1.12 条规定，车辆基地盖板及承重构件的耐火极限不应低于 3 h，盖板梁、板底部钢筋及梁侧面钢筋的混凝土保护层厚度不宜小于 45 mm。

该条文参考了《建筑设计防火规范》的相关规定，并以深圳地铁相关工程实践为依据而定。

3）《成都轨道交通设计防火标准》（DBJ51/T163-2021）

条文第 3.4.2 条规定，板地自身的承重柱和承重墙的耐火极限不应低于 4 h、梁和板的耐火极限不应低于 3 h。

条文 3.4.3 条规定，板地 3 h 耐火极限可按本标准附录 A 确定或按现行国家标准《建筑构件耐火试验方法》（GB/T 9978）的相关要求进行耐火试验确定。

该条文以成都地铁三个上盖开发项目的板地耐火试验作为依据，并结合上海市《城市轨道交通上盖建筑设计标准》的相关条文做出的相关规定。

五、安全疏散及灭火救援

常规车辆基地内各建筑的安全疏散及灭火救援按《建筑设计防火规范》相关规定执行即可。而车辆基地进行上盖综合开发后，虽然上盖后的车辆基地仍在自然地坪以上，但其大部分区域属于无法露天的状态，故不可将盖下厂房（仓库）以外区域视为传统意义上的安全室外区域，同时如果仅视盖板以外的露天区域为安全区域，则无法满足大进深加盖车辆基地每处有人区的安全疏散，所以应合理划定安全区域、布置疏散安全出口。通过国内部分城市的大量工程实践，可将盖下车辆基地内部存在的一部分无法直接露天的道路区域设置为准安全区，限制盖下人员疏散距离（原丁、戊类厂房疏散距离不限），对该区域加强消防设施、增设安全出口和消防救援口，以增强该区域的消防安全性。

（一）安全区域和准安全区域

根据车辆基地的工艺功能及特点，其不属于人员密集场所，因此根据车辆基地内各房间所处位置设定了疏散路径，包括：① 直接从库房出口疏散到盖外公共空间（即安全区域）；② 从库房先疏散到准安全区域，然后从准安全区域疏散到盖外公共空间（即安全区域）。

从上述第②条疏散路径可见，盖下建筑内人员可从室内火灾发生区域疏散至半室外区，再疏散到盖外，因此根据准安全区域的概念，此半室外区可判定为准安全区域，来承担消防疏散中的重要角色。针对安全区域与准安全区域，在上盖综合开发车辆基地中包括如下内容：

1. 安全区域

室外地面以及板地上方满足人员安全疏散与消防救援要求的室外露天平台，可定义为安全区域；对于板地下部房屋建筑以外区域，当其净空超过 6 m，使顶部可形成储烟仓以利于排烟、其上部有能够见天的孔洞时，这些区域也可视为安全区域。即意味着人员疏散至这些区域均视为安全。同时应明确的是以板地为界的上部开发建筑与下部车辆基地的人员疏散体系应各自独立，互不借用（图 7-17）。

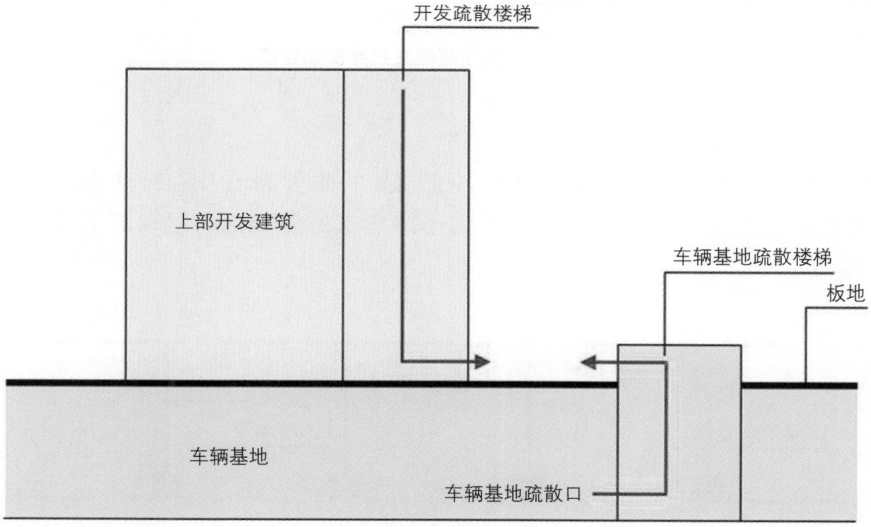

图 7-17　板地上、下部人员疏散路径示意图

2. 准安全区域

通过对国内外现状工程案例的研究，在建筑内设置“准安全区”是解决上盖车辆基地这类大空间建筑人员疏散问题较为常用的方法。由于车辆基地上盖综合开发项目建筑体量庞大、人员疏散路径长，将所有人员完全疏散到室外无疑需要较长时间，因而迫切需要在建筑内部合适位置设置相对安全的区域，作为火灾区域人员疏散的缓冲过渡带，也就是准安全区。准安全区的选择和设置应综合考虑以下因素：建筑的平面布局和功能联系、可燃物的分布情况、消防设施设置情况等。

板地下部的房屋建筑以外区域均可称为车辆基地盖下半室外区域，这些区域应保证火灾时人员快速有效通过，对人员疏散具有十分重要的作用。以上海轨道交通车辆基地实践案例来说，准安全区与安全区的区别是：通过设置机械防排烟系统，在层高比较高、疏散距离可控的情况下，火灾一定时间内不会对人员造成明显威胁。板地下方车辆基地内任一部位至安全出口的直线距离不应大于 90 m，因为列车一般按照 6A（长约 140 m）～8A（长约 185.6 m）编组，按最不利点疏散距离 90 m 的设定能够控制库房的尺度；当半室外区域符合下列要求时，这些区域的内部道路可视为准安全区域进行人员疏散（图 7-18）：

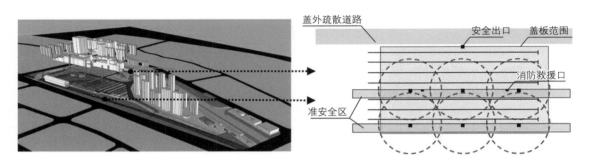

图 7-18　盖下疏散直线距离示意图

（1）准安全区通道的宽度不小于 9 m。

（2）准安全区道路两侧采用耐火等级不低 2 h 的防火隔墙及乙级防火门窗与其他区域分隔，以保证疏散人员的安全。车辆基地内单体建筑的安全出口可对应着板下的准安全区（图 7-19）。

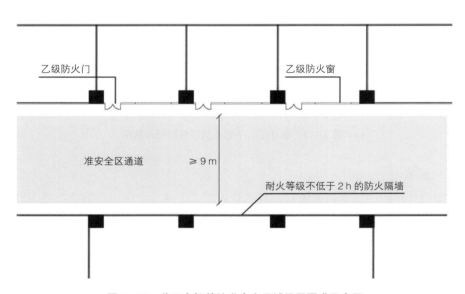

图 7-19　盖下车辆基地准安全区域设置要求示意图

（3）道路上应设置不少于 2 个直通室外或上盖室外地坪的安全出口，安全出口的间距不应大于 180 m，宽度不应小于 1.4 m（图 7-20）。安全出口及准安全区的关系如图 7-21 所示。

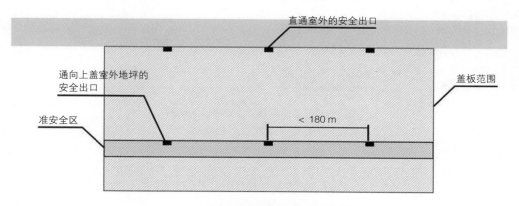

图 7-20　准安全区域安全出口设置示意图

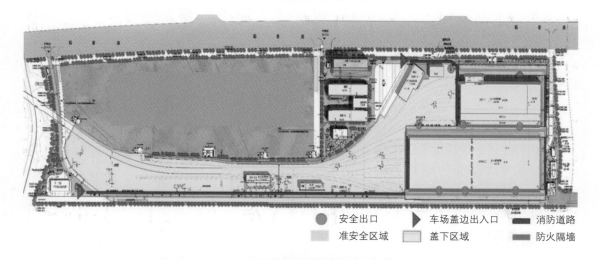

图 7-21　安全出口及准安全区关系示意图

（二）消防救援口

车辆基地上盖综合开发是民用建筑与工业建筑竖向叠加的建筑综合体，在不同的标高层皆需满足消防灭火救援的需求。消防救援口布置于车辆基地内建筑物与消防车道相对应的范围内，其可利用通往室外的楼梯或直通楼梯间的入口，也可利用在盖板上露天区域预留通往盖下的楼梯间入口。消防人员通过消防救援口从室外或盖上通过楼梯间往车辆基地进行救援。

对有上盖的车辆基地而言，由于板地覆盖面积过大，应在板地进深大于 180 m 的区域，在板地上设置直通下部车辆基地的消防救援口，并应满足下列要求：消防救援口宜居中布置，其保护半径不应大于 180 m；消防救援口宜通过楼梯间进入车辆基地，楼梯宽度不小于 1.4 m；板地下方的消防救援口与疏散口可进行合用，同时疏散门的开启方向为人员逃生方向，采用消防联动的方式控制。消防救援口的设置如图 7-22 所示。

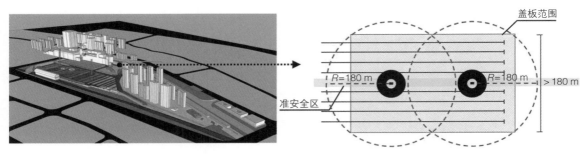

图 7-22　消防救援口保护半径示意图

第二节　车辆基地消防设施

车辆基地消防设施是一系列为保障车辆基地消防安全而设置的专用设备和措施，由于基地的类型不同，消防设施设置的种类也有所不同。

一、消防给水与灭火设施

在火灾发生时，消防给水与灭火设施能够迅速控制火势，防止火灾蔓延。

（一）设计要求

室内外生产、生活给水系统均与消防给水系统分管网布置，消防管网应环状布置。消防给水系统应按车辆基地同一时间发生一次火灾考虑，并满足下列要求：

（1）消防用水的压力不足时，应设增压设施；

（2）室内外水消防系统设计，应符合现行国家规范及标准的规定。

（二）常规车辆基地

消防系统主要包括室外消火栓系统、室内消火栓系统、自动喷水灭火系统和灭火器。

1. 消防水源

从市政给水管上各接入一根 DN300 进水管（共两处），分别设数字水表（带有远传功能）计量，在水表后设倒流防止器，在基地内呈环状布置。消防用水量根据建筑规模和功能按消防流量最大的单体确定，并应满足国家及地方的相关规范要求。

2. 室外消火栓系统

基地内室外消火栓给水系统采用低压消防给水系统，直接从市政给水环网接管，环状布置。室外消火栓沿道路设置，并结合水泵结合器的位置布置，保证两个相邻室外消火栓间距不超过120 m，室外消火栓的保护半径不超过 150 m，距路边不超过 2 m，距建筑物不小于 5 m。

3. 室内消火栓系统

（1）基地内在下列建筑内设置室内消火栓灭火系统：运用库、检修库、镟轮库、调机工程车库、物资仓库、洗车库、综合楼、维修楼、混合变电站。

（2）各建筑物室内水消防系统采用临时高压系统，室内消火栓泵位于消防泵房内，加压后供至基地内各建筑物单体。综合楼屋顶设置高位消防水箱，有效容积18 m³，消火栓管网呈环状布置。

（3）每个单体消火栓的布置能保证同层相邻两个消火栓水枪的充实水柱同时到达被保护范围内的任何部位。消火栓应设在走道、楼梯附近等明显、宜取用的地点。高层建筑、厂房、库房和室内净空高度大于8 m的民用建筑等场所，消火栓栓口动压不应小于0.35 MPa，且消防水枪充实水柱应按13 m计算；其余场所消火栓栓口动压不应小于0.25 MPa，且消防水枪充实水柱应按10 m计算。室内消火栓的间距不大于30 m。消火栓处设有消防箱。消防箱内设DN65的消火栓一只、25 m长的DN65衬胶龙带一条、DN19的水枪一支、30 m长DN25自救式消防卷盘一条及一只6 mm消防卷盘喷嘴。每个消火栓处均设有发出报警信号的按钮，并设有保护按钮的措施。在消防箱的下部设有灭火器。每个单体内管网最不利处设置带压力表的试验消火栓。

（4）消防给水管道水平环状管网阀门设置应保证检修时同时关断不超过5个。室内消火栓竖管应保证检修管道时关闭停用的竖管不超过1根；当竖管超过4根时，可关闭不相邻的2根。

（5）基地内各单体建筑按国家及地方相关规范要求设置水泵结合器，水泵结合器的数量通过计算确定，水泵结合器的设置位置应保证在其15～40 m范围内设有相应数量的室外消火栓。

4. 自动喷水灭火系统

（1）基地内在下列建筑内设置自动喷水灭火系统：停车列检库及附属设施、物资仓库、维修楼、综合楼，火灾延续时间1 h。

（2）高层综合楼（维修楼）按中危险级Ⅰ设计，设计喷水强度采用6 L/（min·m²），同时作用面积取160 m²，设计流量为21 L/s；物资仓库采用早期抑制快速响应喷头，作用面积内开放的喷头数为12个，设计流量110 L/s；停车列检库不超12 m时，喷水强度按15 L/（min·m²），作用面积160 m²，设计流量55 L/s。

（3）自动喷水灭火系统采用临时高压系统，自动喷水加压泵位于消防泵房内，加压后供至基地内各建筑物单体。综合楼屋顶设置高位消防水箱，有效容积18 m³。

（4）自动喷水灭火系统采用湿式系统，每个报警阀所接的喷头数≤800只，每个报警阀组控制的最不利点喷头处设末端试水装置，其他防火分区、楼层的最不利点处设试水阀。每层、每个防火分区均设有水流指示器和信号阀，以指示火警发生的具体楼层或部位。

（5）喷头：物资仓库货架区采用早期抑制快速响应喷头，喷头流量系数K=202；停车列检库库房8～12 m高大净空场所采用K=115快速响应玻璃球喷头；其余场所采用K=80快速响应玻璃球喷头。厨房区域采用动作温度为93 ℃的玻璃泡喷头，其余选用动作温度为68 ℃的玻璃泡喷头。

（6）各建筑单体内自动喷水系统管网呈枝状布置，在室外按国家及地方相关规范要求设置水泵接合器，与自动喷水总管在湿式报警阀前连通，在室外离水泵接合器15～40 m范围内设置室外消火栓。

5. 消防泵房

消防泵房位于消防用水量较大的单体附近，配置如下：室内消火栓泵2台（1用1备，互为备用）；喷淋泵 3 台（2 用 1 备，互为备用）。

6. 消防水箱间

消防水箱间位于综合楼屋顶，消防水箱有效容积 18 m³，稳压泵参数如下：

室内消火栓稳压泵 2 台，互为备用；配置相应的气压罐（有效容积不小于 150 L）。单泵性能为：$Q = 1$ L/s，$H = 20$ m，$N = 1.1$ kW。

喷淋泵稳压泵 2 台，互为备用；配置相应的气压罐（有效容积不小于 150 L）。单泵性能为：$Q = 1$ L/s，$H = 20$ m，$N = 1.1$ kW。

7. 灭火器设置

根据《建筑灭火器配置设计规范》的相关规定，各单体按严重危险级设置手提式磷酸铵盐干粉灭火器。消火栓箱内（或附近）配有手提式 5 kg 装药量磷酸铵盐干粉灭火器 4 具。其余分散布置的灭火器箱内配置 4 具 5 kg 磷酸铵盐干粉灭火器。各层强电、弱电房间内设磷酸铵盐干粉灭火器保护，除了标明外每处均为 2 具 5 kg 磷酸铵盐干粉灭火器。

（三）带上盖综合开发车辆基地

消防系统种类与常规车辆基地一致。不同的消防设计如下：

1. 室外消火栓系统

增加了盖上综合楼室外消火栓给水系统，采用临时高压给水系统，环状布置。室外消火栓沿道路设置，并结合水泵结合器的位置布置，保证两个相邻室外消火栓间距不超过 120 m，室外消火栓的保护半径不应超过 150 m，距路边不超过 2 m，距建筑物不小于 5 m。其出口水压不小于 0.1 MPa（从室外地面算起）。

2. 室内消火栓系统

基地内在下列场所增设了室内消火栓灭火系统：室外轨行区（试车线、咽喉区）、板下除道路外其他地方。

3. 自动喷水灭火系统

与常规车辆基地相比，还需要在基地下列建筑内设置自动喷水灭火系统：检修库、调机工程车库，火灾延续时间 1 h。

4. 消防泵房

在消防泵房内设置盖上综合楼室外消火栓泵，配置如下：室外消火栓泵 2 台（1 用 1 备，互为备用）；单泵性能按综合楼规模选用为：$Q = 40$ L/s、$H = 40$ m、$N = 45$ kW；室外消火栓稳压泵 2 台（1 用 1 备，互为备用）；单泵性能为：$Q = 1$ L/s、$H = 34$ m、$N = 1.5$ kW，配置相应的气压罐（有效容积不小于 150 L）。

（四）地下车辆基地

与带上盖综合开发车辆基地相比，增加了临时高压制水幕系统。用来分割咽喉区与运用库，此处开口位置无法封闭，这样可以增强运用库的消防安全。

（五）双层车辆基地

消防系统与带上盖综合开发车辆基地一样，针对运用库及咽喉区是双层的特点，这两处室内消火栓环状管网设置在一层板下，分别接上下层消火栓支管，管网简单且安装方便。

二、防烟与排烟

火灾烟气发展与火灾规模以及建筑的高度、结构等密切相关，在设计防烟、排烟系统时应综合考虑各因素的相互关联和影响，以达到安全可靠的设计目的。

（一）防排烟设计基本原则

1. 防烟设计标准

（1）下列场所应设置防烟措施：防烟楼梯间及其前室；不满足自然通风条件的封闭楼梯间；消防电梯间前室或合用前室。

（2）楼梯间前室开窗面积不小于 2 m² 可采用自然通风，合用前室开窗面积不小于 3 m² 可采用自然通风。

（3）楼梯间采用自然通风时，顶部开设 1 m² 可开启外窗；建筑高度大于 10 m 时，每 5 层内设置总面积不小于 2 m² 的可开启外窗，且布置间隔不大于 3 层。

（4）可开启外窗应方便直接开启，设置于高处不便于直接开启的可开启外窗应在距地面高度为 1.3～1.5 m 的位置设置手动开启装置。

（5）不能满足自然通风的楼梯间、前室等需要设置机械防烟措施，且满足楼梯间与走道之间的压差为 40～50 Pa，前室与走道之间的压差为 25～30 Pa。

（6）设置机械加压送风系统的防烟楼梯间，在其顶部设置不小于 1 m² 的固定窗；靠外墙的防烟楼梯间，在其外墙每 5 层设置总面积不小于 2 m² 的固定窗。

（7）带上盖综合开发车辆基地中的楼梯间疏散至大库一层或准安全区域的按照地上楼梯间考虑，楼梯间由大库一层或准安全区域疏散至盖上的按照地下楼梯间考虑。

2. 排烟设计标准

（1）下列场所应设置排烟设施：

① 人员或可燃物较多的丙类生产场所，丙类厂房内建筑面积大于 300 m² 且经常有人停留或可燃物较多的地上房间；

② 建筑面积大于 5 000 m² 的丁类生产车间；

③ 占地面积大于 1 000 m² 的丙类仓库；

④ 公共建筑内建筑面积大于 100 m² 且经常有人停留的地上房间；

⑤ 公共建筑内建筑面积大于 300 m² 且可燃物较多的地上房间；

⑥ 地上、地下、盖下大于 50 m² 的无窗房间；

⑦ 建筑内长度大于 20 m 的疏散走道；

⑧ 盖下运用库、检修库、物资仓库、混合变电站等厂房；

⑨ 盖下准安全区。

（2）盖下运用库、检修库、准安全区等净高大于 9 m 的可不划分防烟分区，需划分面积不大于 5 000 m² 的排烟分区。

（3）运用库、检修库等的附房设置排烟系统的场所或部位，应采用挡烟垂壁、结构梁及隔墙等划分防烟分区，且防烟分区不应跨越防火分区。挡烟垂壁高度不应小于 500 mm。且满足自然排烟方式时，储烟仓的厚度不应小于空间净高的 20%；机械排烟方式时，储烟仓的厚度不应小于空间净高的 10%。同时储烟仓底部距离地面的高度大于最小清晰高度。敞开楼梯和自动扶梯穿越楼板的开口部设置挡烟垂壁等设施。防烟分区划分需满足表 7-3 要求。

表 7-3　防烟分区的最大允许面积及其长边最大允许长度

空间净高 H/m	最大允许面积 /m²	最大允许长度 /m
$H \leqslant 3.0$	500	24
$3.0 < H \leqslant 6.0$	1 000	36
$H > 6.0$	2 000	60 m；具有自然对流条件时，不应大于 75 m

（4）排烟量的计算。

① 盖下运用库、检修库、准安全区等净高大于 6 m 且位于盖下的大型车辆基地的厂房，排烟量取 4 次 /h 换气次数与火灾模型计算之较大值；同时不小于《建筑防烟排烟系统技术标准》中的相应规定值。

② 运用库、检修库及其辅跨房间等净高小于等于 6 m 的房间，其排烟量按 60 m³/（h·m²）计算，且不小于 15 000 m³/h。

③ 运用库、检修库及其辅跨房间等净高小于等于 6 m 的走道，其排烟量按 60 m³/（h·m²）计算，且不小于 13 000 m³/h。

④ 检修库及其附跨房间等净高大于 6 m 的房间，其排烟量按 60 m³/（h·m²）计算，且不小于《建筑防烟排烟系统技术标准》中的相应规定值。

（5）当运用库、检修库等划分为多个排烟分区时，排烟系统应满足两个或两个以上相邻排烟分区同时排烟的能力。

（6）当运用库、检修库等附房一个排烟系统担负多个防烟分区时，其系统的排烟量为：对于建筑空间净高大于 6 m 时，应按排烟量最大的一个防烟分区的排烟量计算；对于建筑空间净高不大于 6 m 时，应按同一防火分区中任意两个相邻防烟分区的排烟量之和的最大值计算。

（7）防、排烟系统的设计风量不应小于该系统计算风量的 1.2 倍。

（8）每个排烟口的排烟量不大于最大允许排烟量，排烟风口距防烟分区内任一点的水平距离不应大于 30 m。

（9）除地上建筑的走道或建筑面积小于 500 m² 的房间外，设置排烟系统的场所应设置机械补风系统，补风量不小于排烟量的 50%，补风口设置在储烟仓以下，补风口与排烟口水平距离大于 5 m，补风机设置在专用机房内。

（10）送风机的进风口与排烟风机的出风口应分开布置，竖向布置时，两者边缘最小垂直距离不应小于 6 m；水平布置时，两者边缘最小水平距离不应小于 20 m。

（二）常规车辆基地防排烟设置情况

优先采用自然通风形式，当不能自然通风时应采用机械排烟形式。具体如下：

1. 防烟设计情况

（1）防烟措施的设置场所均为规范规定的防烟楼梯间及其前室、不满足自然通风条件的封闭楼梯间、消防电梯间前室或合用前室。

（2）楼梯间前室开窗面积不小于 2 m² 可采用自然通风，合用前室开窗面积不小于 3 m² 可采用自然通风。

（3）楼梯间采用自然通风时，顶部开设 1 m² 可开启外窗；当建筑高度大于 10 m 时，每 5 层内设置总面积不小于 2 m² 的可开启外窗，且布置间隔不大于 3 层。

（4）可开启外窗应方便直接开启，设置于高处不便于直接开启的可开启外窗应在距地面高度为 1.3～1.5 m 的位置设置手动开启装置。

（5）不能满足自然通风的楼梯间、前室、合用前室等需要设置机械防烟措施，且满足楼梯间与走道之间的压差为 40～50 Pa，前室与走道之间的压差为 25～30 Pa。

（6）设置机械加压送风系统的防烟楼梯间，在其顶部设置不小于 1 m² 的固定窗，靠外墙的防烟楼梯间，在其外墙每 5 层设置总面积不小于 2 m² 的固定窗。

2. 排烟设计情况

（1）设置排烟设施的场所包括：人员或可燃物较多的丙类生产场所，丙类厂房内建筑面积大于 300 m² 且经常有人停留或可燃物较多的地上房间。建筑面积大于 5 000 m² 的丁类生产车间。占地面积大于 1 000 m² 的丙类仓库。公共建筑内建筑面积大于 100 m² 且经常有人停留的地上房间。公共建筑内建筑面积大于 300 m² 且可燃物较多的地上房间。地上、地下大于 50 m² 的无窗房间。建筑内长度大于 20 m 的疏散走道。

（2）排烟量的计算按规范要求设置。

（三）带上盖综合开发车辆基地防排烟设置情况

带上盖综合开发的车辆基地，由于采用上盖盖板结构，在竖向空间上，将上下两种不同功能的建筑形态整合在一起。对于防排烟系统来说，上盖盖板大大制约了盖下车辆基地内自然排烟的条件，同时也增加了机械排烟的难度。因此，与常规车辆基地的防排烟设置有较大区别，具体如下：

1. 防烟设计情况

由于上盖盖板的存在，盖下楼梯间的疏散分为两种情况：一种是楼梯间向下或水平疏散至车辆基地首层或准安全区域内；另一种是楼梯间向上疏散至盖上地面，主要为准安全区两侧的消防救援口。因此，楼梯间的防烟设置应根据不同的疏散方式考虑不同的形式，前一种按照地上楼梯间考虑，后一种按照地下楼梯间考虑。

2. 排烟设计情况

（1）设置排烟设施的场所除常规车辆基地的场所外，还包括：盖下大于 50 m² 的无窗房间，盖下运用库、检修库、物资仓库、混合变电站等厂房，盖下准安全区等场所。

（2）设置方式中，以上海地区为例，盖下运用库、检修库、准安全区等净高大于 9 m 的可不划分防烟分区，需划分面积不大于 5 000 m² 的排烟分区。

（3）上海地区的排烟量计算中，盖下运用库、检修库、准安全区等净高大于 6 m 且位于盖下的大型车辆基地厂房，排烟量取 4 次 /h 换气次数与火灾模型计算之较大值；同时不小于《建筑防烟排烟系统技术标准》中的相应规定值。

（四）地下车辆基地防排烟设置情况

地下车辆基地由于通风环境较差，根据国家相关标准要求，均需要进行防排烟设置。因此，其与常规车辆基地、带上盖综合开发车辆基地均有所区别，具体如下：

1. 防烟设计情况

地下车辆基地的封闭楼梯间、防烟楼梯间及其前室、消防电梯间前室或合用前室等场所已不具备自然排烟条件，均应按照地下楼梯间考虑机械排烟形式。

2. 排烟设计情况

（1）设置排烟设施的场所除常规车辆基地的场所外，还包括地下运用库、检修库、物资仓库、混合变电站等厂房，以及地下消防车道等场所。

（2）消防车道应优先考虑采用自然排烟形式，自然排烟口的有效面积不应小于消防车道面积的 25%；当确有困难时，应采用机械排烟形式。

（五）双层车辆基地防排烟设置情况

双层车辆基地常为运用库、停车列检库等双层大库，其特点为下层大库不便于采用自然排烟形式，需考虑机械排烟形式。因此，其与常规车辆基地虽有所区别，但区别不大，具体如下：

1. 防烟设计情况

双层车辆基地的封闭楼梯间、防烟楼梯间及其前室、消防电梯间前室或合用前室等场所的设置，与常规车辆基地的设置方式基本无差异。

2. 排烟设计情况

下层大库库内不便于自然排烟形式，需考虑机械排烟形式，消防补风应优先考虑利用可开启外窗或库门进行自然补风。

三、火灾自动报警

火灾自动报警系统能够通过感知环境中的烟雾、火焰等异常情况，迅速发现火灾。

（一）全线系统构成

全线火灾自动报警系统由控制中心级和车站级二级监控管理方式构成：控制中心级实现对

全线火灾自动报警系统集中监视和管理。车站级在各车站、车辆段、停车场设火灾报警控制器，对其所管辖范围独立执行消防监控和管理。主变电站设置火灾报警控制器，通过相邻车站接入全线统一监控和管理。

（二）常规车辆基地

1. 系统构成

车辆基地设置车站级的火灾自动报警系统。在运用库、检修库、洗车库、镟轮库、调机及工程车库、喷漆库、物资仓库、综合楼、维修楼、混合变电站、雨水泵房、水处理用房、主变电站、易燃品库、出入线区间机房等单体建筑设置火灾报警系统设备。

车辆基地监控管理级独立执行其所管辖范围内 FAS 的监控管理功能，由火灾报警控制器、火灾触发器件（包括火灾探测器和火灾报警按钮）、火灾警报装置、消防联动控制器、终端显示设备、消防电话主机、打印机等设备组成。

车辆基地消防控制室设于车辆基地调度中心（DCC）内，在 DCC 内设置火灾报警控制器、图形显示终端、打印机等设备，在重要库房或综合楼办公区域设置区域火灾报警控制器，在综合楼、混合变电站、检修库及材料总库、运用库（联合车库等）地设备用房及管理用房设置各类探测器、手动报警按钮、电话插孔、消防专用电话、控制联动设备、信号输入和信号输出模块等现场设备，纳入相近的火灾报警控制器中。

火灾报警控制器、图形显示终端、区域报警控制器与管辖范围内现场设备构成车辆基地火灾报警系统。火灾报警控制器通过控制总线将现场设备连接起来，控制回路宜采用环形闭合式回路。

DCC 内的火灾报警控制器通过独立的光纤网络或公共传输网络通道，将信息送至控制中心。

火灾报警控制器通过双向通信接口与机电设备监控系统相连接，完成对兼用环控设备的联动控制。

火灾自动报警系统在车辆基地与综合监控系统 FEP 相连，实现火灾报警的显示及相关的联动功能（图 7-23）。

在消防控制室内配置的多线控制盘上设置用于操作重要消防设备的直接启动按钮。重要消防设备包括消火栓泵、喷淋泵、排烟专用风机等。多线控制盘的直接启动按钮能在火灾情况下不经过任何中间设备，直接启动这些重要消防设备，从级别上讲，这是最高级的联动设备。同时在多线控制盘上还可显示这些重要消防设备的工作和故障状态。

车辆段设置独立的消防专用电话网络。在消防控制室设置消防专用直通电话总机。在变电站控制室、消防泵房、环控机房等重要场所设置固定式消防分机电话；在车辆段各处单体设置消防电话插孔，以实现消防控制室与这些场所的消防语音通信。

2. 现场设备配置

1）探测器设置

车辆段各单体的设备用房、管理用房、走廊等区域设置智能型光电感烟探测器，盥洗室、卫生间等处不设探测器。茶水室、锅炉房、厨房等处设置智能型感温探测器或可燃气体探测器。

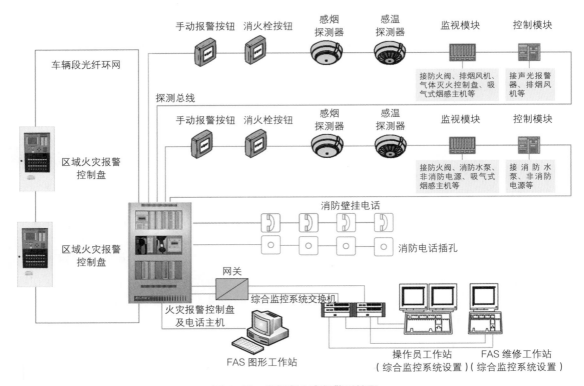

图 7-23 车辆段火灾报警系统图

易燃品库设防爆型可燃气体探测器。

车辆段运用库、检修库、洗车库、物资仓库等高大空间设置吸气式感烟探测器。

在变电站电缆夹层的电缆桥架上设置线型感温电缆探测器，采用接触方式按正弦波形敷设，保护长度不大于 100 m。

防火卷帘门两侧设智能型感烟及感温探测器组。

2）警报装置

设置火灾探测器的处所均设有声光警报器，车辆基地公共广播兼消防广播，火灾时强切至消防广播，消防广播具有最高优先级。

车辆段、停车场在通信系统未设置公共广播场所，根据具体情况，设置消防广播、声光警报器。车辆段综合楼设置消防广播，车辆段、停车场其他小型单体建筑设置声光警报器。声光警报器安装位置设于走道靠近楼梯出口处。

根据规范要求声光警报器与广播应实现交替播放的功能。

当在环境噪声大于 60 dB 的场所设置警报装置时，其声压级应高于背景噪声 15 dB。

3）消防电话的设置

在 DCC 设置消防电话总机，在区域报警控制器处所、消防泵房、环控机房、电梯机房、气瓶间、强弱电机房等场所设置固定消防电话。手动火灾报警按钮、消火栓按钮旁设置消防电话插孔，可采用手动报警按钮及电话插孔组合箱方式进行安装。

消防控制室设可直拨外线的直线电话及调度电话分机（直线电话、调度电话由通信专业设置）。

（三）带上盖综合开发车辆基地、地下车辆基地、双层车辆基地

（1）车辆基地与盖上综合开发火灾自动报警系统独立设置，互传火灾报警信息。

（2）室外安全区域可不设置火灾探测器，建筑单体外下列场所应设置火灾自动报警系统设备：

① 有联动控制需求的场所；

② 封闭空间或封闭的道路、行人通道、停车场、设备管廊等区域。

（3）其他系统设置需求同常规车辆基地。

四、消防通信

车辆基地消防通信一般包括防灾调度电话、视频监视、消防广播等；车辆基地实施上盖商业开发的，其板地下方还要实施消防无线引入系统。

1. 防灾调度电话

防灾调度电话是轨道交通专用电话的一种应用方式，与列车运营、电力供应、日常维修、票务管理等共用一套专用电话系统。该系统可为控制中心环控（防灾）调度员提供专用直达各车站、车辆基地消防控制室的语音通信，并且具有单呼、组呼、全呼、紧急呼叫和录音等功能。

一般在控制中心环控（防灾）调度席位设置调度电话总机，在车辆基地调度中心（DCC）内设专用调度电话分机。

2. 消防无线通信

实施上盖开发的车辆基地，其板地下方面积较大且地面消防无线信号难以覆盖，一般参照地下车站实施消防无线引入，为盖下的消防救援指挥提供通信条件。

消防无线引入系统主要是为解决指挥员与战斗员间、战斗员与战斗员之间的通信，采用与地面消防指挥系统相同的制式，实现基地周边地面附近主要道路与盖下消防人员的无线通信联系。系统一般采用分散引入的方式，采用本地异频转发方式将消防无线信号引入盖下，实现市消防无线通信系统的引入。

无线电信号在盖下采用吸顶式全向天线、定向天线进行辐射，天馈系统可与公安无线系统共用。

3. 视频监视

视频监视作为地铁运营、安全管理的辅助手段，一般与运营、公安视频监视整合设置。

系统采用高清系统制式，图像分辨率一般不小于 1 080 P。DCC 值班员利用监视终端监视车辆基地各区域，系统可设定时序循环或手动方式切换，同时对所有图像进行录像，并可上传至控制中心以及其他上层监控点，录像保存时间不小于 90 天。

4. 消防广播

消防广播系统在火灾情况下由防灾报警系统联动播放或由 DCC 值班员向现场人工广播。
车辆基地广播系统可设置播音优先级，优先级设置一般为：

第一级 DCC 控制室防灾值班员；

第二级 DCC 值班员；

第三级检修库值班员。

车辆基地广播系统采用 $N+1$ 的功率放大器备份模式，主、备用功率放大器可以自动或手动切换。扬声器在其播放范围内最远点的播放声压级应高于背景噪声 15 dB。

五、消防电源和应急照明

完备的消防系统设计不仅需要建筑结构的合理布局和防火隔断，还需要防排烟、消防水灭火等系统有效实施灭火救援。消防电气设计系统对于发生火灾后，保障建筑物内各种消防用电设备及时、可靠地运行，有效地疏散人员、物资，控制火势的蔓延十分重要。车辆基地的消防电气设计需要重点关注如下内容：

（一）消防电源

根据《地铁设计规范》的相关要求，地铁消防用电设备的负荷分级为一级，其中的火灾自动报警系统设备、环境与设备监控系统设备（部分城市将平时和火灾兼用的设备划为此系统管理，由火灾报警系统联动信号发出动作指令）为一级负荷中特别重要负荷。

城市轨道交通供电系统一般包括外部电源、主变电站（或电源开闭所）、牵引供电系统、动力照明供电系统、电力监控系统。外部电源采用集中供电方式，由主变电站接收城市电网 35 kV 及以上电压等级的电源，经降压后以中压供给车辆基地的降压变电站，属于专线供电，供电可靠性较高。各城市中压网络的电压等级应根据当地的用电容量、供电距离、城市电网现状及规划等因素，经技术经济综合比较确定。有的可提供两路城市电源，在线路的两端分别设主变电站进行互备供电至各车站和车辆基地降压变电站，有的只可提供一路但沿线辅以多路备用电源，以达到一级负荷用电的标准要求。故一级用电负荷的消防设备，变电站的两个电源来自不同的上级城市发电站，以确保当一个电源发生故障时，另一个电源提供正常供电。

火灾自动报警系统等一级负荷中特别重要负荷，在满足双回路电源供电的情况下，还需采用专用蓄电池组作为备用电源，电池容量应保证在消防系统处于最大负载状态下不影响报警控制器的正常工作，其持续时间应保证主电源断电后连续供电 1 h。

各类消防用电设备在火灾发生期间，最少持续供电时间应符合表 7-4 的规定，表格内容摘自《建筑设计防火规范》的相关要求。

常规车辆基地一般建筑都在地面上，各建筑之间按照《建筑设计防火规范》规定的防火间距进行分隔，带上盖开发的车辆基地加盖后虽然空间结构发生了较大变化，但是消防电源的需求没有改变，可沿用上述设计原则。

表 7-4　消防用电设备在火灾发生期间的最少持续供电时间

消防用电设备名称	持续供电时间 /min
火灾自动报警装置	≥ 180（120）
消火栓、消防泵及水幕泵	≥ 180（120）
自动喷水系统	≥ 60
水喷雾和泡沫灭火系统	≥ 30
CO_2 灭火和干粉灭火系统	≥ 30
防、排烟设备	≥ 60、30
火灾应急广播	≥ 60、30
消防电梯	≥ 180（120）

注：括号内为建筑火灾延续时间 2 h 的参数。

（二）消防配电

当火灾发生时，车辆基地失火建筑内的生产、生活等非消防用电将通过火灾自动报警系统联动切断，为保证消防设备用电的独立性，设计时就应考虑从降压变电站的低压配电柜引出的消防用电设备供电回路采用专用回路，回路做明显的消防红色文字标志提醒，以免在火灾应急处置切除非消防回路时误操作。

给消防控制室、消防水泵房、防烟和排烟风机房、消防电梯等火灾时需持续工作的消防用电设备的供电，其配电箱应独立设置，并应在其配电线路的最末一级配电箱处设置自动切换装置。停车列检库、检修库等大库的用电设备众多，配电回路分散，一般会在车间内设车间配电间，消防用电设备回路单独设置容易实现，但洗车库、镟轮库、工程车库等小单体可能只有一两个防火分区，用电回路不多，应注意设置一个配电间，将消防设备汇总设置一个双电源自切总箱，以保证消防用电的独立性，从而提升可靠性。

为保障建筑防火分隔的有效性，消防配电干线应按防火分区划分，消防配电支线不穿越防火分区，大库按库区和附跨进行划分，综合楼等多层建筑按楼层进行划分。同时兼顾经济性，防火卷帘、活动挡烟垂壁、自动灭火系统等用电负荷较小的消防用电设备，可就近设一个共用双电源切换总箱，再采用放射式供电至各设备或其控制箱。

低压配电电压应采用 220 V/380 V，与消防设备需求相匹配。消防用电设备作用于火灾时的控制回路，不得设置作用于跳闸的过载保护或采用变频调速器作为控制装置。

常规的车辆基地消防设备主要集中在消防控制室、消防水泵房，以及分布在各个厂房的电动排烟窗和应急照明装置等。消防控制室和消防水泵房在末端设置双电源切换箱，电动排烟窗和应急照明设区域双电源切换总箱。带上盖开发的车辆基地加盖后防排烟和水消防产生了较大的调整，上述设备可沿用相同的设计原则，防排烟风机、消防雨淋泵、消防电梯、电动挡烟垂壁是新增的消防设备。防排烟风机、消防雨淋泵和消防电梯在末端设置双电源切换箱，电动挡烟垂壁与应急照明共同设区域双电源切换总箱。

（三）电力线路

电力线路的可靠性对于整个消防配电系统来说是非常重要的环节，因为电力线路穿过各种环境、多个防火分区，每种环境的火灾危险性各不相同，所以在火灾发生时面对的情况也是最为复杂的，在设计时需要充分考虑其复杂性。

电缆是承载电流的关键设备，选择时首先依据《建筑设计防火规范》的相关规定，对消防配电线路进行筛选，线路应满足表 7-4 所述火灾时连续供电的需要，其敷设应符合表 7-5 规定。

表 7-5　电缆类型

类 别	电缆类型	一般环境	电缆井、沟内
明敷时（包括敷设在吊顶内）	阻燃或耐火铜芯电缆	穿金属导管或采用封闭式金属槽盒保护	可不穿金属导管或采用封闭式金属槽盒保护，宜与其他配电线路分开敷设
	矿物绝缘类不燃性铜芯电缆	可直接明敷	可直接明敷，确有困难无法与其他线路分开时，应分别布置在井 / 沟的两侧
暗敷时	阻燃或耐火铜芯电缆	穿管并应敷设在不燃性结构内且保护层厚度不应小于 30 mm	/

依据《地铁设计防火标准》的相关规定，由变电站引至重要消防用电设备的电源主干线及分支干线，采用矿物绝缘类不燃性电缆；其他消防用电设备的配电线路采用耐火电线电缆。

为防止火灾蔓延，降低发生火灾时的扑救难度，对于非消防负荷电缆，不开发的车辆基地是标准的地上建筑，《地铁设计规范》要求地上线路敷设宜采用低烟无卤阻燃电线电缆，当电缆成束敷设时，应采用阻燃电缆，且电缆的阻燃级别不应低于 B 级；有上盖开发的车辆基地因板地面积大，盖下空间若距盖边达不到自然排烟条件，则参照地下空间进行选择，《地铁设计规范》要求地下线路敷设应采用低烟无卤阻燃电线电缆，《民用建筑电气设计标准》要求长期有人滞留的地下建筑应选择烟气毒性为 t0 级、燃烧滴落物 / 微粒等级为 d0 级的电线和电缆。

车辆基地内环境复杂、管线密布，电缆路径的选择需遵循如下要求：

（1）电力电缆不应和输送甲、乙、丙类液体管道，可燃气体管道，热力管道敷设在同一管沟内；

（2）配电线路不得穿越通风管道内腔或直接敷设在通风管道外壁上，穿金属导管保护的配电线路可紧贴通风管道外壁敷设。

常规的车辆基地，室外电力电缆一般采用电缆沟敷设，室内电缆采用专用桥架敷设；当有上盖开发后，室外地下有大量结构柱承台，为了避让电缆沟采用加深承台的做法对造价影响明显，室外电缆也可采用专用桥架吊挂在盖板下方，方便检修和维护。

为了防止火灾的不可控蔓延，电缆构筑物中电缆引至电气柜、盘或控制屏的开孔部位，电缆贯穿隔墙、楼板的孔洞处，均应实施阻火封堵，具体做法要求按照《建筑防火封堵应用技术标准》的相关规定执行。

（四）消防应急照明和疏散指示标志

火灾发生得到确认后，火灾自动报警系统会进入联动控制状态，非消防电源包括照明灯具电源会被切除，这时人员处于疏散状态，为了保证此时的基本照明需求、引导人群向最近的安全出口有序疏散，消防应急照明和疏散指示标志系统这时候将发挥最主要作用。

2019 年 3 月，《消防应急照明和疏散指示系统技术标准》开始执行，将原来使用普通灯具兼作应急照明、应急电源要求不明、电源切换时间不明确、系统设备状态无监管等问题全面解决。通过采用消防认证 A 型 /B 型灯具、统一应急电源的规格、明确切换时间、系统全时段状态监管，并可在非消防状态下作为备用照明使用。依据此规范，结合之前其他规范要求，车辆基地应执行的主要技术要求有：

（1）应选择集中控制型系统，每个防火分区设集中电源型应急电源。

（2）应急照明控制器能接收、显示、保持其他应急照明控制器及其配接的灯具、集中电源或应急照明配电箱的工作状态信息。

（3）火灾确认后，应急照明控制器应能按预设逻辑手动、自动控制系统的应急启动。

（4）备用电源的连续供电时间，不开发时为 0.5 h，有开发加盖板时为 1.0 h。

（5）疏散照明照度，疏散走道不应低于 3.0 lx；楼梯间、前室或合用前室、避难走道等不应低于 10.0 lx。

（6）消防控制室、消防水泵房、自备发电机房、配电室、防排烟机房以及发生火灾时仍需正常工作的消防设备房应设置备用照明，其作业面的最低照度不应低于正常照明的照度。

（7）在距地面 8 m 及以下应选择 A 型灯具，超过时应选择 B 型灯具。

（8）方向标志灯的标志面与疏散方向垂直时，灯具设置间距不大于 20 m；平行时，灯具设置间距不大于 10 m。

（9）当集中电源的额定输出功率不超过 1 kW 时，可直接设置在电气竖井内。

（10）灯具光源应急点亮的响应时间不应大于 5 s。

（五）带上盖综合开发车辆基地

1. 消防电源

车辆基地的消防设备用电负荷分级为一级，其中的火灾自动报警系统设备、环境与设备监控系统设备为一级负荷中特别重要负荷。

变电站的两个电源来自不同的上级城市发电站，以确保当一个电源发生故障时，另一个电源正常工作。火灾自动报警系统等一级负荷中特别重要负荷，在满足双回路电源供电的情况下，还需采用专用蓄电池组作为备用电源，电池容量应保证在消防系统处于最大负载状态下不影响报警控制器的正常工作，其持续时间应保证主电源断电后连续供电 1 h。

2. 消防配电

降压变电站的低压配电柜引出的消防用电设备供电回路采用专用回路，回路做明显的消防标志。

给消防控制室、消防水泵房、防烟和排烟风机房及消防电梯等的配电箱独立设置，在其配电线路的最末一级配电箱处设置自动切换装置。

消防配电干线应按防火分区划分，消防配电支线不穿越防火分区。

低压配电电压应采用 220 V/380 V。消防用电设备作用于火灾时的控制回路，不得设置作用于跳闸的过载保护或采用变频调速器作为控制装置。

3. 电力线路

由变电站引至重要消防用电设备的电源主干线及分支干线，采用矿物绝缘类不燃性电缆；支线或给非重要消防用电设备的线缆采用阻燃耐火线缆。

消防配电线路明敷时穿金属导管或采用封闭式金属槽盒保护，在电缆井、沟内可不穿金属导管或采用封闭式金属槽盒保护，宜与其他配电线路分开敷设。

非消防负荷电缆，采用低烟无卤阻燃、燃烧性能 B1 级、烟气毒性为 t0 级、燃烧滴落物 / 微粒等级为 d0 级的电线和电缆。

电缆采用专用桥架敷设。

电缆引至电气柜、盘或控制屏的开孔部位，电缆贯穿隔墙、楼板的孔洞处，均应实施阻火封堵。

4. 消防应急照明和疏散指示标志

车辆基地应执行如下主要技术要求：

（1）应选择集中控制型系统，分区域集中型应急电源。

（2）应急照明控制器能接收、显示、保持其他应急照明控制器及其配接的灯具、集中电源或应急照明配电箱的工作状态信息。

（3）火灾确认后，应急照明控制器应能按预设逻辑手动、自动控制系统的应急启动。

（4）备用电源的连续供电时间为 1.0 h。

（5）疏散照明照度，对于疏散走道不应低于 3.0 lx，对于楼梯间、前室或合用前室、避难走道不应低于 10.0 lx。

（6）消防控制室、消防水泵房、自备发电机房、配电室、防排烟机房以及发生火灾时仍需正常工作的消防设备房应设置备用照明，其作业面的最低照度不应低于正常照明的照度。

（7）库外准安全区需增设疏散应急照明和标志灯，室外灯具防护等级不低于 IP67。

（8）在距地面 8 m 及以下应选择 A 型灯具，超过应选择 B 型灯具。

（9）方向标志灯的标志面与疏散方向垂直时，灯具设置间距不大于 20 m；平行时，灯具设置间距不大于 10 m。

（10）当集中电源的额定输出功率不超过 1 kW 时，可直接设置在电气竖井内。

（11）灯具光源应急点亮的响应时间不应大于 5 s。

第三节　不同类型车辆基地消防设计对比分析

常规车辆基地与带上盖综合开发车辆基地，在消防设计方面有诸多不同，通过对比分析，可以了解不同类型车辆基地消防设计上的优缺点，有利于提出针对性的改进措施，制定更加精准和有效的消防安全管理策略。具体消防设计分析对比见表7-6。

表7-6　常规车辆基地与带上盖综合开发车辆基地的消防设计差异性比较

序号	类别	常规车辆基地	带上盖综合开发车辆基地	差异性
1	火灾危险性类别	主要厂（库）房为丁、戊、丙类；少量有甲、乙类厂（库）房	上盖后火灾危险性特征无变化，故火灾危险性类别不做升级	上盖后，超过3 000 m²的戊类厂房加强按丁类厂房设计
2	耐火等级	多数厂（库）房为二级，甲、乙类厂（库）房为一级	盖上不低于二级、盖下均为一级	盖下车辆基地建筑提高耐火等级
3	防火分隔	按《建筑设计防火规范》执行	耐火极限：承重柱、承重墙为3 h；梁、板为3 h	以板地做盖上盖下的防火分隔，提高板地的耐火极限
4	总平面布局	至少设置两个出入口与外界连通	车辆基地与上盖开发应各至少设置两个出入口与外界连通；甲、乙类生产或储藏区域不能布置在板地上、下方	不同功能场所各自独立设置出入口；上盖后对车辆基地的甲、乙类厂（库）房有设置要求
5	防火分区	丁、戊类厂房，单层丙类厂房防火分区面积不限；其余厂（库）房也均按《建筑设计防火规范》执行	当丁、戊类厂房设置自动灭火系统时，防火分区面积不限；盖下丙类仓库按地下仓库300 m²划分防火分区，当设置自动灭火系统时，防火分区面积可扩大至600 m²	盖下的丁、戊类厂房设置自动灭火系统时，防火分区面积不限；盖下的丙类仓库提高设置标准，按照地下建筑标准做防火设计
6	安全疏散	丁、戊类厂房疏散距离不限；单层丙类厂房疏散距离80 m；库房安全出口2个，不限距离	当上盖后，可采用准安全区原则疏散。上海地区板地下部车辆基地内任一部位至安全出口或准安全区的直线距离不大于90 m	上盖后的地上丁、戊类厂房疏散距离有90 m的限制要求；车辆基地可通过安全出口往上疏散至上盖露天安全区域
7	消防车道、消防救援口	主要厂（库）房设置环形消防车道	上盖后，上海地区当板地进深超过180 m时，需设置消防救援口	当板地进深较大时，上海地区应设置消防救援口，从上盖平台往下救援

序号	类别	常规车辆基地	带上盖综合开发车辆基地	差异性
8	消防给水与灭火设施	室外消火栓系统、室内消火栓系统、自动喷水灭火系统、灭火器	室外消火栓系统、室内消火栓系统、自动喷水灭火系统、灭火器	带上盖开发的车辆基地增加了盖上综合楼的室外消火栓系统，盖下库外除道路外设置室内消火栓系统，检修库、工程车库增加了自动喷水灭火系统
9	防烟排烟	以车辆基地场地标高为基准，地面以上楼梯间为地上楼梯间	盖下楼梯间的疏散分为两种情况：一种是楼梯间向下或水平疏散至车辆基地首层或准安全区域内；另一种是楼梯间向上疏散至盖上安全区域，主要为准安全区两侧的消防救援口，楼梯间的防烟设置应根据不同的疏散方式考虑不同的形式，前一种按照地上楼梯间考虑，后一种按照地下楼梯间考虑	上盖后，楼梯间的地上地下形式有所变化，对于防烟的要求也有所不同
		排烟设施的场所：人员或可燃物较多的丙类生产场所，丙类厂房内建筑面积大于 300 m² 且经常有人停留或可燃物较多的地上房间。建筑面积大于 5 000 m² 的丁类生产车间。占地面积大于 1 000 m² 的丙类仓库	设置排烟设施的场所除常规车辆基地的场所外，还包括：盖下大于 50 m² 的无窗房间，盖下运用库、检修库、物资仓库、混合变电站等厂房，盖下准安全区等场所	上盖后，盖下运用库、检修库、物资仓库、混合变电站等厂房，盖下准安全区等场所均需要考虑排烟
		防烟分区划分最大为 2 000 m²	上海地区的防烟分区划分，盖下运用库、检修库、准安全区等净高大于 9 m 的可不划分防烟分区，需划分面积不大于 5 000 m² 的排烟分区	上盖后，上海地区增加了 5 000 m² 的排烟分区
		盖下运用库、检修库、准安全区等净高大于 6 m 且位于盖下的大型车辆段厂房，排烟量按火灾模型进行计算；同时不小于《建筑防烟排烟系统技术标准》中的规定值	上海地区的排烟量计算中，盖下运用库、检修库、准安全区等净高大于 6 m 且位于盖下的大型车辆段厂房，排烟量取 4 次/h 换气次数与火灾模型计算之较大值；同时不小于《建筑防烟排烟系统技术标准》中的规定值	上盖后，上海地区厂房内的排烟计算有所不同

续　表

序号	类别	常规车辆基地	带上盖综合开发车辆基地	差异性
10	火灾自动报警	在各建筑单体内设置火灾自动报警设备	除在各建筑单体内设置火灾自动报警设备外，单体外有火灾危险性的部位或有联动控制需求的部位也需设置火灾自动报警设备	盖下、库房外部有火灾危险性的区域也需设置火灾自动报警设备
11	消防通信	设置防灾调度电话、视频监视、消防广播系统	设置防灾调度电话、视频监视、消防广播、消防无线引入系统	带上盖开发的车辆基地，其盖下考虑设置消防无线引入系统
12	消防电源与应急照明	消防控制室和消防水泵房在末端设置双电源切换箱；宜采用低烟无卤阻燃电线电缆，阻燃级别不应低于 B 级；备用电源的连续供电时间 ≥ 0.5 h	增加防排烟风机、消防雨淋泵和消防电梯在末端设置双电源切换箱；应采用低烟无卤阻燃电线电缆，烟气毒性为 t0 级、燃烧滴落物 / 微粒等级为 d0 级的电线和电缆；备用电源的连续供电时间 ≥ 1.0 h，库外准安全区需增设疏散照明和标志灯，室外灯具防护等级不低于 IP67	消防类设备因加盖种类增加明显；电线电缆护套性能因地上和参考地下后有差异要求；应急照明灯具和疏散标志持续时间因加盖后延长，库外准安全区需增设灯具

注：① 仅对比地上车辆基地。
　　② 盖外或盖上的综合楼等建筑类型按照《建筑设计防火规范》中的民用建筑做常规设计，不在比较范围之内。
　　③ 丙类库房指物资仓库，一般为丙类 2 项。
　　④ 甲类库房指易燃品库，一般为甲类 1、2、5、6 项。

第 三 篇

地铁消防安全管理

　　地铁消防安全管理是保障地铁消防安全的重要一环，对确保乘客和员工的消防安全、地铁运营的稳定性与可靠性、地铁消防安全的持续性发展至关重要。为确保地铁的安全运营，必须采取一系列有效的消防安全措施，强化事前预防力度，提高火灾防范和应急处置能力，尽可能减少事故发生、快速处理、减小损失和影响。地铁消防安全管理作为一项综合性课题，涉及多方面的深入研究和实践应用，涵盖地铁运营的方方面面。

　　本篇概述了地铁消防安全管理的基本概念、方针、原则、依据和目标等方面，从地铁运营单位主体管理和行政单位监督管理两个方面，分别阐述了消防安全管理的内容、方法和要求。

第八章 地铁消防安全管理概述

地铁消防安全管理是确保地铁运营安全的重要组成部分，包含一系列规范化的组织和程序。地铁消防安全管理是确保地铁运营安全的重要保障，有效的消防安全管理能够显著降低火灾发生的风险，保护员工和乘客的生命安全。

第一节 地铁消防安全管理基本概念

管理一般是指社会组织中，为了实现预期目标，以人为中心进行的协调活动。落实到消防安全管理上，主要就是指为了实现预期的消防安全目标，通过计划、组织、指挥、协调、控制、奖惩等方式进行的活动。它的本质是运用现代管理科学原理和方法，充分发挥社会各部门、团体、单位、组织和个人的人力、财力、物力、技术和信息等要素，协调实现消防安全目标。

消防安全管理的属性和特征，决定了它需要在社会各个方面进行全方位、全天候、全过程、全员参与的管理活动，并具备强制性的手段来确保消防安全，最终的目的是为了预防火灾的发生、减少火灾危害，保障人民生命财产安全和社会稳定。

由于地铁建筑结构、使用性质、火灾危险性质等的不同，使得地铁消防安全管理有着自身的独特性。地铁消防安全管理作为消防安全管理中的一种，与常规的消防安全管理主要区别在于管理对象和范围不同。地铁消防安全管理的管理对象和范围，主要聚焦在地铁运营过程中的消防设施、器材、人员等。按照要求，地铁运营单位需要制定完善的消防管理制度和应急预案，并配备专业的消防人员和设备，定期进行消防演练和维护，确保在紧急情况下能够及时有效地应对火灾事故。

第二节 地铁消防安全管理方针和原则

地铁消防安全管理的方针、原则和任务是确保地铁运营安全的核心组成部分，它们指导着地铁消防安全管理的整体方向和具体实施措施，为地铁消防安全管理工作提供了明确的指导原则和行动框架。

一、地铁消防安全管理的方针

地铁消防安全管理的方针是地铁消防安全管理的核心，为各项地铁消防安全管理工作开展提供了方向指引。按照《消防法》要求，地铁消防安全管理工作必须遵循"预防为主、防消结合"的工作方针，其核心理念在于强调预防火灾的发生和在必要时采取有效的措施防止火灾的蔓延和扩大。地铁作为关乎民生的重要工程，做好消防安全的预防和应对工作至关重要。

"预防为主"要求地铁运营单位按照消防安全管理工作的指导思想，将预防火灾工作放在首要位置上，动员和依靠地铁区域内全体成员贯彻落实各项防火措施，力求从根本上防止火灾的发生。大量事实证明，只要人们具有较强的消防安全意识，自觉遵守和执行消防法律法规、规章制度以及消防技术标准，大多数地铁消防安全事故是可以预防的。

"防消结合"要求地铁运营单位要将防火和灭火这两个基本手段有机地结合起来，防火和灭火是一个问题的两个方面，是辩证统一、相辅相成、有机结合的整体。尽管通过预防可以防止大多数消防安全事故的发生，但绝对消除隐患是不符合客观规律的，也是不现实的。在加强预防火灾的同时，要大力发展消防队伍建设，积极做好扑灭应急处置的准备工作。一旦发生火灾，要能够及时发现并有效扑灭，最大限度地减少人员伤亡和财产损失。

二、地铁消防安全管理的原则

地铁消防安全管理的原则是确保地铁消防安全的基石，反映了地铁消防安全管理的基本理念和行动指南，这些原则共同构成了地铁消防安全管理的框架，确保了地铁消防安全工作的系统性和有效性。

（一）基本原则

按照《消防法》规定，地铁消防安全工作基本原则是"政府统一领导、部门依法监管、单位全面负责、公民积极参与"。该原则明确了地铁消防安全管理的不同层级，要求各方共同协作，形成合力，确保地铁消防安全。

1. 政府统一领导

政府要从总体上统筹把控辖区的消防安全管理工作。根据《国务院办公厅关于保障城市轨道交通安全运行的意见》（国办发〔2018〕13号），人民政府按照属地管理原则，对辖区内城市轨道交通安全运行负总责。这意味着在政府层面，需要建立健全地铁消防安全管理体制机制，完善法规标准体系，规范部门监管，确保地铁消防安全管理工作的有效进行。

2. 部门依法监管

政府相关部门要在职责范围内要加强监管力度，指导地铁运营单位做好消防安全管理工作。公安、交通、消防等各部门要协同配合，在政府的统一领导下，做好地铁范围内法律法规、标准规范等要求的贯彻实施。

3. 单位全面负责

地铁运营单位作为核心主体之一，在消防安全管理中扮演着关键角色，应当按规定落实单位消防安全责任制，负责制定并执行消防安全制度和操作规程，确保员工接受定期的消防安全培训和演练，定期维护场所消防安全设施，提高火灾预防和应对消防紧急情况的能力。

4. 公民积极参与

从公民的角度来看，每位乘客都是消防安全管理的重要参与者。公民应提高自身的消防安全意识，遵守地铁站内的消防安全规定，如不携带易燃易爆物品进站、遇到紧急情况时听从工作人员指挥有序疏散等。在紧急情况下，公民的积极参与对于减少伤亡和损失至关重要。

（二）其他原则

通过对基本原则的落实，结合日常消防安全工作，地铁消防安全管理还包括如统一性原则、法治性原则、责任制原则、社会化原则等其他原则。

1. 统一性原则

统一性原则是指在地铁消防安全管理中，需要有统一明确的指挥和联动体系，以确保各项消防安全管理措施和制度能够高效、有序地执行。统一性原则要求建立统一的平台，建立有效的协作和沟通机制，并提供必要的支持和保障等。在统一的平台下，各方应明确各自消防职责，建立统一的联动机制，确保紧急情况下能够协同作战；各方需建立信息共享平台，确保相关部门之间能够实时交换信息，便于快速响应和有效决策。地铁消防安全管理涉及多个部门，如公安、交通、消防等，需要各部门间明确职责、紧密协作，充分发挥监管作用，整合各类可用资源，为地铁的消防安全管理提供支持保障，共同做好地铁消防安全工作。

2. 法治性原则

法治性原则是指在地铁消防安全管理中，所有管理活动和措施都必须严格遵守国家的法律、法规和标准，确保消防安全管理工作的合法性、规范性和有效性。它强调在地铁消防安全工作中必须严格遵守国家和地方的相关法律法规，确保所有消防安全措施和管理活动都在法律框架内进行。这一原则的实施，对于建立规范、有序且高效的消防安全管理体系至关重要。通过法治性原则的建立，从制度层面规定政府监管部门、地铁运营单位的责任义务，规范监管人员和管理人员的行为，避免随意性、盲目性。通过法治性原则的实施，有助于监管部门加强监督执法，查处消防法律法规的违反行为；有助于地铁运营单位建立管理标准，确保日常消防安全管理符合规定要求。

3. 责任制原则

责任制原则是指地铁消防安全管理中，所有的责任主体和责任人都应为其职权范围内的事务承担责任。《消防法》明确规定了消防安全工作"实行消防安全责任制"。《机关、团体、企业、事业单位消防安全管理规定》（公安部令第 61 号）指出，法人单位的法定代表人或非法人单位的主要负责人是单位的消防安全责任人，对本单位的消防安全工作全面负责。这些规定均体现了责任制原则。责任制原则要求在地铁消防安全管理中建立起一套清晰、明确的责任体系，确保每个责任人都能够认真履行自己的职责，从而有效保障地铁消防安全管理的顺利实施。责任制原则是社会化原则的基础，如果不坚持责任制原则，社会化原则就变得毫无根基。

4. 社会化原则

社会化原则是指在地铁消防安全管理中，通过社会各界的共同参与和协作，形成多元化的消防安全管理机制，提高地铁消防安全管理水平。社会化原则中要求，要让地铁运营单位和其他相关单位承担起消防安全管理的责任，确保地铁消防安全各项措施得到有效执行，并投入必要的资源；要鼓励和引导公众参与地铁消防安全管理，通过消防安全宣传活动提高公众的消防安全意识；要让公众参与社会监督，通过建立消防安全举报制度等方式，确保消防安全管理的科学性和有效性。同时随着消防工作发展，社会化原则也需要消防志愿者共同参与消防安全宣传等活动。通过社会化原则的落实，让社会各界广泛参与和协作，通过多元化的力量共同维护地铁消防安全，提高地铁消防安全管理的效率和效果，最终形成消防安全的共治共管。

第三节　地铁消防安全管理主体和主要职责

地铁消防安全管理涉及事务较多，管理的主体是多元化和多层次的，各主体间由于各自属性的不同，担负的职责也有区分。为了做好消防安全管理，各主体就必须按照各自的职责协同配合，形成完整的消防安全管理网络。

一、地铁消防安全管理责任主体

按照地铁消防安全管理"政府统一领导、部门依法监管、单位全面负责、公民积极参与"的原则，可以将地铁消防安全管理工作分为政府、部门、单位、公民四个层级，如图8-1所示。

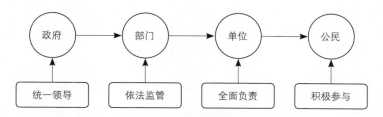

图8-1　消防安全管理的主体

地铁消防安全管理的四个层级共同构成消防安全管理的完整体系。政府负责领导，部门负责监管和具体执行，单位作为主体责任人落实各项消防安全措施，而公民则是消防安全管理不可或缺的参与者。这种多元化的管理模式有助于形成一个全面、立体的消防安全防护网，确保地铁安全运行，保护市民的生命财产安全。

二、地铁消防安全管理主要职责

通过对地铁消防安全管理四个层级的分析，可以清晰看到，确保单位消防安全、预防火灾发生是社会各单位的共同责任。地铁消防安全管理工作，需要在当地人民政府的统一领导下、部门的监督指导下，通过地铁运营单位等消防安全主体单位和公民等社会共治力量，共同完成。

政府、部门、单位、公民四个不同的层级，在消防安全管理中具有不同的职责。结合日常工作实际，可以将其各自主要职责归纳如下。

1. 政府的主要职责

（1）领导和监管。政府对辖区内的地铁消防安全负总责，需要统筹协调相关方面共同做好安全运行管理工作，建立一个高效、顺畅的管理体制和运行机制。

（2）制定政策和规划。政府需在法规政策、规划计划和应急预案中纳入消防安全内容，在顶层设计上对消防安全加以重视，提高消防安全管理水平。通过制定各类专项的政策和规划，确保一定阶段内消防安全措施得到有效实施。

（3）资金支持。保障消防工作所需的资金投入，用于消防救援站和市政消火栓等基础消防设施的建设、消防队伍装备更新、消防科技研发、消防宣传教育等。

2. 部门的主要职责

（1）指导服务。公安、交通、消防等相关部门按照各自权限，依法对地铁运营单位消防安全管理落实情况进行指导，督促开展消防安全演练、宣传教育培训等火灾预防和应急准备等工作，确保消防安全。

（2）监督检查。公安、交通、消防等有关部门在各自职责范围内，依法依规落实消防安全管理职责，对轨道交通区域各单位遵守消防法律、法规的情况进行监督检查，督促整改火灾隐患。

3. 单位的主要职责

（1）承担全面责任。运营单位是消防安全管理的主体，应明确各级、各岗位消防安全责任人及其职责，制定本单位的消防安全制度、操作规程、灭火和应急疏散预案等。

（2）消防设施管理。运营单位需按照相关标准配备消防设施、器材，设置消防安全标志，定期检验维修，每年至少组织一次全面检测，确保完好有效。

（3）防火巡查和隐患整改。定期开展防火检查、巡查，及时消除火灾隐患，建立消防档案，确定消防安全重点部位，设置消防标志，实行严格管理。

（4）培训和演练。组织员工进行岗前消防安全培训，定期组织消防安全培训、灭火和应急疏散演练，提高员工的消防安全意识和应急处置能力。

4. 公民的主要职责

（1）遵守规定。公民应提高自身的消防安全意识，遵守地铁站内的各项消防安全规定，遇到紧急情况时听从工作人员指挥有序疏散。

（2）积极参与。在紧急情况下，公民的积极参与对于减少伤亡和损失至关重要。例如，发现火情立即报警，参与应急疏散。

三、上海地铁消防安全委员会

上海地铁消防安全管理各主体单位为履行消防安全管理职责，全面提升上海地铁的消防安全管理、火灾防控和应急处置能力，确保上海地铁安全运行，依据《上海市人民政府关于进一步加强消防工作的意见》等有关文件规定，于1992年年底成立了上海地铁消防安全委员会，2011年明确了消防安全委员会成员单位职责和工作章程。

（一）体系架构

上海地铁消防安全委员会由多个成员单位组成，包括公安、交通、消防以及申通地铁集团等，负责定期组织工作例会、督导检查、任务部署，并对相关问题予以考核。

上海地铁消防安全委员会下设办公室，主要负责地铁消防安全委员会的日常运作及消防安全相关事务。

（二）工作职责

1. 上海地铁消防委员会职责

（1）宣贯国家和本市消防法律法规、政府规章、技术规范标准和工作政策。

（2）研究分析地铁消防工作中存在的重大问题，制定消防安全对策、措施。

（3）检查消防工作方针、政策、法规的执行情况，定期通报地铁火灾形势和消防工作状况。

（4）部署、协调和督促各单位加强消防工作，为地铁的安全运营、安全建设、安全经营和社会稳定创造良好的消防安全环境。

（5）根据上级要求，做好其他消防工作。

2. 上海地铁消防委员会办公室职责

（1）及时向上海地铁消防委员会（简称"消防委"）报告国家和本市有关消防工作的规定、指示和要求，结合实际提出贯彻意见和实施办法，经消防委审定后具体组织实施。

（2）实时掌握地铁消防工作动态，定期分析火灾形势，及时发布火灾预警信息并提出对策，辅助消防委决策。

（3）编写消防宣传教育培训资料，开展媒体消防安全宣传。

（4）具体实施消防工作的调研、部署、检查和考核。

（5）负责消防委的日常事务。

（6）办公室成员负责收集本单位消防工作情况，协调落实消防安全重点任务，梳理、反馈消防工作意见建议，参与消防委办公室的日常工作。

（三）工作制度

（1）例会制度。定期召开季度专题会议、消防专职条线月度例会、消防风险隐患整治专项推进会，研究分析地铁消防安全形势，协调解决地铁消防安全重大问题，部署消防工作重点任务。每年召开消防工作会议，总结上年度消防工作，表彰消防工作先进集体和个人，签订当年《消防工作目标责任书》并部署年度消防工作重点任务。

（2）督查制度。在重大节假日、重大活动期间和火灾多发季节，组织各成员单位开展消防安全督查工作，根据地铁实际情况及消防安全中的薄弱环节，有针对性地组织开展消防安全对口检查、专项检查、专项整治，及时督促有关单位整改火灾隐患。

（3）考核制度。每年对各所属成员单位开展消防工作的情况进行考核，考核重点包括单位消防工作目标责任任务完成情况、消防安全责任人（管理人）履职情况、消防安全规章制度制订落实情况、组织实施定期防火检查和每日防火巡查情况、火灾隐患整改落实情况、消防安全教育培训情况、消防设施器材维护管理情况、预案制订及演练等。

（4）审批制度。消防委会议的召开与文件的审批，按权限分别由消防委主任、副主任和消防委办公室主任审批签发。

第四节　地铁消防安全管理依据

地铁消防安全管理依据主要包括法律法规、标准规范以及政策性指导文件等，这些依据构成了地铁消防安全管理的基础，确保了地铁消防安全工作的合法性、规范性和有效性。自我国第一条地铁开通以来，法律、法规、规章以及消防技术标准经历了多次变革，目前已经形成一套较为完整的法律法规体系，在顶层设计上明确了地铁消防的整体运行框架，部分文件见表8-1。

一、消防法律

消防法律是指由全国人大及其常委会制定颁布的与消防有关的各类法律的总称，其中最重要的是《中华人民共和国消防法》，它规定了我国消防工作的宗旨、方针政策、组织机构、职责权限、活动原则和管理程序等。除了《中华人民共和国消防法》之外，我国有关消防管理的法律规范条款还散见于各类法律中。例如，《中华人民共和国刑法》中规定了与消防管理有关的失火罪、消防责任事故罪等。此外，《中华人民共和国治安管理处罚法》《中华人民共和国产品质量法》等中也有涉及公共安全、消防产品质量的条款，这些同样都适用于地铁的消防安全管理中。

二、行政法规

行政法规是国务院根据宪法和法律，为领导和管理国家各项行政工作，按照法定程序制定的法律文件。与消防有关的行政法规主要有《民用爆炸物品安全管理条例》《危险化学品安全管理条例》等。

三、地方性法规

地方性法规是由省、自治区、直辖市，省、自治区的人民政府所在地的市，经济特区所在的市和国务院批准的较大市的人大及其常委会，根据当地的具体情况和实际需要，在不与宪法、法律和行政法规相抵触的情况下，制定的法律文件，例如，《上海市消防条例》《上海市安全生产条例》《上海市轨道交通管理条例》等，这些也是地铁消防工作的重要依据。

四、部门规章

部门规章是国务院各部、委、局在本部门职权范围内，根据法律和国务院的行政法规、决定、命令制定，并以部门首长签署命令的形式颁布的规范性文件，这是消防工作常用的依据，例如，《机关、团体、企业、事业单位消防安全管理规定》《消防监督检查规定》《公共娱乐场所消防安全管理规定》等。这些规定是为了更好地贯彻消防法律、行政法规，结合消防工作的需要而制定的，也是社会各单位和公民应当自觉遵守的。

五、地方政府规章

地方政府规章是省、自治区、直辖市和设区的市、自治州的人民政府在自己的职权范围内，依据法律、行政法规、地方性法规，并以政府令的形式颁布的规范性文件，例如，《上海市建设工程施工现场消防安全管理规定》《上海市消防安全责任制实施办法》等，这也是地铁消防工作的依据之一。

六、消防技术标准

消防技术标准是我国各部委或各地方部门依据《中华人民共和国标准化法》的有关法定程序单独或联合制定颁发的，用以规范消防技术领域中人与自然、科学技术关系的准则或标准。这些消防技术标准是消防科学管理的重要技术基础，是建设单位、设计单位、施工单位、工程监理单位、生产单位、行政机关开展工程建设、产品生产、消防监督工作的重要依据，都具有法律效力，都必须遵照执行，例如，国家标准《建筑设计防火规范》、地方标准《城市轨道交通消防安全管理基本要求》等。

表 8-1　轨道交通消防领域法律、法规、规章及标准规范

序号	类　型	实施时间	名　　称
1	消防法律	2009 年 5 月 1 日	《中华人民共和国消防法》（主席令第 29 号）
2	行政法规	2006 年 9 月 1 日	《民用爆炸物品安全管理条例》（国务院令第 466 号）
3		2011 年 12 月 1 日	《危险化学品安全管理条例》（国务院令第 344 号）
4	地方性法规	2010 年 3 月 1 日	《上海市公共场所控制吸烟条例》（市人大常委会公告第 136 号）
5		2010 年 4 月 1 日	《上海市消防条例》（市人大常委会公告第 33 号）
6		2014 年 1 月 1 日	《上海市轨道交通管理条例》（市人大常委会公告第 68 号）
7		2014 年 4 月 1 日	《上海市地下空间规划建设条例》（市人大常委会公告第 6 号）
8		2016 年 1 月 1 日	《上海市烟花爆竹安全管理条例》（市人大常委会公告第 38 号）
9	部门规章	1990 年 4 月 10 日	《仓库防火安全管理规则》（公安部令第 6 号）
10		2002 年 5 月 1 日	《机关、团体、企业、事业单位消防安全管理规定》（公安部令第 61 号）
11		2009 年 6 月 1 日	《社会消防安全教育培训规定》（公安部令第 109 号）

序号	类　型	实施时间	名　　　称
12	部门规章	2012 年 11 月 1 日	《消防监督检查规定》（公安部令第 120 号）
13		2012 年 11 月 1 日	《火灾事故调查规定》（公安部令第 121 号）
14		2013 年 1 月 1 日	《消防产品监督管理规定》（公安部令第 122 号）
15		2017 年 10 月 1 日	《注册消防工程师管理规定》（公安部令第 143 号）
16		2018 年 7 月 1 日	《城市轨道交通运营管理规定》（交通运输部令 2018 第 8 号）
17		2021 年 8 月 1 日	《高层民用建筑消防安全管理规定》（应急管理部令第 5 号）
18		2021 年 11 月 9 日	《社会消防技术服务管理规定》（应急管理部令第 7 号）
19	地方政府规章	1984 年 10 月 1 日	《上海市露天仓库消防安全管理规定》（上海市人民政府令第 52 号）
20		1989 年 10 月 1 日	《上海市仓库防火管理规定》（上海市人民政府令第 52 号）
21		2007 年 1 月 11 日	《关于本市烟花爆竹安全管理相关行政许可权和行政处罚权实施工作的决定》（上海市人民政府令第 66 号）
22		2010 年 1 月 15 日	《上海市消火栓管理办法》（上海市人民政府令第 21 号）
23		2010 年 3 月 1 日	《上海市轨道交通运营安全管理办法》（上海市人民政府令第 22 号）
24		2010 年 3 月 1 日	《上海市地下空间安全使用管理办法》（上海市人民政府令第 24 号）
25		2011 年 5 月 1 日	《上海市非居住房屋改建临时宿舍和施工工地临时宿舍安全使用管理规定》（上海市人民政府令第 61 号）
26		2013 年 10 月 1 日	《上海市城市网格化管理办法》（上海市人民政府令第 4 号）
27		2015 年 7 月 1 日	《上海市公共场所人群聚集安全管理办法》（上海市人民政府令第 29 号）
28		2021 年 9 月 1 日	《关于加强本市消防监督执法工作的决定》（上海市人民政府令第 51 号）
29		2022 年 3 月 1 日	《上海市建筑消防设施管理规定》（上海市人民政府令第 59 号）
30		2023 年 5 月 1 日	《上海市社会消防组织管理规定》（上海市人民政府令第 2 号）
31	消防技术标准	2004 年 10 月 1 日	《建筑消防设施检测技术规程》（XF 503—2004）
32		2007 年 8 月 1 日	《住宿与生产储存经营合用场所消防安全技术要求》（XF 703—2007）
33		2011 年 3 月 1 日	《建筑消防设施的维护管理》（GB 25201—2010）
34		2011 年 5 月 1 日	《消防应急照明和疏散指示系统》（GB 17945—2010）

续　表

序号	类　型	实施时间	名　　称
35		2011 年 7 月 1 日	《消防控制室通用技术要求》（GB 25506—2010）
36		2011 年 8 月 1 日	《建设工程施工现场消防安全技术规范》（GB 50720—2011）
37		2013 年 1 月 1 日	《消防产品现场检查判定规则》（XF 588—2012）
38		2014 年 3 月 1 日	《地铁设计规范》（GB 50157—2013）
39		2014 年 5 月 1 日	《火灾自动报警系统设计规范》（GB 50116—2013）
40		2018 年 7 月 1 日	《重大火灾隐患判定方法》（GB 35181—2017）
41		2018 年 12 月 1 日	《地铁设计防火标准》（GB 51298—2018）
42	消防技术标准	2019 年 3 月 1 日	《消防应急照明和疏散指示系统技术标准》（GB 51309—2018）
43		2020 年 1 月 1 日	《消防设施操作员》（职业编码：4-07-05-04）
44		2020 年 4 月 1 日	《社会单位灭火和应急疏散预案编制及实施导则》（GB/T 38315—2019）
45		2021 年 12 月 1 日	《城市轨道交通消防安全管理》（GB/T 40484—2021）
46		2022 年 2 月 1 日	《专职消防队、微型消防站建设要求》（DB31/T 1330—2021）
47		2022 年 10 月 1 日	《重点单位消防安全管理要求》（DB31/T 540—2022）
48		2023 年 3 月 1 日	《消防设施通用规范》（GB 55036—2022）
49		2023 年 6 月 1 日	《建筑防火通用规范》（GB 55037—2022）
50		2023 年 12 月 1 日	《城市轨道交通消防安全管理基本要求》（DB31/T 1418—2023）

第五节　地铁消防安全管理目标和内容

　　按照地铁消防安全的方针原则，可以得出，地铁消防安全管理的主要目标是保障地铁运营的安全和稳定，避免因火灾等各类事故导致的人员伤亡和财产损失。围绕这个目标，结合地铁消防安全管理实践，可以将地铁消防安全管理的内容分为地铁运营单位消防安全管理和地铁消防安全监督管理两个层面。

一、地铁运营单位消防安全管理

　　地铁运营单位消防安全管理是指地铁运营单位为维护自身消防安全，按照国家法律、法规、规章和技术标准的要求所实施的管理。它要求了地铁运营单位必须确立一套完整的消防安全管理体系，包括制定和执行严格的消防安全制度，设置专职或兼职的消防安全管理人员，定期开展消防安全检查和隐患排查等，确保地铁区域内的消防安全时刻处于平稳可控状态。它的核心是确保地铁系统的安全运营，防止和减少火灾等紧急情况对人员和财产造成的损害。为了实现这一目标，地铁运营单位必须建立和执行一套全面、系统的消防安全管理体系，通过预防为主、防治结合的方式，确保地铁运营的消防安全，保护乘客和员工的生命安全，维护地铁系统的稳定运行。

二、地铁消防安全监督管理

地铁消防安全监督管理是指地铁消防安全管理综合监管、行业监管单位对地铁消防事务实施的管理。这一管理职能通常由消防、公安、交通等部门承担，主要负责制定地铁消防安全的法规标准，监督和指导地铁运营单位的消防安全工作等。确保地铁区域内消防安全符合国家规定的要求。在地铁消防安全监督管理中，监督单位会定期或不定期地对地铁运营单位的消防安全管理体系进行检查和指导，它的核心是确保地铁运营单位的消防安全措施得到有效实施，并通过外部监督力量提升整个地铁系统的消防安全水平。这种监督管理不仅有助于及时发现和纠正消防安全管理的不足，还能够促进地铁运营单位不断提高消防安全管理的能力和效率。

第九章　地铁运营单位消防安全管理

地铁运营单位消防安全管理是涵盖防火、灭火、紧急疏散等综合安全措施的管理体系，它不仅包括了消防设施的管理与维护，还涵盖了日常防火管理、应急预案的制定与演练、消防安全组织与责任分配等多个方面。

第一节　地铁运营单位消防安全责任管理

按照《消防法》规定，消防工作实行消防安全责任制。地铁运营单位作为地铁消防安全管理的主体，要按照国家有关法律法规和标准规范，建立健全消防安全管理制度，明确消防安全责任人，落实消防安全责任措施，保障单位消防安全。地铁运营单位消防安全责任制的目的是提高单位的消防安全意识，加强单位的消防安全管理，预防和减少火灾事故的发生，保护人民生命财产安全。

一、地铁运营单位消防安全责任制的建立

地铁运营单位的消防安全责任制主要通过以下三个方面建立：

（1）地铁运营单位应建立消防安全责任体系，制定消防安全管理制度，明确各级岗位消防安全职责；

（2）地铁运营单位应明确消防安全责任人和管理人，成立由消防安全委员会或消防工作领导小组、消防安全归口管理部门、专职或志愿消防队（微型消防站）等救援力量共同组成的消防安全组织；

（3）地下车站与周边地下空间的连通部位、车站与站内商业等非地铁功能的场所、车辆基地与上盖综合开发建筑，应由建筑物的产权方、运营方和租赁方等共同协商，在签订的协议中明确各自消防安全工作的权利、义务和违约责任。

二、地铁运营单位消防安全责任制的主要内容

地铁运营单位消防安全责任制主要可以分为单位职责和人员职责两大部分。

（一）单位消防安全管理职责

单位消防安全管理职责包含地铁运营单位、地铁运营单位的消防安全归口管理部门、专职

消防队、志愿消防队（微型消防站）等部分。

1. 地铁运营单位

地铁运营单位作为消防安全管理主体，应当落实消防安全责任制管理，并主动履行下列消防安全职责：

（1）明确各级、各岗位消防安全责任人及其职责，制定本单位的消防安全制度、消防安全操作规程、灭火和应急疏散预案，开展消防工作检查考核，保证各项规章制度落实；

（2）明确承担消防安全管理工作的部门和消防安全管理人，组织实施消防安全管理；

（3）保证防火检查和巡查、消防设施及器材维护保养、建筑消防设施检测、电气防火检测、火灾隐患整改、专职或志愿消防队（微型消防站）建设等消防工作所需资金的投入，安全生产费用应保证以适当比例用于消防工作；

（4）建立消防档案，确定消防安全重点部位，设置防火标志，实行严格管理；

（5）按照相关标准配备消防设施、器材，设置消防安全标志，定期检验维修，对建筑消防设施每年至少组织一次全面检测，确保完好有效，设有消防控制室的，实行 24 小时值班制度，每班不少于 2 人，并持证上岗；

（6）保障疏散通道、安全出口、消防车道畅通；

（7）安装、使用电器产品、燃气用具和敷设电气线路、管线，应符合相关标准和用电、用气安全管理规定，并定期进行维护保养、检测；

（8）定期开展防火检查、巡查，及时消除火灾隐患；

（9）组织员工进行岗前消防安全培训，定期组织消防安全培训、灭火和应急疏散演练；

（10）根据需要建立专职或志愿消防队（微型消防站），加强队伍建设，定期组织训练演练，加强消防装备配备和灭火药剂储备，建立与消防救援机构联勤联动机制，提高扑救初起火灾能力；

（11）消防法律、法规、规章以及政策文件规定的其他职责。

2. 地铁运营单位的消防安全归口管理部门

地铁运营单位的消防安全归口管理部门作为单位内部统筹管理地铁运营消防安全工作的部门，应负责日常消防安全监督检查工作，并应履行下列职责：

（1）制定消防安全管理规章制度和目标管理实施办法；

（2）贯彻落实运营单位逐级防火责任制和岗位防火责任制，监督检查各部门执行消防法规和各项消防管理制度以及开展消防安全管理工作的情况，负责组织、布置消防安全管理工作和防火安全检查，督促、协调消除火灾隐患；

（3）定期听取消防安全管理工作汇报，及时向消防安全负责人报告需要研究解决的重大消防安全问题；

（4）组织防火宣传教育，普及消防知识，培训消防骨干，总结、交流消防安全管理工作经验；

（5）协助消防救援机构做好火灾现场保护和火灾事故调查工作；

（6）对在消防安全管理工作中的成绩突出者或事故责任人和违反消防安全规章制度者，提出奖惩意见。

3. 专职消防队

地铁专职消防队是地铁运营单位自主建立的、专门负责地铁消防安全的救援队伍，应履行下列职责：

（1）建立24小时执勤备战制度，有效做好本单位的火灾扑救和抢险救援任务；

（2）定期开展灭火救援技能训练，加强与辖区消防救援机构的联勤联动；

（3）根据单位安排，参加日常防火巡查和消防宣传教育；

（4）开展对微型消防站的业务训练指导。

4. 志愿消防队（微型消防站）

地铁志愿消防队（微型消防站）是地铁运营单位为了做好各站点消防安全，自主建立的辅助性消防队伍，应履行下列职责：

（1）熟悉单位基本情况、灭火和应急疏散预案、消防安全重点部位、消防设施及器材设置情况；

（2）参加培训及消防演练，熟悉消防设施及器材、安全疏散路线和场所火灾危险性、火灾蔓延途径，掌握消防设施及器材的操作使用方法与引导疏散技能；

（3）定期开展灭火救援技能训练，加强与消防救援机构的联勤联动；

（4）发生火灾时，参加扑救火灾、疏散人员、保护现场等工作；

（5）参加日常防火巡查和消防宣传教育。

（二）人员消防安全管理职责

人员消防安全管理职责主要涉及消防安全责任人、消防安全管理人、专（兼）职消防安全管理人员、消防控制室值班人员、员工等。

1. 消防安全责任人

地铁运营单位的消防安全责任人应由法定代表人或主要负责人担任，全面负责本单位的消防安全管理工作。地铁运营单位消防安全责任人应履行以下职责：

（1）贯彻执行消防法规，掌握本单位的消防安全情况，保证本单位的消防安全符合规定；

（2）组织编制和审定本单位的灭火和应急疏散预案；

（3）组织审定年度消防安全管理工作计划和消防安全管理资金预算；

（4）确定本单位逐级消防安全责任，任命消防安全管理人，批准实施消防安全制度和保证消防安全的操作规程；

（5）组织建立消防安全例会制度，每季度至少召开一次消防安全管理工作会议，及时处理涉及消防经费投入、消防设施设备购置、火灾隐患整改等重大问题；

（6）每季度至少参加一次防火检查和灭火应急疏散演练；

（7）组织火灾隐患整改工作，负责筹措整改资金。

2. 消防安全管理人

地铁运营单位的消防安全管理人是指地铁运营单位中担任一定领导职务或者具有一定管理

权限的人，受单位消防安全责任人的委托具体负责消防安全管理工作，并对单位的消防安全责任人负责。地铁运营单位消防安全管理人应履行以下职责：

（1）确定运营单位消防安全管理人员的组织架构，拟订年度消防安全管理工作计划，组织编制消防管理资金预算方案，建立消防档案并及时更新完善；

（2）协助组织编制和审定本单位的灭火和应急疏散预案；

（3）制定消防安全制度和保障消防安全的操作规程；

（4）组织实施防火检查，每月至少一次；

（5）组织实施消防安全管理工作计划和整改火灾隐患；

（6）建立消防组织，每半年至少组织一次消防宣传教育、灭火和应急疏散演练；

（7）每月至少一次向消防安全责任人报告消防安全管理工作情况，重大消防安全问题应随时报告；

（8）消防安全责任人委托的其他消防安全管理工作。

3. 专（兼）职消防安全管理人员

地铁各级专（兼）职消防安全管理人员主要是指在地铁运营单位中，按照消防法规和公司消防制度、标准的要求，负责实施对本单位的日常防火检查、巡查，督促落实火灾隐患整改措施。其应履行下列职责：

（1）根据年度消防工作计划，开展日常消防安全管理工作；

（2）督促落实消防安全制度和消防安全操作规程；

（3）实施防火检查和火灾隐患整改工作；

（4）检查消防设施及器材、消防安全标志状况，督促维护保养；

（5）开展消防知识、技能宣传教育和培训；

（6）组织微型消防站开展训练、演练；

（7）筹备消防安全例会内容，落实会议纪要或决议；

（8）及时向消防安全管理人报告消防安全情况；

（9）单位消防安全管理人委托的其他消防安全管理工作。

4. 消防控制室值班人员

地铁消防控制室值班人员是指在地铁消防控制室中负责监视和操作各种消防控制设备的人员。按照规定，担任消防控制室值班人员必须取得消防职业资格证书。地铁消防控制室值班人员应履行下列职责：

（1）熟悉和掌握消防控制室设备的功能及操作规程，保障消防控制室设备的正常运行，及时确认、汇报、排除故障，发生火灾后立即拨打119，启动消防设施；

（2）不间断值守岗位，定时做好巡查，对消防设施联网监测系统监测中心的查岗等指令及时应答，做好火警、故障和值班等记录；

（3）熟悉单位基本情况、灭火和应急疏散预案、消防安全重点部位、消防设施及器材设置情况；

（4）取得岗位资格证书。

5. 员工

地铁员工是指地铁工作人员，是地铁消防安全管理的最末端，负责地铁消防设施的巡查检查、设施维护等工作，其应履行下列职责：

（1）严格执行消防安全管理制度、规定及消防安全操作规程；

（2）接受消防安全教育培训，掌握消防安全知识和逃生自救能力；

（3）保护消防设施及器材，保障消防车道、疏散通道、安全出口畅通；

（4）检查本岗位工作设施、设备、场地，发现隐患及时排除并向上级主管报告；

（5）熟悉本单位及自身岗位火灾危险性和消防设施及器材、安全出口的位置，积极参加单位消防演练，发生火灾时，及时报警并引导人员疏散；

（6）指导、督促乘客遵守单位消防安全管理制度，制止影响消防安全的行为；

（7）新入职和调岗员工应接受单位组织的消防安全培训，经考试合格后，方可上岗，并应明确本岗位消防安全责任，认真执行本单位的消防安全制度和消防安全操作规程。

第二节　地铁消防安全制度管理

地铁消防安全制度是指地铁运营单位制定的，为了保障人员生命财产安全，预防和减少火灾事故的发生，规范单位内部消防管理工作而制定的一系列规章制度。

根据《消防法》和《城市轨道交通消防安全管理》中的要求，结合实践总结，地铁运营单位消防安全制度应当包含以下内容：

一、消防安全责任制度

消防安全责任制度要求地铁运营单位建立明确的消防安全责任体系，从法人代表到每个员工都应有明确的消防安全职责。该制度强调"谁主管、谁负责"的原则，确保各级人员都认识到自己在消防安全中的角色和责任，从而形成全员参与的消防安全管理网络。

二、消防安全风险管理制度

消防安全风险管理制度要求地铁运营单位定期进行风险辨识和评价，识别潜在的火灾危险和致灾因素，并根据评估结果制定相应的风险控制措施。该制度强调"预防为主、防消结合"的理念，通过建立健全隐患排查和应急响应机制，减少火灾发生的可能性，并确保一旦发生火灾能迅速有效地进行处置。

三、消防设施设备管理制度

消防设施设备管理制度规定了地铁运营单位必须对各类消防设施和设备进行规范化管理，包括定期检查、维护和测试，以确保其处于良好的工作状态。要求运营单位建立标准操作程序，提高设施设备的可靠性和响应效率。

四、消防宣传教育培训制度

消防宣传教育培训制度要求地铁运营单位定期对员工进行消防安全教育和培训，提升员工的消防安全意识和应急处置能力。该制度还强调向公众普及消防安全知识的重要性，通过演习、演练等活动增强乘客的自救互救能力，构建共同参与的消防安全环境。

五、消防安全档案管理制度

消防安全档案管理制度要求地铁运营单位建立完整的消防安全档案，记录包括消防安全责任书、风险评估报告、检查维护记录、培训记录等在内的所有消防安全相关资料。该制度有助于运营单位系统地管理和追踪消防安全活动的历史和现状，为持续改进消防安全管理提供依据。

第三节　地铁消防安全风险管理

地铁消防安全风险管理是指在地铁系统中识别、评估、控制可能引发消防安全风险的一系列管理活动和措施，预防和减少火灾事故的发生，最终确保消防安全。地铁作为城市重要的公共交通系统，一旦发生火灾等安全事故，后果将非常严重。因此，有效的消防安全风险管理对于保障乘客和员工的安全至关重要。

一、地铁消防安全风险分级管理

地铁运营单位通常采用消防安全风险分级管理机制来控制火灾事故的发生。消防安全风险分级管理是指通过系统性的方法，将消防安全风险分为不同的等级，并针对每个等级制定相应的措施，以确保地铁系统的消防安全。

（一）地铁消防安全风险辨识

地铁消防安全风险辨识是识别和评估可能导致火灾或其他安全事件的潜在因素的过程。辨识场所风险点，要结合场所可能存在的各类消防安全风险源，通过对区域位置、影响后果、发生可能性等内容进行分析，预测火灾等事故发生的可能性。

1. 风险辨识的原则

进行风险识别时，应遵循科学、系统的原则，全面排查场所内发生的各类消防安全风险，充分考虑可能出现的各类消防安全事故。

2. 风险辨识的依据

通过总结地铁日常工作，可以得出风险辨识的依据有：

（1）消防安全相关法律法规、标准规范；

（2）单位规章制度和操作流程；

（3）相关事故案例的教训；

（4）其他相关的辨识依据。

地铁运营单位在进行风险辨识时，应结合风险辨识的依据，对存在的风险进行充分评价，预判本单位在消防安全管理、设施设备维护、人员教育管理等多方面可能导致事故发生的风险。

3. 地铁消防安全风险的来源

按照地铁消防安全风险的来源，通常可以将其分为客观因素和人为因素两类。

（1）客观因素。指不受人直接控制的自然或环境因素，通常包括以下几个方面：

①电气故障。电气线路老化、短路、过载等都可能成为火灾风险源。

②设备故障。地铁内部的机械设备如电梯、扶梯等若维护不当，可能因故障产生火花。

③自然灾害。雷击、地震等自然灾害可能导致地铁系统损坏，并产生火灾风险源。

（2）人为因素。指由人的行为直接或间接导致的火灾风险源，通常包括以下几个方面：

①违规操作。地铁工作人员或乘客的不当行为，如非法使用明火、吸烟等。

②疏忽大意。如地铁工作人员未严格执行安全检查，导致易燃易爆物品进入车站。

③故意纵火。外部恐怖袭击或恶意破坏行为，给地铁带来潜在的危险源。

（二）地铁消防安全风险评价

地铁内各种消防安全风险交织叠加，对辨识出的消防安全风险，必须要通过风险评价，客观评价单位消防安全风险等级，明确不同的管理级别，采取相应的改进措施，以便更加高效地管理消防安全风险，降低火灾等事故发生的概率。

1. 地铁消防安全风险评价的方法

地铁运营单位在进行风险评价时要结合风险特征，综合使用各种方法，确保评价结果客观公正、可借鉴性强，具体方法有如下几种：

（1）定性风险评价。其主要侧重于描述风险的性质，如风险的来源、可能的后果以及影响程度等，而不深入量化具体的概率或影响值。这种方法通常使用直观的方式，如风险矩阵（概率与后果的矩阵），来评估风险等级，并据此决定需要采取的措施。

（2）定量风险评价。其通过使用数学模型和统计数据来计算风险发生的概率及其潜在影响的程度。该方法适用于需要精确数据支持决策的风险中，如对地下隧道火灾的发生概率、火灾导致的具体伤亡和财产损失预期值进行评估，从而为制定更为精准的火灾预防和应急响应策略提供数据支持。

（3）风险评估模型。其结合定性和定量方法，通过建立模型来模拟和评估风险。这种模型通常基于一系列假设，考虑各种变量和它们之间的关系。比如在地铁车站内，可以通过专门的风险评估模型来预测和评估车站内火灾的风险，包括考虑人流量、疏散效率、灭火系统的布局等因素。

（4）专家咨询评价。指可以通过专家研讨会、调查问卷等形式收集专家的意见，反复论证直至达成一定共识。该方法适用于信息不完整或未来不确定性较高的情况。

2. 地铁消防安全风险等级

根据地铁消防安全风险评价的结果，通常可以将消防安全风险等级划分为低风险、中风险、较高风险和高风险等，通过不同的等级，确定风险控制的优先顺序和所要采取的方法措施，实行消防安全风险的分级管控。

（三）地铁消防安全风险分级管控

地铁运营单位应当结合消防安全风险的不同等级，建立健全消防安全风险管控负责制，对消防安全风险分级、分层、分类、分专业开展全员、全过程管控。

1. 消防安全风险分级管控的要求

消防安全风险分级管控应结合所需要的管控资源、能力、措施的复杂及难易程度等因素，确定不同层级的管控方式。

消防安全风险分级管控应遵循消防安全风险越高，管控层级越高的原则。上一级负责管控的消防安全风险，下一级必须同时负责管控，并逐级落实具体措施。

2. 消防安全风险分级管控的措施

消防安全风险控制措施包括消防设计措施、消防管理措施、安全宣传措施、应急处置措施等，在具体执行时，需要根据不同的环境和需求进行选择。在选择时还应充分考虑方法的可行性、安全性、可靠性，避免措施自身带来的其他消防安全风险。

（1）消防设计措施。在设计阶段就充分考虑消防风险，通过合理的建筑布局和材料选择预防火灾的发生和蔓延，并对固有的危险源进行消除、减弱。

（2）消防管理措施。通过制定和实施一系列管理制度，确保日常运营中消防安全得到维护。如实行消防安全责任制、定期检查消防设施、排查火灾隐患、加强员工消防安全培训等。

（3）安全宣传措施。通过教育和宣传提高公众的消防安全意识和自防自救能力。如借助地铁内部消防专列、车站 LED 显示屏等消防资源开展消防安全知识宣传等。

（4）应急处置措施。通过制定具体的应急响应预案，明确在发生火灾时的行动步骤和责任分工，以提高应对火灾事故的能力。如制定应急预案、定期组织消防演练、明确人员疏散路线和应急联络方式等。

二、地铁消防隐患排查治理体系

对辨识出的风险，在实行风险评价、分级管控的同时，也要借助隐患排查治理体系，对排查出来的隐患进行系统性纠治。

（一）消防安全隐患分类

（1）根据消防安全隐患整改、治理和排除的难度及其可能导致事故后果和影响范围，消防安全隐患可以分为重大火灾隐患和一般火灾隐患。

① 消防安全重大火灾隐患。指违反消防法律法规、不符合消防技术标准，可能导致火灾发生或火灾危险增大，并由此可能造成重大、特别重大火灾事故或严重社会影响的各类潜在不安全因素。《重大火灾隐患判定方法》详细规定了重大火灾隐患的判定原则和程序、判定方法、直

接判定要素和综合判定要素等内容。

②消防安全一般火灾隐患。指除了重大火灾隐患外，其他可能影响消防安全的隐患，一般具有危害或治理难度较小、能够快速消除等特点。

（2）根据消防安全隐患产生的部位和特点，还可以分为建筑防火类火灾隐患、安全疏散设施类火灾隐患、消防设施及器材类火灾隐患、消防安全管理类火灾隐患、消防应急能力类火灾隐患等。

（二）消防安全隐患排查

地铁运营单位通常结合场所特点，制定消防安全隐患排查计划，明确排查时间、排查目的、排查要求、排查范围、组织级别及排查人员等。

（1）排查的内容和标准。包括消防安全法律法规、国家标准和行业标准、风险分级管控体系中各风险点的控制措施。

（2）排查的主要类型。包括日常隐患排查、综合性隐患排查、专业性隐患排查、专项（节假日）或季节性隐患排查等。

（3）排查的要求。包括：隐患排查应做到全面覆盖、责任到人，定期排查与日常管理相结合，专业排查与综合排查相结合，一般排查与重点排查相结合，并与目标责任考核挂钩。

（三）消防安全隐患治理的要求

按照事前预防和隐患治理的规定，对存在的火灾隐患，地铁运营单位应当确定专门部门和人员及时予以清除。

1. 隐患治理的原则

（1）隐患治理实行分级治理、分类实施的原则。主要包括基层单位治理、公司治理等。

（2）隐患治理应做到方法科学、资金到位、治理及时有效、责任到人、按时完成。能立即整改的隐患必须立即整改；无法立即整改的隐患，治理前要研究制定防范措施，落实监控责任，防止隐患发展为事故。

2. 一般火灾隐患治理

对于一般火灾隐患，根据隐患治理的分级，由运营单位各级负责人或者有关人员负责组织整改，整改情况要安排专人进行确认；不能立即现场整改的隐患应及时进行分析，制定整改措施并限期整改。

3. 重大火灾隐患治理

对随时可能引发火灾的隐患或重大火灾隐患，地铁运营单位应将危险部位停止生产、经营或工作，立即进行整改，并落实整改期间的安全防范措施。

4. 隐患治理的验收

火灾隐患整改完毕后，负责整改的部门或者人员应当将整改情况记录报送消防安全责任人或消防安全管理人签字后存档备查，并由消防安全责任人或消防安全管理人组织进行检查验收，确保隐患整改得到闭环，有必要的还需要将火灾隐患整改情况发送至消防部门。

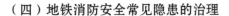

（四）地铁消防安全常见隐患的治理

为了有效控制和减少消防安全风险，地铁运营单位结合风险等级、隐患来源等方面，通常会采取一系列综合管理措施，可以将其归纳为动火管理、用电管理、用气管理、吸烟管理等。

1. 动火管理

动火管理是指在地铁区域内，对使用明火或产生火花的作业进行严格的控制和管理。在地铁运营单位中，动火作业主要包括施工焊接、切割、使用喷灯等直接或间接产生明火、火焰、火花和炽热表面的临时性作业。地铁运营单位在动火管理中，通常需要从作业审批、现场管理两个方面进行规范。

1）在作业审批层面

地铁运营单位在动火作业上通常应具有严格的审批权限，未经允许不得随意动火作业，在具体操作中主要实行分级管控、分级审批原则。

（1）分级管控原则。指动火作业需按照规定流程进行逐级审批，通常结合场所的重要程度以及火灾危险特性，划分为两级，即一级动火、二级动火。

通常被划分为一级动火的场所包括：

① 车站（轨道区间除外）、主变电站、控制中心；

② 车辆基地内的停车库、食堂、变电站、信号楼、检修库、物资仓库、易燃品库等生产、储存场所；

③ 商场、市场以及高层公共建筑。

通常被划分为二级动火的场所包括：

① 轨道区间；

② 一级动火场所以外的场所。

（2）分级审批原则。动火作业的等级不同，审批的流程也略有不同，如一级动火审批通常需要管控单位分管领导审批，二级动火作业通常由管控单位的归口管理部门领导审批即可。

（3）动火审批限制规定。动火作业在审批过程中，需要考虑动火作业必要性、动火场所性质、动火作业影响等多方面因素，通常会执行以下限制性规定：

① 地铁运营期间，禁止任何单位或个人在车站、区间、控制中心、主变配电站以及商场、市场等人员密集场所，进行电焊、气焊、气割、砂轮切割、油漆等具有火灾危险的施工、维修作业；

② 动火作业准予时限可根据项目实际施工时间来确定。消防安全重点单位（部位）应当严格控制非必要的动火作业。

2）在现场管理层面

动火作业经审批后，动火现场还需要执行相应的施工监护等管理制度方可动火，通常执行"三不用火"原则，即没有批准的动火许可证不动火、安全监护人不在作业现场不动火、防火措施不落实不动火。

（1）没有批准的动火许可证不动火。在动火作业前，还需查验动火许可证；对动火许可证没有经过批准的，不得动火。

（2）安全监护人不在作业现场不动火。动火作业现场必须落实现场监护人，只有在监护人确认无火灾、爆炸危险后方可动火施工。

（3）防火措施不落实不动火。动火施工人员应当遵守消防安全规定，并落实相应的消防安全措施。进行电焊、气焊等具有火灾危险作业的人员必须持证上岗，并遵守消防安全操作规程。局部施工需要使用明火时，施工单位和使用单位应当共同采取措施，将施工区和使用区进行防火分隔，清除动火区域的易燃、可燃物，配置消防器材，专人监护，保证施工及使用范围的消防安全。

2. 用电管理

地铁内涉及的电气设备具有范围分布广、火灾荷载大等特点，随着地铁的不断发展，地铁区域内电缆线路、电器设备等还将越来越多，因电气设备产生的火灾隐患逐年递增。据统计，全国电气引起的火灾占全部火灾的 25% 以上，地铁区域内因电气设备而产生的火灾危险性也绝不能忽视。

1）电气安全隐患类别

从对各种因电气原因导致的火灾事故的分析中可以看出，电气安全方面的隐患主要有以下几类：

（1）电器产品本身存在质量隐患；

（2）短路，如导线绝缘老化、雨水浸湿、电器设备绝缘击穿等；

（3）过负荷，如滥用熔丝、导线过负荷等；

（4）接触不良，如连接松动、导线连接不良、接触点处理不当等；

（5）其他，如电压不稳、长时间通电、接通（切断）电路时产生火花等。

2）电气设备管理措施

为应对电气设备产生的火灾危险性，做好用电管理，地铁运营单位中采取的常见管理措施主要有：

（1）制定严格的用电管理制度和操作规程，实行严格管理；

（2）严格遵守国家有关技术标准，选择具备相应资质的单位和人员进行电气线路、设备的安装，防止先天性隐患的产生；

（3）选用符合国家标准的电器产品；

（4）加强电气线路、电器设备的检查维护；

（5）其他强化电气设备管理的措施。

3. 用气管理

近年来，因燃气等易燃气体使用而引发的火灾影响范围广、事故损失大、人员伤亡多。易燃气体本身是火灾危险品，在使用、储存中稍有不慎，就可能导致火灾、爆炸事故，造成不可挽回的损失。由于地铁的特殊性，地铁运营单位关于用气方面通常有严格的管理规定。

1）用气安全隐患类别

经统计，在易燃气体使用、储存过程中的安全隐患主要有以下几类：

（1）气体设备或管道本身存在质量隐患或选择错误；

（2）气体设备或管道施工安装不规范；

（3）气体设备或管道检修不规范；

（4）气体的储存和使用部位火源管理不严；

（5）其他可能导致气体安全的隐患。

2）用气场所的要求

由于易燃气体自身的危险性，为确保消防安全，地铁运营单位通常会结合易燃气体使用的场所，提出明确的要求：

（1）在车站内严禁使用燃气，鼓励用电磁灶等器具替代；

（2）在车辆基地等场所内的用气系统应按规程操作，并应定期巡检和维护；

3）用气管理的要求

地铁运营单位在用气管理上，主要结合用气的章程制定、巡查检查、装备器材等方面进行要求：

（1）制定用气管理制度和操作规程；

（2）明确责任人员，实行严格管理；

（3）严格依照国家有关技术标准，选择具备相应资质的单位和人员进行燃气设备、管道的施工作业；

（4）使用、储存燃气的建筑物，应当符合国家消防技术规范的要求；

（5）定期检修燃气设备、管道，严格按照操作规程规范操作；

（6）按规定配备消防设施和器材。

4. 吸烟管理

根据《消防法》的规定，禁止在具有火灾、爆炸危险的场所吸烟、使用明火。吸烟是引发火灾的常见因素之一，地铁作为公共场所，具有运营安全、卫生环境等多方面要求，因此通常在禁烟控烟上有着非常严格的规定。

地铁内禁控烟的原则可以归纳为"限定区域、禁控结合、统一管理、部门负责、人人参与"。

（1）限定区域。在地铁车站外部公共区域、内部管理用房和设施用房，车辆基地的库房、宿舍以及其他涉及提供公共服务的地方，均禁止吸烟。

（2）禁控结合。车站在出入口外设置吸烟点，车辆基地等在楼房外设置吸烟点。

（3）统一管理。禁烟区域设立禁烟标志、标语，并禁设吸烟点、烟具。固定吸烟点放置烟缸和移动灭火器材等，并设立统一标志，落实安全防范措施，严禁吸游烟。

（4）部门负责。对控烟工作实行包干负责与目标责任制，实行每日巡查制度和自查制度，确保禁、控烟区内无违章现象。

（5）人人参与。强化禁烟宣传，确保人人参与、人人知晓。管理人员以身作则，带头执行，全体人员认真履行、严格遵守，并对违反规定的员工予以批评和处罚，纳入考核范畴。

第四节 地铁消防设施设备管理

地铁消防设施（设备），是指设计、安装在地铁建筑物内或与之配套的用于传递火灾信息，控制和防止火灾蔓延，扑救火灾和帮助或引导人员疏散的各种构件、设备、器材的总称，例如火灾自动报警系统、自动灭火系统、消火栓系统、防烟排烟系统、应急广播和应急照明、安全疏散设施等。建筑物有无完备的建筑消防设施且状态良好，直接关系到发生火灾时，能否及时扑救初起火灾、最大限度地减少火灾危害。

按照《消防法》规定，地铁运营单位应当按照国家标准、行业标准配置消防设施、器材，设置消防安全标志，并定期组织检验、维修，确保完好有效。

地铁消防设施（设备）的管理涉及多个方面，在地铁运营单位层面，主要通过消防控制室值守、消防巡查和检查、设施维保和检测等方面进行管理。

一、消防控制室值守

消防控制室也可简称消控室，是地铁各站点以及车辆基地等建筑重要的消防安全管理和应急响应的神经中枢。通过对消防控制室进行值守，可以监控消防设备的运行情况，及时处理报警信息，确保第一时间发现并处置突发情况。

1. 消防控制室的功能

1）监控与报警功能

消防控制室配备有设施监控系统，可以实时监控地铁车站内各种消防设施和探测器的工作状态，包括但不限于感烟探测器、温度传感器、手动报警按钮等。一旦探测到火灾迹象，如异常烟雾或温度升高，系统会自动触发警报，并迅速将相关信息传递至消防控制室。

在消防控制室内，工作人员可以对报警信息进行初步分析，判断火警的真实性，防止误报。如果确认为真实火警，消控室将立即启动预设的应急处置预案，避免事故的进一步扩大。

2）通信与指挥功能

消防控制室内通常配备有消防电话、广播等通信设备，能够与管理的内部区域以及外部应急救援的单位保持联系。

在火灾或其他紧急情况下，消防控制室内可以成为协调各方力量的指挥中心。消防控制室值班人员借助通信设备，可以向相关人员发布指令，指导他们采取适当的紧急措施，如组织人员疏散、关闭特定区域等。同时，消控室也负责与外界沟通，请求支援，并汇报情况。

3）信息处理与记录功能

消防控制室需要通过电子或纸质的方式，对所有监控到的信息进行处理和记录。记录的内容包括报警时间、位置、响应措施及结果等，这些记录对于事后分析火灾原因、评估损失、优化应急响应流程以及提供法律诉讼的依据等方面都具有重要意义。

按照要求，消防控制室也要存放与管理区域相关的消防档案，如感烟探测器报警点位图等，便于随时调取查阅。

4）设备维护与管理功能

消防控制室还承担部分消防设施的维护与管理，包括定期开展消防联动，测试消防设施（如感烟探测器、消防控制器等）的功能，确保其处于良好的工作状态。

2. 消防控制室值守的要求

按照《建筑消防设施的维护管理》等的要求，消防控制室必须落实 24 小时双人值班制度，且值班人员必须持有初级以上消防设施操作员职业资格证书，能够熟练操作消防设施。

值守人员在值班期间，应每 2 h 记录一次消防控制室内消防设备的运行情况，及时记录消防控制室内消防设备的火警或故障情况。

消防控制室值班人员不得将自动喷水灭火系统、防烟排烟系统和联动控制的防火卷帘等防火分隔设施设置在手动控制状态。其他消防设施及其相关设备如设置在手动状态时，应有在火灾情况下迅速将手动控制转换为自动控制的可靠措施。

3. 消防控制室值守的应急处置

消防控制室值班人员接到报警信号后，应以最快方式确认。确认属于误报时，查找误报原因并记录。确认为火灾后，立即将火灾报警联动控制开关转入自动状态（处于自动状态的除外），同时拨打 119 报警。立即启动单位内部灭火和应急疏散预案，同时报告单位消防安全责任人。单位消防安全责任人接到报告后应立即赶赴现场。

二、消防巡查和检查

消防巡查和检查是地铁消防设施设备管理中的基本环节，通过定期的巡查和深入的检查，可以及时发现并解决消防设施的问题，确保其在紧急情况下能够正常工作。

1. 消防巡查

消防巡查主要是对地铁内消防设施的外观和周边环境进行常规检查，包括检查灭火器是否在位且压力正常、消火栓是否可用、疏散通道是否畅通无阻、安全出口标志是否清晰可见等。巡查工作通常由值班工作人员或专职的消防安全员负责，按照预定的路线和时间进行。

通过消防巡查能够及时发现并解决消防设施的常见问题，如消防设备移位、损坏或丢失，从而确保设施始终处于可用状态。此外，消防巡查也有助于发现潜在的安全隐患如非法堆放物品或违规使用电器，及时清除这些隐患可以大幅降低火灾风险。

2. 消防检查

消防检查是对消防设施的功能性和有效性进行更为深入的评估。这包括对火灾自动报警系统及其联动设备功能性检查；自动喷水灭火系统功能性检查；气体自动灭火系统功能性检查；高压细水雾系统功能性检查；室内消火栓系统功能性检查；灭火器材功能性检查；消防无线应急通信设备功能性检查；消防电源系统功能性检查等。消防检查通常需要由专业的消防技术人员使用专业工具和设备，依据国家标准和行业标准规定的检查要求来完成。

定期的功能性检查往往会涉及消防设施设备的联动，由于地铁车站的特殊性，检查时间通常会安排在地铁停运后。

消防检查确保了消防设施能够在紧急情况下有效工作。通过对消防设施进行功能性测试，可以及时发现故障或性能下降的设施，并及时进行维修或更换，从而保障消防系统的整体可靠性和有效性。

三、设施维保和检测

消防设施的维护保养和检测是确保消防系统可靠性和功能性的关键步骤，通过定期的维保和检测，可以确保消防设备始终处于最佳工作状态，从而在紧急情况下能够发挥其应有的作用。

地铁运营单位的消防设施维保和检测通常委托第三方专业机构进行。《消防法》规定："消防设施维护保养检测、消防安全评估等消防技术服务机构应当符合从业条件，执业人员应当依法获得相应的资格；依照法律、行政法规、国家标准、行业标准和执业准则，接受委托提供消防安全技术服务，并对服务质量负责"。第三方专业机构执业质量不符合消防安全要求的，需要按照规定承担相应的责任。

1. 消防设施维护保养

消防设施的维护保养需要按照国家标准要求，定期开展设施情况的检查，以便延长设施的使用寿命、避免设施的损坏或老化等，其中主要内容和方法有：

（1）清洁和维护。定期对消防设备进行清洁，如灭火器、消防栓、烟雾探测器等，防止灰尘、污垢等积累影响设备性能。同时，检查设备是否完好，有无损坏或老化现象。

（2）检查和保养。对于消防报警系统、应急照明等电子设备，定期检查和调整，确保其准确性和有效性。对于需要移动的部件如旋转门、疏散指示牌等，定期润滑调整，以确保其正常运作。

（3）更换和修复。对于损耗品如灭火器内的干粉、应急灯的电池等，需定期更换。对于检查中发现的损坏设备，应及时进行修复或更换，确保所有设备都能在紧急情况下正常使用。

2. 消防设施检测

通过对消防设施进行检测，可以全面了解消防系统的性能状况，及时发现并修正存在的问题。地铁运营单位对所属的场所，通常每年至少检测一次，检测对象包括全部系统设备、组件等。消防设施检测的主要内容和方法有：

（1）功能测试。定期对消防系统的各项功能进行测试，如感烟探测器的探测功能、消防报警系统的报警功能、自动喷水灭火系统的响应时间等，确保它们在真实情况下能迅速有效地工作。

（2）安全检查。对消防设施的安全性进行检查，包括电气安全、设备稳定性等，确保不会因为设备故障引发次生灾害。

（3）合规性评估。依据国家标准和行业标准，对消防设施设置的合规性进行评估，确保符合法律法规要求。

3. 自主维保和检测

地铁运营单位内有部分设施为单位自行维保。按照规定，自行维保也要符合开展维保工作的标准，配备相应的维保设备，并由注册消防工程师和具备相应消防职业资格的人员实施。

第五节　地铁消防宣传教育培训

地铁消防宣传教育培训是保障地铁安全运营的必要措施之一。通过地铁消防宣传教育，可以提升公众的消防安全意识，降低火灾事故的发生概率；通过地铁消防培训，可以确保员工在面对火灾等紧急情况时，能够迅速、有效地采取应对措施，最大限度地保护乘客和员工的生命安全，同时也有助于提升地铁运营单位的整体安全管理水平。

一、消防安全宣传教育

地铁运营单位与普通社会单位相比，还承担了社会公益宣传的义务，需通过广播、电视、网络、宣传手册等媒介，开展消防公益宣传。消防宣传教育要结合季节性特点及重大活动等特殊时期，开展针对性活动，其内容一般包括：

（1）国家和本市消防法律、法规、管理条例等；

（2）地铁运营场所火灾危险性；

（3）火警报告内容、灭火器使用方法；

（4）安全疏散路径和逃生自救方法；

（5）其他消防安全宣传教育内容。

二、消防安全培训

有效的地铁消防培训，可以让员工更加清楚地认识到地铁中潜在的火灾风险，掌握正确的消防设施使用方法和操作规程，确保在紧急情况下能够有效应对。

1. 培训对象

按照规定，消防安全培训应覆盖全员，并纳入职工再教育培训中，其中主要包含的人员有：

（1）消防管理人员。包含消防安全责任人、消防安全管理人、专（兼）职消防管理人员等。

（2）新入职人员。包含入职、调岗和复工的人员等。

（3）危险作业人员。包含电焊、气焊等具有火灾危险性作业的人员。

（4）专业人员。包含专职或志愿消防队（微型消防站）队员、消防控制室的值班人员等。

（5）其他在岗人员。包含地铁运营单位所有在岗的员工。

2. 培训频次

按照不同的对象类型，消防培训的频次略有区别，但通常要求按年度全覆盖。对部分管理人员、危险作业人员和专业人员，还需每年组织专门培训。

3. 培训内容

地铁运营单位消防安全培训内容，通常结合不同岗位的人员、不同消防安全职责的要求，在培训重点上加以区分。

（1）对消防安全责任人，培训内容一般包括消防法律法规、消防安全职责、单位消防安全管理的主要工作等。

（2）对消防安全管理人和专（兼）职消防管理人员，培训内容一般包括：日常消防安全管理工作要点；消防安全制度和操作规程的制定、落实；防火检查和火灾隐患整改工作的组织实施；对本单位消防设施、灭火器材和消防安全标志维护保养的管理要求，以及对疏散通道和安全出口的管理要求；其他消防安全管理工作。

（3）对自动消防系统操作人员、微型消防站队员，培训内容一般包括：消防安全工作职责的范围，相应的消防安全知识和技能。一般包括消防理论知识、自动消防设施操作及维护管理技能等两个方面：消防理论知识培训的范围一般包括燃烧知识；建筑消防常识；消防供水及消防通信；灭火器的配置及使用范围；灭火方法；逃生技能；消防法律法规及各类消防技术规范等。自动消防设施操作及维护管理技能培训的范围一般包括自动消防设施的功能和设置要求；使用及管理要求；操作规程；检查、测试的方法；维护保养的方法等。

（4）对其他员工，培训内容一般包括：本单位、本岗位的火灾危险性和防火措施；岗位安全操作规程；突发事件的消防安全处置措施（包括报警、灭火应急预案中初起火灾扑救、人员疏散方法等）；用电用火安全常识；有关消防设施器材的性能、使用方法和注意事项等。

第六节　地铁消防安全档案管理

消防档案是单位在消防安全管理工作中，直接形成的文字、图表、声像记录，是对单位各项消防安全管理工作情况的记载。通过消防档案，可以检查、分析、总结单位及有关岗位人员消防安全职责的履行情况，强化单位消防安全管理的责任意识，不断改进单位消防安全管理工作。通过地铁消防安全档案管理，可以确保地铁运营过程中消防安全问题可追溯。

一、地铁消防安全档案的建立要求

建立健全消防档案是单位做好消防安全管理工作的一项重要内容，是保障单位消防安全管理工作以及各项消防安全措施的基础工作。按照《消防法》第十七条规定，消防安全重点单位应当建立消防档案；《机关、团体、企业、事业单位消防安全管理规定》专门把消防档案作为独立的一章，要求"消防安全重点单位应当建立健全消防档案"，表明了消防档案在消防安全管理工作中具有重要的位置。地铁运营单位内对消防档案方面也有明确要求，每个车站均建立消防档案。

二、地铁消防安全档案的作用

1. 记录单位信息

消防档案详细记录了地铁单位的基本情况和有关消防安全管理的各种文献、资料，这为上级机关、主管单位和消防救援机构提供了全面了解单位消防安全状况的途径。

通过消防档案的日常更新，可以实时掌握地铁消防安全的动态变化，便于上级机关和消防部门对单位进行考核和管理。

2. 提供决策依据

消防档案内的资料可以为领导层提供决策依据，帮助他们在消防安全方面做出科学、合理的决定。

档案中的信息能够帮助管理人员制定更有效的预防措施和应急方案，从而提升地铁的整体消防安全水平。也可以帮助专业人员评估现有消防措施的有效性，并据此进行必要的修订和完善。

3. 辅助事故调查

发生火灾时，消防档案能提供详细的信息，辅助调查人员查明火灾原因，分清事故责任。同时档案中关于消防设施维护和检查的记录，能够为调查人员提供重要参考。

三、地铁消防安全档案的内容

地铁消防档案内容主要包括消防安全基本情况和消防安全管理情况两方面。

1. 地铁消防安全基本情况

地铁消防安全基本情况是消防档案主要内容，包含了单位与消防安全有关的信息。其内容有：

（1）单位基本概况和消防安全重点部位情况；

（2）建筑物或者场所施工、使用或者开业前的消防设计审查、消防验收以及消防安全检查的文件、资料；

（3）消防安全管理组织机构和各级消防安全责任人；

（4）消防安全管理制度，以及消防设施、灭火器材情况；

（5）专职消防队员、微型消防站队员及其消防装备配备情况；

（6）与消防安全有关的重点工种人员情况；

（7）新增消防产品、防火材料的合格证明材料；

（8）灭火和应急疏散预案等。

2. 地铁消防安全管理情况

地铁消防安全管理情况作为消防档案的另一个组成部分，主要有两项内容：

（1）监督管理部门依法填写制作的各类法律文书。主要有《消防监督检查记录表》《责令改正通知书》以及涉及消防行政处罚的有关法律文书。

（2）地铁有关工作记录。主要有消防设施定期检查记录，自动消防设施检查检测报告以及维修保养的记录，火灾隐患及其整改情况记录，防火检测、巡查记录，有关燃气、电气设备检测等记录，消防安全培训记录，灭火和应急疏散预案的演练记录，火灾情况记录等。

四、地铁消防安全档案的管理原则

地铁消防安全档案的管理原则主要有集中性要求、完整性要求、安全性要求。

（1）地铁消防档案集中性要求。地铁消防档案要由单位统一保管、备查。消防档案实行集中统一管理。地铁消防档案管理中明确，应由单位确定或者设立的专门机构来统一集中保管、备查，不得由承办机构或者个人分散保存，克服档案分散保管和各自为政所固有的局限性，更大限度地发挥档案的作用。

（2）地铁消防档案完整性要求。地铁消防档案只有完整了，才能给档案工作提供必要的物质基础。维护地铁消防档案的完整有两方面的含义：一方面，从数量上要保证地铁消防档案的齐全，使应该集中保存的档案不残缺不全；另一方面，从质量上要维护地铁消防档案的有机联系和历史真迹，不能人为地割裂分散，或者凌乱堆放，更不能涂改勾画，使档案失真。档案材料数量齐全，才能保证档案的系统完整；保持档案的有机联系，才能使档案数量齐全、有科学依据。

（3）地铁消防档案安全性要求。地铁消防档案的安全也有两方面的含义：一方面，力求档案不遭受毁坏，尽量延长档案使用的时间；另一方面，消防档案也具有一定的机密性，要防止档案遗失，保证档案不被盗窃、泄露。

五、地铁消防安全档案的管理要求

地铁消防档案的收集、整理、保管，目的是有效利用，为单位的消防安全管理工作服务。而地铁消防档案是多方面的、不断发展的，为满足各方面需要，就必须经常做好消防档案的管理工作，便于查找利用。地铁消防档案管理的好坏，主要应从是否便于查找使用角度去检验衡量，这是消防档案管理的基本出发点和归宿。为了便于消防档案的使用，必须做好下列工作：

（1）分类。地铁消防档案要按照档案形成的环节、内容、时间、形式的异同，采取"同其所同，异其所异"的方法，把档案分成若干个类，类与类之间有一定的联系，有一定的层次和顺序，前后一致。这样有利于档案立卷，有利于案卷的排列和编目，为管理和利用提供条件。

（2）检索。检索就是把地铁消防档案的内容和形态特征著录下来，存储在检索工具中，根据消防安全管理的需要，及时地把有关档案查找出来以供使用。检索是档案利用之前不可缺少的一项重要准备工作，是准确而迅速地找到所需消防档案的有效手段。目录是档案检索常用的重要工具。为了提高消防档案检索效率，必须编制档案目录，建立一个完整的目录体系。

（3）销毁。地铁消防档案是在日常消防安全管理工作中经过较长时间一点一滴积累起来的，材料会逐渐增多。随着时间的推移，有些材料会失去保存价值，不需要继续保存。为了精简档案材料，突出工作重点，应定期有目的、有计划、有标准地将档案进行清理。有用的材料，归纳综合，继续留存；确已失去保存价值需要销毁的材料，应按国家文书档案管理规定进行清理，以免档案材料臃肿庞杂、鱼目混珠，影响管理和利用。

第十章　地铁消防安全行政管理

　　地铁消防安全行政管理是行政部门确保地铁系统遵循消防安全规范和标准的一系列活动和措施，其目的是通过有效的监督和管理减少火灾风险，保障乘客和员工的安全。行政管理工作涉及多个层面，包含地铁消防监督检查、火灾事故调查处理等。

第一节　消防安全行政管理的方法

　　消防安全行政方法是指能够保证消防行政活动朝着预定的方向发展，达到行政管理目的的各种专门的方式、手段、技术、措施等的总称。它是管理活动的主体作用于管理活动的客体的桥梁。行政机关对国家事务实施管理时，必须运用一定的方法。结合日常实践，主要有以下方法：

一、行政许可

　　行政许可是指行政机关根据公民、法人或者其他组织的申请，经依法审查，准予其从事特定活动的行为，是公共行政管理的主要方式。消防行政许可是指消防救援机构根据公民、法人或者其他组织的申请，经依法审核，准予其从事特定活动的行为。比如《公共聚集场所投入使用营业前消防安全检查意见书》等属于此类方法。

二、行政监督

　　行政监督是指消防救援机构对各类场所和活动进行消防监督检查的活动，行政监督检查既是消防行政管理的方式，又是消防行政管理的主要内容之一。主要有监督抽查、公众聚集场所开业前和举报投诉的消防安全违法行为的核查等。

三、行政处罚

　　在消防监督管理过程中，如果消防监督主体发现相对人违反消防法律法规且应当承担行政法律责任时，应依法给予法律制裁，即消防行政处罚；触犯刑律的，如构成失火罪、消防责任事故罪，应当受到刑事处罚，即消防刑事处罚。

四、行政强制

　　为了预防、制止危害消防安全的行为发生，或者为了实现消防行政决定所确定的内容，消防监督管理主体可以依法采取对相对人的人身、财产进行强制性限制。消防行政强制包括两类：一是在扑救火灾或抢险救援时的即时强制，如强制拆除毗邻的建筑、强制断电、强制征用、强制转移等；二是对逾期不履行法定义务的相对人进行的强制执行，如查封、强制拆除违章建筑等。

五、行政补偿

行政补偿是指对于消防监督管理主体依法行使职权的过程中造成相对人合法权益的损害，或者是相对人协助消防监督管理主体执行公务而遭受的损失，国家依法对相对人给予补偿的行为。

六、行政复议

行政复议是指相对人认为消防监督管理主体的具体行政行为侵害了其合法权益，依法请求法定消防监督管理主体重新审查该行政行为是否合法和适当，并做出行政复议决定的行为。它属于行政救济范畴，但又是消防监督管理主体所为的行政行为。

七、行政奖励

为了鼓励先进，推进消防工作的开展，对在消防工作中有突出贡献或者成绩显著的单位和个人给予必要的奖励，也是行政管理的重要手段。

八、行政确认

行政确认是指执法主体依法对消防监督相对人的法律地位、权利和义务以及相关的法律事实进行甄别，予以确定、认可、证明并予以宣告的行政执法行为。消防行政确认的范围比较广：有些是独立的行政行为，如火灾原因经调查后直接予以确认；有些是其他行政行为的辅助行为，如消防行政许可，在许可前要先进行确认。

九、行政调查

消防救援机构为了查明火灾事故原因或者是查明违法事实，应当对有关当事人进行询问，对有关现场进行勘查、勘验并收集、整理有关信息，为行政决定提供依据。消防行政调查是一种过程性行政行为，不是独立的行政行为，是消防行政处罚、火灾原因认定等的前提和必要的程序。

十、行政命令

行政命令是指消防监督管理主体为了公共消防安全依法要求相对人进行的作为或不作为的命令。主要表现形式有两类：一是以政府或消防救援机构的名义发布具有普遍约束力的规范性文件；二是在监督检查时发现违法行为或火灾隐患，责令相对人当场改正或限期改正的行政命令文书，如重大火灾隐患限期整改通知书等。

十一、行政指导

消防监督管理既需要采用法律手段，也需要采用非法律手段（如劝告、建议、鼓励等）；既

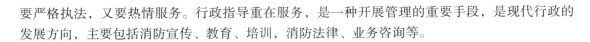

要严格执法，又要热情服务。行政指导重在服务，是一种开展管理的重要手段，是现代行政的发展方向，主要包括消防宣传、教育、培训，消防法律、业务咨询等。

十二、行政救助

火灾或其他灾害发生时，消防救援机构根据受灾者的请求（报警）或上级命令前往扑救火灾和抢险救援的行为是消防救援机构的一项重要职责。免费享有火灾扑救和救助，是公民、单位的一项权利。

第二节　地铁消防监督检查

消防监督检查是国家赋予消防救援机构的重要职责。《消防法》第五十三条规定，消防救援机构应当对机关、团体、企业、事业等单位遵守消防法律、法规的情况依法进行监督检查。因此，消防监督检查既是消防救援机构依照法律行使社会消防监督管理的一项职权，也是发现和消除地铁内存在的各类火灾隐患，纠正违法违章行为，预防和减少火灾的基本手段。

通过监督检查，消防救援机构可获得被检查单位的消防安全状况，发现并纠正其存在的违反消防法规的行为，同时经过整理的消防监督检查资料还可为国家制定与修改消防法律、法规及消防工作决策提供依据。

一、消防监督检查的概念

消防监督检查，也称消防行政监督检查，有狭义和广义之分。广义上的消防监督检查，泛指政府或者有关部门对监督对象遵守消防法律法规、履行消防安全职责情况进行的监督检查，既包括政府部门对机关、团体、企业、事业等单位遵守消防法律法规情况的检查，也包括政府对所属各部门，以及上级部门对下级部门履行消防安全职责情况的检查，还包括消防救援机构以及公安派出所依法对单位遵守消防法律法规情况进行监督检查了解的消防执法行为。狭义上的消防监督检查，则是指消防救援机构依法对单位遵守消防法律法规情况进行检查了解的消防执法行为。

本节所指的消防监督检查是指狭义的消防监督检查，是消防救援机构具有监督检查资格的人员实施的执法行为。

二、消防监督检查的形式

按照规定，地铁内消防救援机构进行消防监督检查主要有以下几种形式：对公众聚集场所在投入使用、营业前的消防安全检查；对单位履行法定消防安全职责情况的监督抽查；对举报投诉的消防安全违法行为的核查；根据需要进行的其他消防监督检查。

1. 公众聚集场所使用、营业前的消防安全检查

按照《消防法》，公众聚集场所主要是指宾馆、饭店、商场、集贸市场、客运车站候车室、

客运码头候船厅、民用机场航站楼、体育场馆、会堂以及公共娱乐场所等。公众聚集场所在投入使用、营业前，建设单位或者使用单位应当向场所所在地的县级以上地方人民政府消防救援机构申请消防安全检查。

公众聚集场所人流密集、空间复杂、功能多样，火灾可能性较大，危险性较高，发生火灾的后果也很严重。通过消防安全检查，可以及时发现并解决潜在的火灾隐患，减少因火灾导致的财产损失，保护人民群众生命和财产安全。

当前，公众聚集场所在投入使用、营业前的消防安全检查有两种方式进行申报：一种是告知承诺，另一种是非告知承诺。对采用告知承诺，经审查材料后，符合法定形式的，或符合"容缺受理"条件的，即予以许可。但现场检查发现与承诺内容不符的，消防救援机构将依法对该场所予以处罚并责令限期改正，符合临时查封条件的，将依法予以临时查封。

2. 消防监督抽查

消防监督抽查是消防部门为了确保消防安全，对单位和场所进行定期或不定期的检查。消防监督抽查的根本目的是发挥消防监督执法的社会效应，加强消防救援机构对全社会消防安全的宏观控制。

通过消防监督抽查，可以检查单位是否严格遵守国家和地方的消防安全法律法规以及标准规程，可以现场查看消防设施运行状态和有效性，发现潜在的火灾隐患，督促单位及时采取措施消除隐患，预防火灾的发生。在监督抽查的同时，一般也会同步开展消防宣传，增强单位的消防安全意识，促使其主动加强消防安全管理，提升单位自防自救能力。

2018年起，为深化消防执法改革，创新监管方式，规范执法行为，消防救援部门全面采用"双随机、一公开"的消防监管模式开展消防监督抽查工作，并向社会公开。

3. 投诉举报消防安全违法行为的核查

随着人们消防安全意识和法治意识的不断提高、消防法律知识的普及，越来越多的人开始关注所处环境的消防安全状况。投诉、举报已经成为人们向相关部门反映发现的消防安全违法行为的一种方式。

通过开展投诉举报现场核查，能够有效利用社会力量参与消防安全监管，提高监管覆盖面和效率，同时可以及时发现并整改潜在的火灾隐患，防止火灾事故的发生。目前上海市民可通过市民服务热线等渠道进行举报。

4. 根据需要进行的其他消防监督检查

在节日期间，如每年的元旦、春节、五一节、国庆节前后以及夏季防火、冬季防火时期，消防救援机构根据火灾特点组织一些覆盖范围广、群众性强的消防监督检查，检查内容充分结合节日活动或季节特点，检查重点放在重点地区、重点单位。

对于一些特殊建设工程，如在施工中稍有疏忽可能导致火灾事故产生较大损失并造成一定的社会影响，直接影响工程施工进度和工程质量。《消防监督检查规定》明确，消防救援机构应当加强对此类工程施工工地的消防监督。地铁工程往往是重点民生工程，一旦发生火灾事故社会影响恶劣，因此对建设工程工地的消防监督检查也是重要检查内容之一，不仅要关注在建工程主体结构的消防安全，也要关注施工过程中临时用房和临时消防设施的消防安全。

在其他区域内重点部位的专项检查，如轨道交通区域先后多次开展连通口和风井口专项检查、疏散用中间风井专项检查等，这种消防监督检查的特点是目标明确、时间集中、突击性强、容易见效。

三、消防监督检查的内容

消防救援机构开展消防监督检查是法律所赋予的职责。消防监督检查一般因检查形式、检查场所的不同，检查的内容也有所不同，但总的来讲，就是对各单位遵守消防法律、法规、规章以及消防技术标准，落实消防安全责任制，采取消防安全措施，预防火灾等情况的检查。

1. 消防许可及验收备案方面

消防许可及验收备案方面的检查内容主要包括建筑物或者场所是否依法通过消防验收或者进行消防竣工验收备案，公众聚集场所是否通过投入使用、营业前的消防安全检查等。

依法应当进行消防验收的建设工程，未经消防验收或者消防验收不合格的，禁止投入使用；其他建设工程经依法抽查不合格的，应当停止使用。公众聚集场所未经消防救援机构许可的，不得投入使用、营业。

2. 建筑使用性质方面

建筑使用性质方面检查主要看建筑物或者场所的使用情况是否与消防验收或者进行消防竣工验收备案时确定的使用性质相符。

随着时间的推移，建筑物或场所的使用者可能根据生产方式、经营方向、使用功能的调整而改变其使用性质，致使按原使用性质确定的建筑耐火等级、内装修材料等级、自动消防系统等与改变后的使用性质不能完全相符。

3. 单位消防安全制度方面

单位消防安全制度方面的检查主要看单位消防安全制度、灭火和应急疏散预案是否制定等。

单位消防安全制度主要检查以下内容：消防安全教育、培训；防火巡查、检查；安全疏散设施管理；消防（控制室）值班；消防设施、器材维护管理；火灾隐患整改；用火、用电安全管理；易燃易爆危险物品和场所防火防爆；专职和义务消防队的组织管理；灭火和应急疏散预案演练；燃气和电气设备的检查和管理（包括防雷、防静电）；消防安全工作考评和奖惩等。

单位灭火和应急疏散预案主要检查以下内容：各级各岗位人员职责分工，人员疏散疏导路线，以及其他特定的防火灭火措施和应急措施等。

建立消防安全制度是单位消防安全管理的基本措施。由于单位所有制和经营方式各异，单位制定的消防安全制度具体内容不尽相同，单位应结合实际制定完善的消防安全管理制度。单位既可以制定若干不同方面的消防安全制度，也可以制定一个综合性的消防安全制度，但内容应当涵盖单位消防安全管理工作的基本方面，保障消防安全的需要。

4. 建筑消防设施方面

建筑消防设施方面主要检查建筑消防设施是否定期进行全面检测，消防设施、器材和消防安全标志是否定期组织检验、维修，是否完好有效等。

消防设施尤其是自动消防系统，是建筑物或场所抗御火灾的主要手段，消火栓及灭火器材则是扑救初起火灾的主要工具。检查时应侧重检查它们的运行是否良好，配件是否齐全，配置是否合理。

5. 电气线路、燃气管路方面

电气线路、燃气管路方面主要检查电气线路、燃气管路是否定期维护保养、检测等。

电气产品、燃气用具的安装、使用及其线路、管路的设计、敷设、维护保养、检测，必须符合有关消防技术标准和管理规定。如电力系统中安装线路要由电工负责，不能随意乱拉电线和接入过多或功率过大的电气设备，在线路上应按规定安装断路器或熔断器。燃气工程的设计、施工，必须由持有相应资质证书的单位承担，并必须按照国家或主管部门有关安全的技术标准规定进行、不得擅自拆、改、迁、装燃气设施和用具等。

6. 疏散通道方面

疏散通道方面主要检查疏散通道、安全出口、消防车通道是否畅通，防火分区是否改变，防火间距是否被占用等。

火灾一旦发生，建筑物内所设置的安全疏散通道、安全出口必须保持畅通，用于安全疏散的应急照明、疏散指示标志灯应立即投入工作，方便被困人群的疏散，减少人员伤亡；防烟分区、防火分区的完好则有利于控制烟气或火灾的蔓延，为消防人员扑救火灾创造条件；顺畅的消防车道更有利于消防车辆接近火场，使得消防人员能够迅速实施灭火救援，减少财产损失。疏散通道是建筑的生命通道，通道若出现问题，一旦发生紧急情况，就会形成不可挽回的损失。

7. 单位消防安全宣传教育培训方面

单位消防安全宣传教育培训方面主要检查是否组织防火检查、消防演练和员工消防安全教育培训，自动消防系统操作人员是否持证上岗等。

单位组织的对本单位消防安全状况进行检查，实现单位在消防安全方面进行自我管理、自我约束，发现火灾隐患，及时消除；在火灾隐患未消除之前，单位应当落实防范措施，确保消防安全。此外，通过单位对员工的消防培训和演练，能切实增强防范意识和提高火灾预防、扑救和逃生自救的能力。建筑消防设施中的自动消防系统设备是建筑智能设备的重要组成部分。为使其充分发挥出自防自救的能力，就需要其操控人员具备一定的专业知识并依照有关规定取得职业资格证书后方可上岗。

8. "三合一"场所违规设置方面

在检查的同时，还要查看是否违规设置"三合一"场所。

"三合一"场所是指住宿与生产、仓储、经营一种或一种以上使用功能违章混合设置在同一空间内的建筑。该同一建筑空间可以是一独立建筑或一建筑中的一部分，且住宿与其他使用功能之间未设置有效的防火分隔。这类场所可燃物多，没有严格的防火分隔，消防设施不健全，人员消防安全意识淡薄，一旦发生火灾，极易造成"小火亡人"的惨剧。

"三合一"场所的检查中，重点检查生产、储存、经营易燃易爆危险品的场所是否与居住场所设置在同一建筑物内。易燃易爆危险品火灾危险性极大，在生产、储存、经营等环节中操作管理稍有不慎，遇火或受到摩擦、撞击、震动、高热或其他因素的影响，即可引起燃烧或爆炸，极易造成人员伤亡和财产损失。

9. 其他依法需要检查的内容

其他依法需要检查的内容，主要包括：消防安全管理制度的落实情况；实施防火巡查、防火检查情况；消防档案的建立、对人员密集场所室内装修装饰材料是否符合消防技术标准等。

四、消防监督检查的作用

1. 提高安全意识与防范能力

定期的消防监督检查有助于提高地铁运营单位管理人员和员工的消防安全意识，使其认识到消防安全工作的重要性。同时通过检查，可以及时发现并消除火灾隐患，有效预防火灾事故的发生，保障消防安全。

2. 确保消防设施完好有效

监督检查确保地铁内消防设施如灭火器、消防栓、疏散指示标志等完整好用，随时处于应急准备状态。同时还可对消防设施的有效性和适用性进行实地查看，确保在紧急情况下能够发挥预期的作用。

3. 提升应急管理与响应能力

监督检查过程中，还包括对地铁应急响应演练情况的检查、对员工消防安全培训情况的检查，可以查看员工是否具备必要的消防知识和技能，在紧急情况下能否迅速有效地采取行动。

4. 推动消防安全管理体系建设

通过对监督检查结果的分析，有助于行政管理单位发现地铁运营单位在消防安全管理体系方面的不足，推动其进行改进和完善。地铁运营单位也能借此时机不断优化消防安全措施，实现持续改进和提升。

5. 维护公共安全与社会稳定

地铁作为公共交通工具，人流量大，一旦发生火灾，后果十分严重。消防监督检查有助于减少火灾事故的发生，维护社会稳定和谐，减少对社会秩序的干扰，确保乘客的生命财产安全。

第三节　地铁火灾事故调查处理

地铁火灾事故调查处理是消防管理的一项重要内容。通过调查，以便确定火灾事故的原因和性质，依法对事故责任者提出处理意见。同时为研究火灾规律，预防和扑救火灾提供实际依据。

一、地铁火灾事故调查处理的含义

地铁火灾事故调查处理是指在地铁发生火灾事故后，通过一系列的调查、分析、处理和总结工作，查明事故原因，统计损失，追究责任，并总结经验教训，以防止类似事故的再次发生。

地铁火灾事故调查处理是一个系统性、专业性极强的工作，涉及多个方面的综合考量。具体包括调查任务明确、管辖划分、简易与一般程序区分、现场勘查与分析、火灾原因判定、损失统计与责任追究等关键环节。每一个环节都需要依据相关法律法规进行规范操作，确保调查工作的及时性、客观性、公正性和合法性。

二、地铁火灾事故调查处理的目的和职责任务

通过地铁火灾调查处理，可以提升应急响应能力、完善管理体系，最终完善各级消防安全职责，确保乘客安全出行。

1. 地铁火灾调查处理的目的

（1）溯因。查明火灾的原因、诱因及灾害成因，还原火灾发生、发展过程，全方位查找剖析火灾背后隐藏的深层次致灾因素，为严肃追究事故责任、跟踪落实问题整改提供技术参考。

（2）追责。查清工程建设、中介服务、消防产品质量和使用管理等各方主体责任，以及属地管理和部门监管责任。依法对火灾事故做出处理，惩治消防违法犯罪行为，警示社会公众，全力促进消防安全责任落实归位。

（3）改进。从接警调度、灭火行动、监督执法、宣传教育、产品设施、中介服务、社会管理、责任制落实、专项整治行动、工艺防火、消防力量建设、联勤联动等各个环节全方位复盘回顾有关工作是否科学到位、有无不足之处，研究制定针对性整改措施，改进消防工作。

（4）提高。深刻吸取事故教训，针对调查中发现的问题和漏洞，向属地政府和相关行业、部门、单位报告或通报调查情况，并提出消防安全工作的意见建议，制定、修订法规标准，固化行之有效的制度机制，从根本上提高全社会火灾防控能力。

2. 地铁火灾调查处理的职责任务

（1）火灾登记。对所有消防救援队伍出动扑救的火灾进行登记，登记时可以运用信息化手段，提升工作质效。对原因清楚、财产损失轻微、当事人无异议的火灾进行登记后，不再出具火灾事故认定书，实现"繁简分流"。

（2）调查原因。通过调查询问、现场勘验、视频分析、技术鉴定、调查实验等手段，查清起火原因，进行火灾事故认定，依法办理火灾事故认定复核。

（3）统计损失。根据受灾单位和个人的申报，结合现场调查核实情况，或依据合法机构出具的火灾损失认定意见，对火灾损失进行统计，同时对人员伤亡情况进行核实统计。

（4）延伸调查。在查明起火原因基础上，对火灾发生的诱因、灾害成因以及防火灭火技术等相关因素开展深入调查，分析查找火灾风险、消防安全管理漏洞及薄弱环节，提出针对性的改进意见和措施。

（5）责任追究。对工程建设、中介服务、消防产品质量和使用管理等各方主体责任，属地管理和部门监管责任进行调查，综合分析确定火灾责任单位和人员，依法予以行政处罚，报请党委政府或联合有关部门对火灾责任单位和责任人实施政务处分、纪律处分等；涉嫌放火或构成其他犯罪的，依法移交公安机关处理，追究刑事责任。

（6）吸取教训。深入吸取火灾事故教训，分析查找事故暴露出的问题和隐患，督促属地政府、相关部门及社会单位落实整改措施，严防同类事故再次发生；在全社会广泛开展火灾警示教育，提升社会单位、广大群众的消防安全意识和自防自救能力。

（7）复盘改进。对消防工作各个环节全方位复盘回顾，查找问题短板，研究制定针对性工作措施，及时堵塞漏洞，改进消防工作。

三、地铁火灾事故调查处理的作用

（1）还原火灾事实真相。查明火灾原因、发展过程、火灾损失、火灾责任等有关事实，保护当事人合法权益，维护社会公平正义。

（2）推进消防责任落实。通过对火灾责任单位和责任人的严厉追责，推动政府、部门、单位、公民消防安全责任落实归位。

（3）复盘改进消防工作。查找火灾原因背后的原因，深度分析工作中的薄弱环节，及时发现问题、堵塞漏洞、补齐短板、改进工作。

（4）开展火灾数据研判。全面采集、统计火灾信息，采取大数据、信息化手段，精准预判、提示火灾风险，为制定针对性火灾防控对策提供参考依据。

（5）全面提升火灾防控水平。通过延伸调查、火灾复盘，不断改进灭火救援、消防监督、宣传教育工作，修订完善法规标准，建立长效机制，提高防灭火工作质效。

第四节　地铁消防科技研究

消防科技的研究工作是消防救援机构一项重要的职责，涉及多个方面，包括但不限于消防技术标准制定、消防科技项目研究、新技术推广应用、科技合作与交流等。

一、消防技术标准制定

国家标准、行业标准需要不断审视和更新，确保能够反映最新的科技进步和实际需求。技术标准的完善不仅涵盖传统的消防安全领域，还包括新兴的技术领域，如锂电池、大数据等与消防相关的技术应用标准。

在地铁方面，消防技术标准是确保地铁消防安全的基础，通过制定和实施统一的技术规范，可以保障消防设施的质量、性能以及日常管理的规范、有序。消防救援机构积极参与消防技术标准的制订、修订，出台了如《地铁设计防火标准》《城市轨道交通消防安全管理基本要求》等一系列标准。目前还在针对地铁消防安全管理的薄弱环节，持续推动各类标准的出台。

二、消防科技项目研究

消防科技项目研究是针对经济和社会发展过程中出现的消防科学技术问题，以科学研究和技术开发为内容的项目。其目的在于推动消防领域的科技进步，解决实际消防问题，提升火灾预防、控制与救援的效率和效果。

地铁消防科技项目研究主要聚焦在地铁中发现的问题，如地铁火灾烟气控制、紧急情况下的人员疏散、预防监控技术、火灾特性及成因分析，以及提升应急救援能力等方面，为提高地铁消防安全水平提供科学依据和技术支持。

三、新技术推广应用

随着经济与社会的发展，地铁消防领域也要充分利用物联网、大数据、人工智能等先进技术，对地铁消防安全管理需求进行智能化的管理和监控。

由于地铁点多面广的独特性，在地铁系统中推广应用消防新技术，可以提高消防安全管理的针对性、预警精准性，便于提早发现并处理火灾隐患，快速启动应急预案，优化处置效率，减少人员伤亡和财产损失。同时新技术的应用也可以减少人力和物资投入，为一线工作人员减轻压力。

四、科技合作与交流

地铁消防科技合作与交流是多方面、多层次的，其旨在通过多方协作和资源共享，提升地铁整体的消防安全水平，保障广大人民的生命财产安全，推动行业的整体进步，并为未来地铁消防安全管理提供科学依据和技术支持。

通过国内外专家学者、企业代表的交流，可以共享先进消防理念、应用技术、标准需求等，推动消防科技的发展。通过地铁消防安全研究项目的协作开展，科研机构与地铁运营单位、消防部门共同参与，可以解决实际中的消防安全难题，并迅速加以推广和应用。通过跨部门的共同合作，能够整合各方资源，建立综合信息平台，提高协作的统一效能，提升消防管理和应急救援的效率和效果。

地 铁 消 防 · Metro Fire Safety

第 四 篇

地铁消防应急响应

由于地铁本身就是一个庞大的机电系统，同时地下车站、区间隧道比例高，自身的密闭特性和地下位置，使得地铁救援难度系数呈直线上升，尤其是随着地铁的普遍发展、其在城市交通中占比的提高、运营客流的逐渐密集，社会关注度也随之提高。地铁应急响应的范围比以往任何时候都要更加广泛，应急救援的场景比以往任何时候都要更加复杂。

　　本篇系统阐述了地铁消防应急响应的基本概念、对象和范围，并参照国际上关于灾害事故救援的先进理念，将应急响应划分为应急准备、应急预警、应急处置、应急恢复四个阶段，阐述了各个阶段的基本理念与策略。

第十一章　地铁消防应急响应概述

地铁作为城市中最重要的公共交通设施之一，贯彻"应急响应"的总体安全理念，有助于更好地提升地铁消防安全。

第一节　应急响应的基本概念

"应急响应"概念最早起源于一些国际组织，通常是指一个组织为了应对各种意外事件的发生所做的准备以及在事件发生后所采取的措施，对应的英文是 incident response 或 emergency response。随着欧美国家对灾害和紧急情况管理认识的逐渐提高，以及对更好应对灾害和危机需求的增加，应急响应的概念逐渐形成并得到广泛接受，许多国际组织和机构如联合国、世界卫生组织、国际红十字会等，都参与了应急响应理论和实践的推进，各国政府、公共机构、企业和社区也逐渐认识到应急响应的重要性，并在其领域内制定了相应的政策、计划和措施。

从消防救援的角度来看，应急响应比应急救援的概念更加广泛，一般认为的应急救援主要指拯救人员生命和财产的过程；而"应急响应"贯穿灾害事故发生的前、中、后各个阶段，具有更加广阔的内涵与意义。比如，地铁消防在事故前开展预先演练，为可能出现的灾害事故做好应急救援准备，也是地铁消防应急响应的重要组成部分。应急响应通常涉及一系列阶段和步骤，确保在紧急情况下相关部门和机构能够有效、协调地采取行动。一般情况下，应急响应分为如下主要步骤：

（1）预案制定。在事发前制定应急预案，这包括定义可能发生的紧急事件类型、确定责任人员、明确行动计划、准备资源和工具等，预案应该是动态的，能够根据不同情境和新信息进行更新。

（2）信息收集和评估。在紧急事件发生时，迅速收集、分析和评估相关情报是至关重要的，这可能包括事件的性质、规模、影响、持续时间等信息。

（3）通知和启动救援队伍。一旦有了紧急情况的初步了解，就需要及时通知相关人员，并启动应急团队。

（4）场景评估。救援队伍需要在现场进行评估，了解实际情况，包括安全因素、人员伤亡情况、资源需求等，这有助于更准确地制定应对策略。

（5）资源调配。根据场景评估的结果，需要迅速调配必要的人员、设备和物资。这可能涉及内部资源的调动，也可能需要协调外部支援。

（6）沟通和协调。在整个过程中，及时、准确地进行内部和外部的沟通至关重要。协调各方的行动，确保信息流畅，是有效应急响应的关键。

（7）行动和实施。根据评估和资源调配的结果，执行应急计划中的具体行动，包括消防救援、医疗支援、维持秩序等。

（8）监控和调整。在应急行动进行的同时，需要不断监控情况的变化，根据需要调整行动计划，包括随时更新信息、评估行动的有效性，并做好长期的应对准备。

（9）恢复和总结。一旦紧急事件得到控制，进行后续的恢复工作，并总结应急响应的经验教训。

总体而言，应急响应是一种组织和协调各方力量，以最大限度减小紧急事件对生命、财产和环境造成影响的战略性行动。如图 11-1 所示为上海地铁事故救援的应急响应。

图 11-1　上海地铁事故救援的应急响应

全流程的地铁消防应急响应符合地铁灾害事故救援的基本逻辑：首先，在地铁灾害事故发生前，必须加强应急基础设施建设，制定预案并开展演练，为灾害事故救援做好准备工作；其次，在事故发生时必须做好风险感知和监测工作，从而及时发出事故预警；然后，要控制灾害并开展救援，确保人员和财产安全；最后，消防救援队伍有时还要协助恢复设施设备，使地铁尽快恢复正常运营，继续发挥城市公共交通运输的重要作用。贯穿灾害事故前、中、后各个阶段的应急响应过程如图 11-2 所示。

贯彻应急响应的大安全理念也是中国应急管理体制创新和法律保障的综合体现。目前随着中国应急管理体制的不断完善，初步构建了以《中华人民共和国宪法》为依据，以《中华人民共和国突发事件应对法》（简称《突发事件应对法》）为核心，以相关单项法律法规（如《中华人民共和国防洪法》《中华人民共和国消防法》《中华人民共和国安全生产法》《中华人民共和

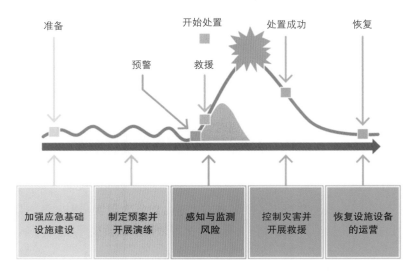

图 11-2　贯穿灾害事故前、中、后各个阶段的应急响应过程

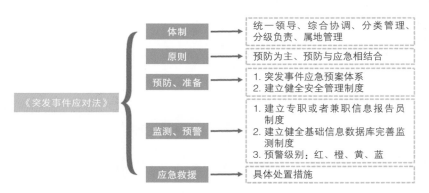

图 11-3　中国《突发事件应对法》的基本框架

国传染病防治法》等）为配套的应急管理法律体系。《突发事件应对法》（图 11-3）中第二条就将突发事件的应急响应流程划分为"预防与应急准备、监测与预警、应急处置与救援、事后恢复与重建"等四个阶段，为中国自然灾害、事故灾难、公共卫生事件和社会安全事件等突出事件的应急响应提供了根本的法律依据。

　　欧美发达国家在应急管理工作中也贯彻并执行全流程应急管理的理念，如美国最高应急管理机构是国土安全部，原负责紧急事务的美国联邦紧急事务管理署（FEMA）于 2003 年并入国土安全部，是国土安全部中最大的部门之一，它的内设机构包括应急准备部、缓解灾害影响部、应急响应部、灾后恢复部、区域代表处管理办公室等五个部门，其中前四个部门直接对应应急管理的各个阶段。FEMA 的宗旨如图 11-4 所示。显然，全流程的应急响应理念在国外也是深入人心。

　　因此，中国地铁消防应急响应也应贯彻包含应急准备、应急预警、应急处置、应急恢复的全流应急响应理念与方法。

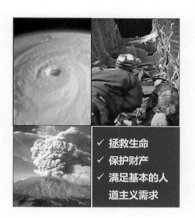

FEMA的职责是：通过应急准备（prepare for）、紧急事件预防（protect against）、应急响应（respond to）和灾后恢复（recover from）等全过程应急管理，领导和支持国家应对各种灾难，保护各种设施，减少人员伤亡和财产损失

✓ 拯救生命
✓ 保护财产
✓ 满足基本的人道主义需求

图 11-4　美国联邦紧急事务管理署（FEMA）的宗旨

第二节　地铁消防应急响应的灾害事故

为了提高地铁消防应急响应水平，首先要对地铁消防可能面对的灾害事故进行明确。地铁火灾事故的发生原因多种多样，涉及人为因素、设备故障、管理不善等各种原因。如 2011 年上海地铁 10 号线 "9·27" 追尾事故主要是设备故障引发，2021 年郑州地铁 5 号线 "7·20" 积水事故则主要是由极端天气灾害导致。通过分析地铁消防事故灾害发生的原因，并结合相关预案和案例，进一步梳理地铁消防应急响应主要应对的灾害事故类型。

一、地铁消防灾害事故诱因

从灾害学的角度来说，地铁消防灾害事故发生的原因不尽相同，事故种类各式各样，灾后的损失也千差万别，但每种事故都有一定的共性，即都是由一些相同基本要素构成的诱因去触发的。地铁消防灾害事故与其他类型的灾害事故致灾理论基本一致，可以采用通用的事故致因理论进行分析。

典型灾害事故致因模型主要包括 4 个层次，即造成事故发生的直接原因（阶段Ⅰ）、间接原因（阶段Ⅱ）、根本原因（阶段Ⅲ）和根源原因（阶段Ⅳ）（图 11-5）。其中，阶段Ⅰ包含不安全动作和不安全物态；阶段Ⅱ包含安全知识不足、安全意识不高、安全习惯不佳、安全心理不佳与安全生理不佳等 5 个方面；阶段Ⅲ主要是安全管理体系欠缺；阶段Ⅳ主要是安全理念缺失。其中阶段Ⅰ和Ⅱ属于个人行为，阶段Ⅲ和Ⅳ属于组织行为。

城市轨道交通事故致因分析的方法就是针对上述 4 个阶段逐步进行分析，逐步分解事故发生的原因。各个阶段的具体分析如下：

1. 阶段Ⅰ：不安全动作的定义及分类

不安全动作指人员一次性的不安全行为，是导致事故发生的关键行为动作。地铁消防不安

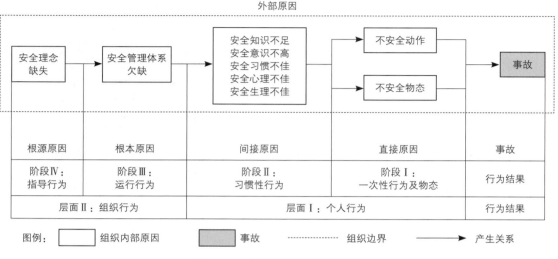

图 11-5　典型灾害事故致因模型

全动作的实施者包括乘客和工作人员，其中工作人员泛指城市轨道交通运营单位的列车司机、站务员、行车调度员、维修人员等所有相关岗位人员。地铁消防中的不安全行为具体包括 4 类：乘客的不安全行为、人的极端行为、工作人员违章操作、工作人员失责（图 11-6）。

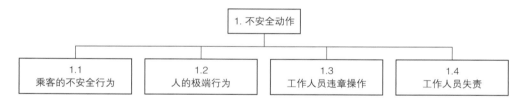

图 11-6　不安全动作分类示意图

2. 阶段Ⅰ：不安全物态的定义及分类

不安全物态是对事故发生有重要影响的物态，可能由不安全动作产生，或由习惯性行为激发，包括光、声、热、化学、生物力、电、磁等机制。地铁消防不安全物态包括城市轨道交通系统内部列车、自动扶梯、安检系统、供电系统等整个系统内的不良状况，具体主要包括以下 4 类：自然环境、站内环境、站外环境、设备故障，其中设备故障包括自动扶梯故障、供电系统故障、列车故障、安检故障、信号故障、防洪系统故障（图 11-7）。

3. 阶段Ⅱ：间接原因的定义及分类

间接原因一般可包括 5 个方面：安全知识不足、安全意识不高、安全习惯不佳、安全心理不佳与安全生理不佳（图 11-8）。具体来看，安全知识是避免引发不安全物态、做出不安全动作的经验和技能；安全意识是发现、及时消除及处理危险源的意识；安全习惯是与事故发生有密切联系的日常习惯；安全心理是与事故发生有密切联系的日常心理状态；安全生理是与事故发生有密切联系的日常生理状态。地铁消防事故灾害的间接原因主要也包括这 5 个方面。

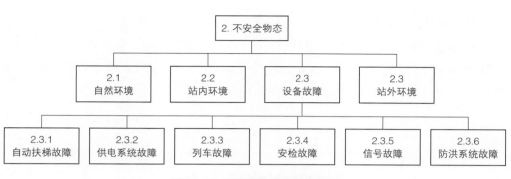

图 11-7　不安全物态分类示意图

图 11-8　间接原因分类示意图

4. 阶段Ⅲ：安全管理体系欠缺的定义及分类

参照《城市轨道交通运营管理规定》《国务院办公厅关于保障城市轨道交通安全运行的意见》，将安全管理体系欠缺定义为安全管理制度不足、应急响应不足与安全方针欠缺 3 类（图 11-9）。

图 11-9　安全管理体系欠缺分类示意图

5. 阶段Ⅳ：安全理念欠缺的定义及分类

安全理念是安全工作指导思想的具体来源及其内容。参照《企业安全文化建设导则》（AQ/T 9004—2008），安全理念欠缺包括安全的重要度欠缺、安全与管理结合欠缺、安全教育培训不足、安全检查制度欠缺、员工参与度不足 5 类（图 11-10）。地铁消防事故灾害的根源原因也包括这 5 类。

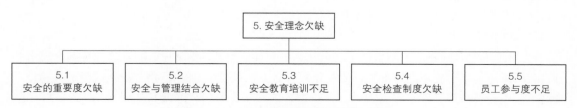

图 11-10　安全管理体系欠缺分类示意图

6. 其他：外部因素的定义及分类

外部因素指对组织内部有影响的经济、家庭、法律法规等因素。结合城市轨道交通的运营环境，将外部因素定义为社会环境、安全与管理结合欠缺、设计制造欠缺、法律法规欠缺四类，其中设计制造欠缺包括设备出厂质量不合格与建造施工遗留问题（图 11−11）。

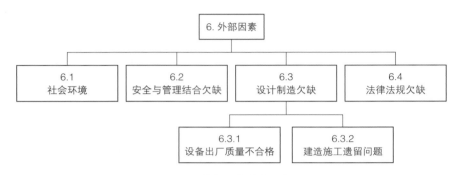

图 11−11　外部因素分类示意图

上述理论框架适用于城市轨道交通事故致因分析：一方面，参照众多的标准和规定，从组织内、组织外两个部分划分了主要的事故原因，可以在致因分析时作为参考。另一方面，理论框架可以为事故案例库建立和成因调查提供指导，只要对事故致因理论框架的各部分逐一进行调查和分析，就能了解事故灾害的全貌。

二、地铁消防灾害事故类型

目前政府部门和运营公司都对地铁运营事故做过一些梳理，可以作为地铁消防灾害事故分类的参考。

1. 地铁运营事故分类

交通运输部发布的《城市轨道交通运营突发事件应急演练管理办法》（交运规〔2019〕9号）中，将地铁运营事故分为以下 7 类：

（1）列车脱轨、撞击、冲突、挤岔；

（2）土建结构病害、轨道线路故障；

（3）异物侵限、车站及线路淹水倒灌；

（4）车辆故障、供电中断、通信中断、信号系统故障；

（5）突发大客流、客伤；

（6）列车、车站公共区、区间及主要设备房等区域火灾；

（7）网络安全事件。

《上海地铁运营故障（突发事件）晚点社会告知宣传分类详解》中，将地铁故障与突发事件分为车门故障、车辆故障、列车紧急装置异常启动（导致列车迫停）、信号设备故障、异物侵入线路、供电设备故障、线路设备故障、人员进入线路、屏蔽门故障及其他因素共 10 项 23 个故障症状类型。具体见表 11−1。

表 11-1　上海地铁运营故障分类

对外描述	故障症状
（一）车门故障	列车车门故障
（二）车辆故障	列车制动不缓解
	列车牵引故障
	列车受电弓故障
	列车风缸压力下降
	车载信号保护（ATP）故障
（三）列车紧急装置异常启动（导致列车迫停）	列车紧急制动装置启动
（四）信号设备故障	道岔失去表示
	中央和车站控制失效
	区间信号显示（红光带）故障
	车站联锁瘫痪
（五）异物侵入线路	触网异物侵限
	异物侵限
（六）供电设备故障	触网短路失电
	变电设备故障失电
	上级电网失电
（七）线路设备故障	断轨
	道岔损伤
	区间积水
（八）人员进入线路	人车冲突
	人员进入区间线路
（九）屏蔽门故障	屏蔽门故障
（十）其他因素	其他故障

2. 地铁消防灾害事故分类

地铁消防主要涉及城市轨道交通中的火灾、抢险救援和社会救助等灾害事故，重点关注地铁运营事故分类中与消防安全相关的灾害事故类型。基于近年来国内外地铁消防事故灾害案例，参考《城市轨道交通运营突发事件应急预案编制规范》（JT/T 1051—2016）和《上海地铁运营故障（突发事件）晚点社会告知宣传分类详解》中针对地铁运营突发事件的分类方法，可以将地铁消防灾害事故类型分为火灾、水灾、列车运行事故、公共安全事故和其他事故 5 类。

（1）火灾。包括列车、车站公共区、区间及主要设备房等区域火灾。2003 年 2 月 18 日，韩国大邱市地铁发生特大火灾，造成 198 人死亡、147 人受伤；2016 年 1 月 26 日，日本东京地铁银座车站内因车站通气口的不明物质燃烧而引起失火，约 6.8 万人的出行受到了影响；2020 年 3 月 27 日，美国纽约曼哈顿第 110 街车站列车车厢突发火灾，造成 1 人死亡、16 人受伤。

这些案例都证明火灾是地铁消防救援面临的最重要的灾害事故类型。

（2）水灾。包括车站及线路淹水倒灌。2017 年 7 月 9 日晚法国首都巴黎遭遇罕见大暴雨，雨水倒灌地铁车站，导致巴黎 20 个地铁站关闭；2021 年 7 月 20 日，中国河南郑州持续遭遇极端特大暴雨，致地铁 5 号线五龙口停车场及其周边区域发生严重积水现象，造成 14 人不幸遇难。近年来受到极端天气的影响，水灾似乎已成为地铁消防面临的仅次于火灾的灾害事故类型。

（3）列车运行事故。包括列车脱轨、撞击、冲突、挤岔等。2011 年 9 月 27 日上海地铁 10 号线因信号设备发生故障，在豫园往老西门方向的区间隧道内发生了 5 号车追尾 16 号车的事故，事故导致大量乘客受伤，271 人到医院就诊；2023 年 1 月 7 日，墨西哥城两辆地铁在地铁站正面相撞，造成 1 人死亡、57 人受伤。列车运行事故发生后，地铁消防主要承担车辆破拆、人员搜救、疏散引导等职责。

（4）公共安全事故。包括踩踏事故、电梯事故、屏蔽门夹人、跳轨、坠轨事故等。2011 年 7 月 5 日，北京地铁 4 号线动物园站 A 口上行电梯发生设备故障，上行的电梯突然倒转，导致人群跌落，造成 1 人死亡、2 人重伤、26 人轻伤；2022 年 8 月 9 日，北京地铁 2 号线朝阳门站列车进站时，一名男子跳入轨道，造成该人死亡、列车也长时间停运。公共安全事故发生后，地铁消防主要承担人员搜救、疏散引导等职责。

（5）其他事故。主要包括恐怖活动及其他类型的自然灾害等。2017 年 4 月 3 日，俄罗斯圣彼得堡地铁发生爆炸事故，造成 16 人死亡、50 多人受伤；2003 年 5 月 26 日，日本北部仙台市附近发生强烈地震，造成列车停运。在这些事故灾害发生时，地铁消防主要协助公安、应急、卫生等部门做好配合工作。

第三节　地铁消防应急响应框架

地铁由于客流量比较大，若营救不到位，会直接危害到人们的生命安全，相比其他灾害事故，地铁应急救援的难度更大。为了做好地铁消防应急响应工作，首先要系统构建地铁消防应急响应的框架，并作为所有工作的统领。

地铁应急响应是一项非常庞大复杂的系统工程，必须按照"全流程参与、全空间覆盖"的思路，提高地铁的应急救援水平。灾害事故的应急响应也是世界各国防灾、减灾的最后一道屏障，如美国应急救援体系始建于 20 世纪 70 年代，现已形成一套健全、快速、高效的应急救援体系，美国联邦紧急事务管理署是应急救援管理的最高行政机构，全面负责应急准备、预防、监测、响应、救援和灾后恢复工作。参考美国等发达国家的应急响应框架体系，可以类比构建地铁消防的应急响应总体框架。

国际上应急管理成熟的主要标志是从"兵来将挡、水来土掩"的就事论事方式，发展成"未雨绸缪、预先设计一套完整、高效处理所有问题的体系"。美国联邦紧急事务管理署提出了预防、准备、反应和恢复的应急管理四阶段模型，并在近地天体准备战略和行动计划等灾害事故应对中得到了充分应用，这一理念非常值得地铁消防应急响应工作借鉴。参照此理念，地铁消防可以将整个应急响应过程分为应急准备、应急预警、应急处置、应急恢复等四个阶段（图 11–12）。

一、应急准备阶段

针对地铁可能发生的事故，为迅速、科学、有序地开展应急响应行动，应预先进行思想准备、组织准备和物资准备。近年来，应急管理部要求全系统始终把"应急准备好了没有"作为履职尽责的检验标尺，做好预案准备、机制准备、力量准备和装备物资准备。

二、应急预警阶段

预警是对地铁可能发生的危险或需要戒备的危急事件预先做出推测，并向社会发布警告或警报的过程，人员踩踏、洪涝、火灾等事故灾害从孕育到成灾会存在一定的时间窗口，这段时间可直接用于人员的自救及生命线系统及重要设施的关闭，以降低灾害发生的后果。

三、应急处置阶段

灾害事故发生后，各种救援单位遵循"联动响应，协同处置"的救援机制，在地铁灾害事故总体救援预案指导下，发挥与公安、医疗、交通及运营主体单位等部门联动响应机制的优势，各司其职，紧密配合，协同处置，尽快完成灾害的处置。

四、应急恢复阶段

应急响应在灾后还应具有恢复重建的职能，主要是指在各方面援助下尽快恢复地铁作为城市生命线开展运营的过程，大量火灾烟气的滞留、灭火用水的积蓄和关键设备设施的损坏是地铁灾后可能出现的几种主要情况，各级消防应急响应队伍应协助业主单位，尽快解决影响地铁快速恢复运营的关键因素。

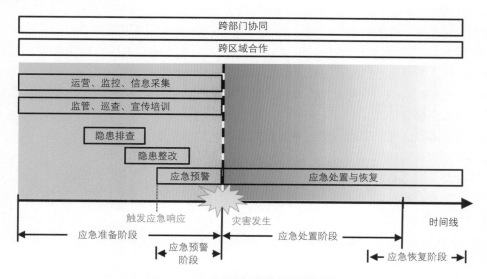

图 11-12　地铁消防应急响应的流程

第十二章　地铁消防应急准备

地铁消防应急准备是指为迅速、科学、有序地开展应急响应行动，预先进行的思想准备、组织准备和物资准备。地铁大部分位于地下，常用的移动通信信号、WiFi 信号、GPS 信号在地下往往难以有效覆盖，因此，必须要提前开展地铁消防应急通信网络建设。地铁消防可能发生的事故灾害类型主要是火灾、水灾、列车运行事故、停电等，也需要针对这些灾害制定专门的应急响应预案。此外，经常性地开展演练也是加强人员培训的有效手段。

第一节　应急通信网络建设

地铁的应急通信网络通常采用多种技术和系统来确保在紧急情况下能够进行有效的通信。这些通信系统旨在保障乘客和工作人员的安全，并协助应对紧急事件。

一、地铁应急通信网络常用技术和设备

（1）地铁内部通信系统。地铁系统通常配备有内部通信设备，如对讲机或内部通信系统，使车厢内的工作人员能够直接联系车站或指挥中心。

（2）无线电通信。地铁系统可能使用专用的无线电通信系统，包括对列车和车站工作人员进行通信的无线电台或系统。

（3）手机信号和 WiFi。一些地铁系统提供车站和列车上的手机信号覆盖或 WiFi 连接，以便乘客和工作人员在紧急情况下能够通信或获取信息。

（4）应急呼叫装置。在车厢和车站可能设置有紧急呼叫装置，乘客可以通过这些装置联系工作人员或报告紧急情况。

（5）监控系统。地铁系统可能配备有监控系统，监视车站和列车内外的情况，其中一些系统可能具有双向音频功能。

（6）紧急广播系统。车站和列车可能配备有紧急广播系统，可用于发布重要通知、指示或紧急情况下的安全指示。

这些通信系统和设备相互配合，以确保在紧急情况下能够迅速、准确地进行通信，并提供必要的支持和指导。对于地铁系统来说，建立稳健的应急通信网络是确保安全和应对突发事件的关键之一。

对于消防救援队伍而言，应急情况下当列车系统通信系统出现故障后，消防无线通信系统

是最后的手段，必须要确保消防无线通信的高效组网与远距离传输。消防无线通信是地铁应急救援中至关重要的环节，高效、顺畅的无线通信有利于现场指挥部、指挥中心、参与救援力量及时了解情况，便于总指挥根据灾情做出科学判断与决策、及时调度灭火抢险救援力量，以最大限度地减少群众伤亡及财产损失。在实战中，消防救援人员主要通过无线终端进行信息、作战命令的传送。

消防无线通信系统是地铁区域灭火救援的重要基础设施。根据组网形式不同，系统主要包括三种无线通信保障网，即消防 350M 无线网、地铁 800M 无线网、消防 800M 无线网，对应到无线手持电台分别是消防 350M 电台、地铁 800M 电台、消防 800M 电台。

二、地铁消防无线通信的系统组成

目前，消防救援力量的无线通信网络主要分为三级网络：一级网为城市覆盖网、二级网为现场指挥网、三级网为灭火救援战斗网。

（1）城市覆盖网（一级网）。主要指消防总队指挥中心与各战区消防支队以及各出警消防队伍之间的无线通信。主用设备为消防 800M 电台，备用设备为消防 350M 电台。

（2）现场指挥网（二级网）。主要用于各个消防支队与下属管辖的消防中队之间以及与其他消防支队之间进行的无线通信。主用设备为消防 800M 电台，备用设备为消防 350M 电台。

（3）灭火救援战斗网（三级网）。主要指各消防中队之间应援通信网以及各消防中队出火警时，消防中队内部互相通信时使用的无线通信。主用设备为消防 350M 电台，备用设备为消防 800M 电台。

在上述三级网络的总体框架下，各地针对消防救援建设了不同的电台，例如上海地铁消防用于地铁灭火救援的三类电台如下：

（1）消防 350M 电台，即 GP328/GP338/GM3688 等型号，使用消防自建无线网络，4、5、6 频道定为地铁作战专用频道。

（2）地铁 800M 电台，即 MTP850 型，使用地铁专用网络，使用人员为内部职工（驾驶员、站务员、维修人员等）、轨道消防支队、轨交民警及保安。

（3）消防 800M 电台，即 MTP850 型，已从公安系统网转为城市政务网。

三、地铁消防无线通信固定组网方案

上海地铁 4 号线是上海轨道交通系统中唯一的一条环线，该线全长 33.6 km，共设 26 座车站，其中换乘车站 19 座，其消防无线通信固定组网方案具有一定的典型性和代表性，下面以其为例进行介绍。

上海地铁 4 号线无线通信采用有线集中引入的组网方式。从基站通过专线引入信号至地铁控制中心，控制中心链路电台通过光纤与消防 119 指挥中心设备连通。无线信号利用地铁内的合路分路平台进行信号分配。地下车站和站台采用室内吸顶天线进行覆盖，隧道内采用泄漏电缆方式进行覆盖，在车站地面出入口附近采用室外天线进行覆盖。漏缆和天线相结合，较好地解决了信号均匀覆盖的问题。各地下车站分别设置 3 套转发基台。每个站点均设置 3 套异频转发基台，每套基台配置一对异频频点，对上述覆盖范围内的参战电台进行异频信号的本地转发，确保每个单个站的站台、站厅及地面出入口附近 300 m 范围内消防无线 350M 通信联络畅通。

根据灾害规模，无线通信组网方案一般有以下三种情况：

1. 单个消防中队到场处置的通信方案（小型灾害处置）

在单个消防中队到场处置的小型地铁灾害现场中，内攻人员采用 350M 地铁专用频道与地面指挥员进行通信联络，地面指挥员通过 800M 数字集群将现场情况向指挥中心汇报。具体组网方式如下：

（1）消防一级网设置。消防中队通过车载或手持 800M 电台与指挥中心进行通话，实现一级网的互连互通。

（2）消防二级网、三级网设置。由于参战人数较少，二级网、三级网合并使用，消防中队通过 350M 的 4 频道实现与各指挥员及战斗员之间的通信。单个消防中队到场处置的通信组网方案如图 12-1 所示。

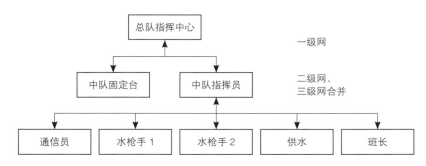

图 12-1　单个消防中队到场处置的通信组网方案

2. 辖区支队指挥到场处置的通信方案（中型灾害处置）

在辖区支队指挥到场处置的中型地铁灾害现场中，使用 350M 的 4 频道作为现场指挥频道，5 频道供辖区支队、轨道支队等到场单位使用，6 频道供应援队伍使用，并成立现场指挥部，通过 350M 地铁频道实现地下至地面的通信联络，与指挥中心的通信由现场指挥部或地面指挥员通过 800M 数字集群系统进行。具体组网方式如下：

（1）消防一级网设置。在现场支队指挥车设置 1 个 800M 数字集群固定台，分别与指挥中心、总队指挥、现场各队伍参战车辆进行通信，实现一级网的互联互通。

（2）消防二级网设置。现场设置 1 个 350M 固定台，调至 4 频道（即消防二级网频道），实现现场指挥部与各指挥员之间通信，实现二级网互联互通。

（3）消防三级网设置。现场设置 2 个 350M 手持台，分别调至 5 频道和 6 频道。消防三级网用于支队指挥员与各队伍战斗员之间通信，其中辖区支队、轨道支队采用 5 频道进行通信，应援队伍采用 6 频道进行通信，实现指挥员与战斗员之间的通信。指挥员携带 2 个 350M 电台，1 个调至 4 频道用于二级网，1 个调至 5 频道或 6 频道用于三级网。战区指挥到场处置的通信组网方案如图 12-2 所示。

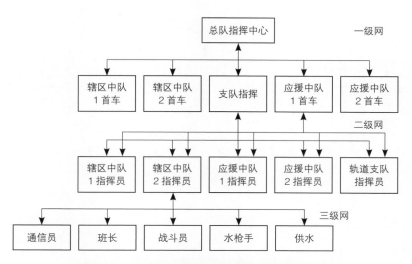

图 12-2　辖区支队指挥到场处置的通信组网方案

3. 总队指挥到场处置的通信方案（大型灾害处置）

在总队指挥到场的大型地铁灾害处置现场，应成立现场指挥部，现场指挥部或地面指挥人员通过 800M 数字集群系统与总队指挥中心进行通信联络。使用 350M 的 4 频道作为现场指挥频道，5 频道和 6 频道作为战斗频道使用。具体组网方式如下：

（1）消防一级网设置。在现场指挥部设置 2 个 800M 数字集群固定台，分别与指挥中心、总队指挥、现场各参战车辆进行通信，实现一级网的互联互通。

（2）消防二级网设置。现场设置 3 个 350M 固定台，分别调至 4 频道、5 频道、6 频道。4 频道为指挥频道（即消防二级网频道），实现现场指挥部与各指挥员之间通信，实现二级网互联互通。同时监听 5 频道、6 频道（战斗频道），实现现场指挥部实时监听战斗员之间的通信，必要时可以与各战斗员进行通信。

（3）消防三级网设置。消防三级网用于指挥员与各战斗员之间通信，采用 5 频道和 6 频道。辖区支队、特勤支队、轨道支队采用 5 频道进行通信，应援队伍采用 6 频道进行通信，实现指挥员与战斗员之间的通信。指挥员携带 2 个 350M 电台，一个调至 4 频道用于二级网，一个调至 5 频道或 6 频道用于三级网。总队指挥到场处置的通信组网方案如图 12-3 所示。

四、地铁消防无线通信应急临时组网方案

考虑到在遭到严重火灾、爆炸事故时，承担信号收集、发射任务的漏缆和天线也会有不同程度的毁损。因此，为了提高消防应急通信在极端恶劣环境下的使用能力，一般有以下两种临时组网的应急方案：

（1）方案一。在地铁每个车站出入口和每个站台层配备消防应急通信箱，应急通信箱内设备包括通信电缆、绕线器、充电设备等，站厅层的应急通信箱放置于消火栓箱附近，便于火场侦查员和救援队员取出设备，快速进行现场通信网络的架设，实现地面、地下站台和隧道区间内的电台互联。

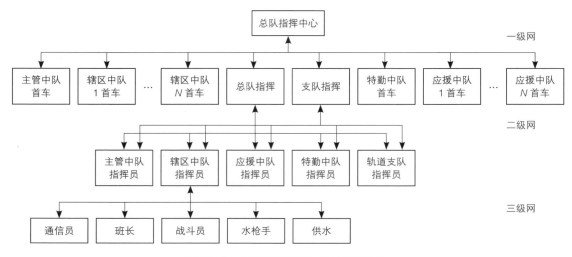

图 12-3　总队指挥到场处置的通信方案

（2）方案二。使用地铁固有通信设备，在火灾发生期间，给每个进入地铁的消防队员配备通信手持台，统一使用地铁专用无线通信网络进行灭火救援指挥。

从两种方案的优缺点来看：方案一优点是使用消防救援队伍频率，地面指挥部可以方便稳定地与地下战斗员进行联系，不受地铁内原有电缆损毁的影响，缺点是每层需设置消防应急指挥箱，需要提前规划并有一定的成本投入。方案二优点是直接借助如地铁本身的无线通信，经济投入少。但在实际使用时存在两个问题：一是地铁站手持台的数量是否满足使用要求；二是如何将地铁通信使用的 800M 集群台与地面消防指挥中心的 350M 常规台快速组成临时指挥网络，从而保持地上地下的通畅对话。从缩短救援时间、提高救援速度角度考虑，一般不建议使用方案二。

第二节　应急响应预案制定

"居安思危，思则有备，备则无患"，消防应急预案是为了针对单位可能发生的火灾，根据现有的人员、岗位、器材、设施等，拟定灭火救援的方案，以利于单位员工熟悉内部情况，在发生火情时能够第一时间按照计划组织实施，控制火势，疏散人员，减少损失。

一、应急预案编制要求

我国从法律、规定、标准各层面都对应急预案编制提出了具体要求。《消防法》第十六条规定：机关、团体、企业、事业等单位应当"制定灭火和应急疏散预案""组织进行有针对性的消防演练"；《机关、团体、企业、事业单位消防安全管理规定》第四十条规定："消防安全重点单位应当按照灭火和应急疏散预案，至少每半年进行一次演练，并结合实际，不断完善预案"；《社会单位灭火和应急疏散预案编制及实施导则》对预案编制的原则、程序、内容、架构等提出了明确的要求。

我国从 2003 年战胜非典开始推进应急预案编制工作，取得了显著成效，预案数量大幅增长、质量逐步提高、结构不断优化、管理普遍加强，在有效应对突发事件中发挥了不可替代的作用。

从国家层面，地铁消防应急预案的制定应遵循以下法律法规：

（1）《中华人民共和国突发事件应对法》；

（2）《中华人民共和国消防法》；

（3）《中华人民共和国安全生产法》；

（4）《突发事件应急预案管理办法》（国办发〔2024〕5 号）；

（5）《生产安全事故应急条例》（国务院令第 708 号）；

（6）《国务院办公厅关于保障城市轨道交通安全运行的意见》（国办发〔2018〕13 号）；

（7）《城市轨道交通运营管理规定》（交通运输部令 2018 年第 8 号）；

（8）《国家城市轨道交通运营突发事件应急预案》（国办函〔2015〕32 号）。

应急预案要对应急组织体系与职责、人员、技术、装备、设施设备、物资、救援行动及其指挥与协调等预先做出具体安排，明确在突发事件发生之前、发生过程中以及刚刚结束之后，谁来做、做什么、何时做，以及相应的处置方法和资源准备等。所以，应急预案实际上是各个相关地区、部门和单位为及时有效应对突发事件事先制定的任务清单、工作程序和联动协议，以确保应对工作科学有序，最大限度地减少突发事件造成的危害。同时，应急预案重点规范事发后的应对工作，适当向前、向后延伸：向前延伸主要是指必要的监测预警等；向后延伸主要是指必要的应急恢复，包括有效防止和应对次生、衍生事件。应急预案是立足现有资源的应对方案，主要是使应急资源找得到、调得动、用得好，而不是能力建设的实施方案。

此外，各地地铁运营公司也会编制相关的应急预案。例如上海地铁结合各单位实际情况，会同公安、消防、供电、通信、供水、交通和医疗等单位，分层级制定了应急预案，并结合预案编制，要求"一站一方案"，每个车站都要根据所在区域实际情况，详细制定应急预案，并定期更新，确保紧急情况下能够发挥作用。同时，针对各类事故和突发事件的应急处置不同，上海地铁结合实际制定了包括控制中心应急处理预案、车站应急处理预案、列车火灾事件应急处理预案、车务安全应急处理预案、乘客疏散预案等。

二、运营突发事件应急预案

以上海市为例，《上海市轨道交通运营突发事件应急预案》为全市行政区域内轨道交通运营过程中因各类列车撞击、脱轨，设施设备故障、损毁以及大客流等情况造成人员伤亡、行车中断、财产损失的突发事件做好了预案准备。

在组织体系方面，《上海市突发公共事件总体应急预案》明确，全市突发事件应急管理工作由市政府统一领导；市政府是本市突发公共事件应急管理工作的行政领导机构；市应急局决定和部署本市突发事件应急管理，并负责突发事件应急管理的日常事务。市应急联动中心设在市公安局，作为全市突发事件应急联动先期处置的职能机构和指挥平台，针对轨道交通运营突发事件，负责组织各联动成员单位迅速进行先期处置工作。

市轨道交通应急处置指挥部是在市政府领导下负责统一组织指挥轨道交通运营突发事件处置和救援工作的临时工作机构。总指挥由市领导确定，副总指挥由市应急局、市交通委、市公安局、市消防救援总队、相关区政府分管领导及申通集团主要负责人担任。成员单位包括市应急局、市交通委、市公安局、市消防救援总队、市国资委、市发展改革委、市商务局、市经济信息化委、市住房城乡管理委、市卫生健康委、市政府外办、市政府新闻办、市民防办、市委网信办、市民政局、市生态环境局、市水务局、市文化旅游局、市市场监管局、市绿化市容局、市通信管理局、上海警备区、武警上海总队、相关区政府及申通集团等；并可根据处置工作需要，补充和调整成员单位。

市轨道交通应急处置指挥部原则上设在上海轨道交通网络运营协调与应急指挥室，统一指挥事件处置、客流疏导、保卫警戒、物资保障、水务协调、道路建筑、电力通信、信息发布、善后处置等工作。并可根据应急处置需要在事发区域就近设立现场指挥点。

对于现场指挥机构，轨道交通运营突发事件发生后，轨道交通运营单位要立即成立轨道交通应急救援的现场指挥机构，负责牵头指挥现场应急处置、救援保障、人员疏散撤离等前期救援工作。轨道交通车站联系轨交公安、属地街道、属地派出所、属地消防、公交企业等单位，启动"四长联动"应急工作机制，做好组织协调与客流疏散，并及时上报事态发展及应急救援情况。根据突发事件性质、响应级别和工作需要，各成员单位及事发所在区政府要及时赶赴现场，会同运营单位开展现场应急处置工作。

《上海市轨道交通运营突发事件应急预案》组织体系如图 12-4 所示。

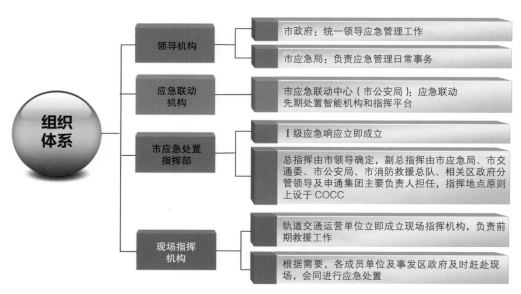

（COCC 指轨道交通网络运营协调与应急指挥室）

图 12-4　《上海市轨道交通运营突发事件应急预案》组织体系

（一）预警级别

《上海市轨道交通运营突发事件应急预案》根据可能发生的轨道交通运营突发事件的危害性、紧急程度、影响范围和发展态势，将全市轨道交通运营突发事件预警级别由低到高分为蓝色、黄色、橙色和红色四个等级，对应影响线路及区段。遇多线或同时发生多起突发事件，以及乘客出行高峰时段发生突发事件，可能造成事件处置过程中影响程度加剧的，应提升预警和响应等级（图 12-5）。

图 12-5　预警发布

1. 蓝色预警

预计可能对轨道交通系统运营安全和城市运行秩序造成一定危害或威胁，但后果不及一般等级运营突发事件（图 12-6）。

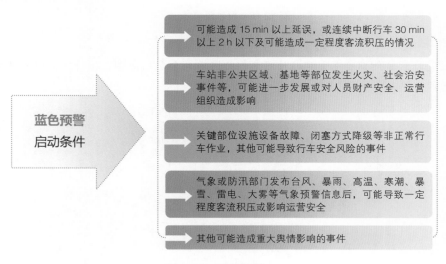

图 12-6　蓝色预警

2. 黄色预警

事态发展较为复杂，预计后果可能达到一般等级运营突发事件（图12-7）。

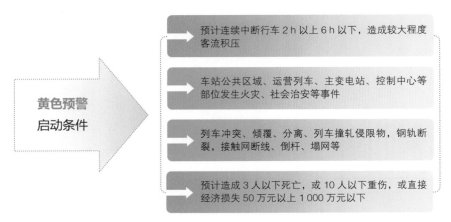

图 12-7　黄色预警

3. 橙色预警

事态发展复杂，事件影响跨区域或跨部门，预计后果可能达到较大运营突发事件（图12-8）。

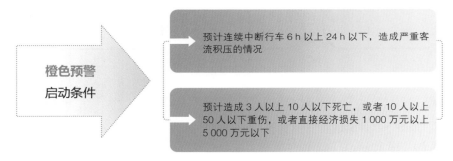

图 12-8　橙色预警

4. 红色预警

事态发展非常复杂，事件影响涉及多个行政区域乃至全市范围，预计后果可能达到重大或特别重大运营突发事件（图12-9）。

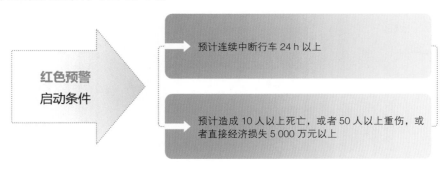

图 12-9　红色预警

（二）应急响应

《上海市轨道交通运营突发事件应急预案》要求轨道交通运营事件发生后，根据"第一时间应急响应"要求，申通集团及各相关单位、部门应及时启动响应，实施应急处置。根据轨道交通运营突发事件的危害性和影响范围，将应急响应行动分为Ⅰ、Ⅱ、Ⅲ三级。同时，根据事件发展态势调整响应级别，避免响应不足或响应过度。

1. Ⅲ级响应启动

当发生蓝色预警级别的突发事件时，申通集团启动轨道交通运营突发事件Ⅲ级应急响应行动。当轨道交通运营事件导致沿线多个站点大客流严重积压时，启动轨道交通站点应对大客流"四长联动"应急处置，由相关站点所在区政府部门派员担任辖区轨道交通站点的地面现场指挥长，并在交通、公安等部门共同协同下，加强站点周边秩序管控，做好人员撤离和疏散工作。

2. Ⅱ级响应启动

当发生黄色预警级别的突发事件时，市交通委启动轨道交通运营突发事件Ⅱ级应急响应行动，在申通集团先期处置基础上，由市交通委与市应急局负责应急指挥，同时联动市公安和属地区政府、属地公安、卫生、医疗、消防等部门配合，立即启动相应等级的响应措施，组织、指挥、协调、调度相关应急力量和资源实施应急处置。

3. Ⅰ级响应启动

当发生橙色、红色预警级别的突发事件时，市政府启动轨道交通运营突发事件Ⅰ级应急响应行动，立即成立市轨道交通应急处置指挥部，由市政府分管领导或市政府指派领导担任应急总指挥，统一指挥、协调、调度全市相关力量和资源实施应急处置。市应急局、市交通委、市公安局、市消防救援总队及其他应急指挥成员单位立即启动相应等级的响应措施。必要时，协调武警和外部力量参与应急救援处置工作。

图 12-10　应急响应要求

（三）先期处置

轨道交通运营突发事件发生后，申通集团要立即实施先期处置，必要时报告市交通委、市应急局、市应急联动中心协调相关专业单位联动处置，全力控制事件发展态势。

（1）申通集团及轨道交通车站层、线路层、网络层值班值守人员要立即核实情况，在综合研判的基础上，组织有关应急力量实施即时处置，开展自救互救，防止事态扩大。

（2）申通集团应视事件影响情况，必要时迅速采取措施，疏散站内、车厢内乘客离站，封闭车站出入口，防止乘客进入；阻止在线列车进入突发事件现场区域，防止发生次生灾害。

（3）市交通委、市应急局、市应急联动中心联动相关单位按照指令，立即赶赴现场，根据各自职责分工和处置要求，快速、高效地开展联动处置。

（4）市公安局应迅速部署警力，市消防救援总队应及时调派处置力量，协助市交通委、申通集团对人员进行紧急疏散救援和区域交通管制。

（四）响应措施

轨道交通运营突发事件发生后，在实施应对大客流"四长联动"应急处置基础上，相关部门和单位要根据救援和处置需要，采取以下现场处置措施：

（1）人员搜救。调派专业力量和装备，在事件现场开展以抢救人员生命为主的应急救援工作。现场救援队伍之间要加强衔接和配合，并做好自身安全防护。

（2）现场疏散。按照预先制定的紧急疏导疏散方案和设置的指引标志，通过车站限流、疏导等措施疏散积压客流，必要时有组织、有秩序地迅速引导乘客撤离事发地点，疏散受影响站点乘客至地面出口；对相关线路实施分区封控、警戒，阻止乘客及无关人员进入。

（3）乘客转运。根据疏散乘客数量和相关线路运行方向，优化轨道交通网络运能调配，调整运输组织方案，疏解突发事件影响区域积压乘客；预设临时接驳车，及时调整公共交通客运方案，调配地面公共交通车辆运输，加大发车密度，做好乘客的转运工作。

（4）交通疏导。设置交通管制区，对事发地点周边交通秩序进行维护疏导，防止发生大范围交通瘫痪；开通绿色通道，为应急车辆开行提供通行保障。

（5）医疗救援。组织医疗资源和力量，做好伤情甄别和人员统计，在相对安全区域对伤病员进行现场救治，并及时将重症伤病员转运到有条件的医疗机构加强救治。

（6）抢修抢险。组织相关专业技术力量，开展设施设备等抢修作业，及时排除故障；组织土建线路抢险队伍，开展土建设施、轨道线路等抢险作业；组织车辆抢险队伍，开展列车抢险作业；组织机电设备抢险队伍，开展供电、通信、信号等抢险作业。

（7）维护社会稳定。根据事件影响范围、程度划定警戒区，做好事发现场及周边环境的保护和警戒，维护治安秩序；严厉打击借机传播谣言、制造社会恐慌等违法犯罪行为。

（五）信息发布

根据全市关于突发事件信息发布工作有关规定，按照"统一领导、分级负责，快报事实、慎报原因，依法处置、求实为本，把握主动、密切协同"的信息发布原则，确保信息发布与事件处置同步进行，提升信息发布时效，相关信息可通过电视、广播、政务微博、微信、互联网、报纸、申通自媒体、申通地铁乘客信息系统、新闻发布会、通气会、组织专家解读等多种途径和方式，主动、及时、准确、客观地向社会持续动态发布轨道交通运营突发事件和应对工作信息，回应社会关切，澄清不实信息，正确引导社会舆论。

原则上，首次信息发布时限为突发事件接报后 2 h 以内。造成重大人员伤亡、重大经济损失或社会影响较大的重特大运营突发事件，首次信息发布时限为接报后 1 h 以内，一般在 24 h 内举行新闻发布会。

（六）响应升级

（1）当事件难以控制或事件蔓延有扩大发展趋势、负责部门及属地无法处置时，应及时向上级负责部门提出申请，升级应急响应等级。

（2）上级部门根据突发事件发展态势，确定应该采取升级应急处置措施的，可主动介入，适时调整响应级别。

（七）响应终止

应急响应工作结束后，根据"谁负责，谁终止"原则，Ⅰ级响应由市政府或授权市轨道交通应急处置指挥部发布响应终止；Ⅱ级响应由市交通委与市应急局发布响应终止，并报告市政府；Ⅲ级响应由申通集团发布响应终止，报市交通委。

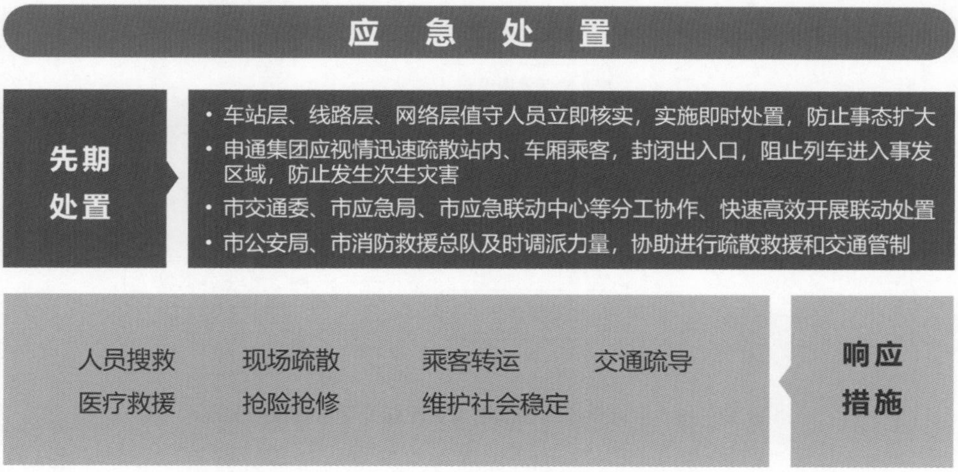

应 急 处 置

先期处置
- 车站层、线路层、网络层值守人员立即核实，实施即时处置，防止事态扩大
- 申通集团应视情迅速疏散站内、车厢乘客，封闭出入口，阻止列车进入事发区域，防止发生次生灾害
- 市交通委、市应急局、市应急联动中心等分工协作、快速高效开展联动处置
- 市公安局、市消防救援总队及时调派力量，协助进行疏散救援和交通管制

响应措施

人员搜救　现场疏散　乘客转运　交通疏导
医疗救援　抢险抢修　维护社会稳定

图 12-11　应急处置要求

三、地铁火灾专项应急预案

除突发事件应急预案外，上海申通地铁集团还针对火灾制定了《运营突发火灾专项应急预案》，细化了火灾情况下应急指挥机构框架及流程（图 12-12）和火灾应急处置信息报告流程（图 12-13）。明确了区间列车火灾、区间火灾、车站火灾、车场火灾、站外独立变电站火灾、控制中心火灾和外部区域火灾七大火灾场景下的响应措施。

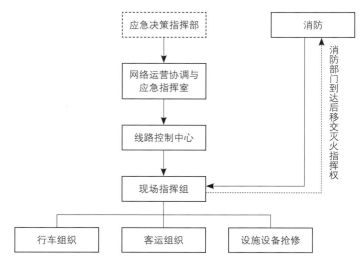

图 12-12　上海申通地铁集团火灾应急指挥机构及流程

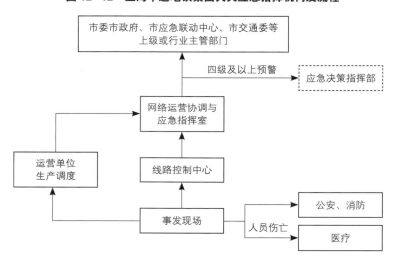

图 12-13　上海申通地铁集团火灾应急处置信息报告流程

四、应急预案实施

　　以上海市为例，为全面做好预案实施等工作，上海地铁要求所辖各单位在预案制定的同时还应开展预案培训、预案实施条件检查、应急演练等工作。

　　（1）预案培训。让参训人员熟悉预案内容，了解火灾发生时各行动机构人员的工作任务及各方之间应做到的协调配合，掌握必要的灭火技术，熟悉消防设施、器材的操作使用方法。

　　（2）预案实施条件检查。通过检查发现可能使预案难以执行或发生错误的问题，以及发现预案有不切合实际的内容，及时予以修订。

　　（3）应急演练。消防安全重点单位应至少每半年组织一次演练，火灾高危单位应至少每季度组织一次演练，其他单位应至少每年组织一次演练。在火灾多发季节或有重大活动保卫任务的单位，应组织全要素综合演练。单位内的有关部门应结合实际适时组织专项演练，每月组织开展一次疏散演练。组织全要素综合演练时，可以报告当地消防部门给予业务指导，适时开展多部门联合演练。

第三节　应急救援模拟演练

消防应急演练是指在事先虚拟的事件（事故）条件下，消防应急指挥体系中各个组成部门、单位或群体的人员针对假设的特定情况，执行实际突发事件发生时各自职责和任务的排练活动；简单地讲就是一种模拟突发事件发生的应对演习。

一、应急救援模拟演练意义

实践证明，加强消防应急演练能在突发事件发生时有效减少人员伤亡和财产损失，迅速从各种灾难中恢复正常状态。

地铁消防应急演练具有如下重要意义：

（1）提高应对突发事件风险意识。开展消防应急演练，通过模拟真实事件及应急处置过程能给参与者留下更加深刻的印象，从直观上、感性上真正认识突发事件，提高对突发事件风险源的警惕性，能促使相关人员在没有发生突发事件时，增强消防救援意识，主动学习消防救援知识，掌握消防知识和处置技能，提高自救、互救能力，保障其生命财产安全。

（2）检验应急预案效果的可操作性。通过消防应急演练，可以发现消防应急预案中存在的问题，在突发事件发生前暴露预案的缺点，验证预案在应对可能出现的各种意外情况方面所具备的适应性，找出预案需要进一步完善和修正的地方；可以检验预案的可行性以及应急反应的准备情况，验证应急预案的整体或关键性局部是否可以有效地付诸实施；可以检验消防应急工作机制是否完善，应急反应和应急救援能力是否提高，各部门之间的协调配合是否一致等。

（3）增强突发事件应急反应能力。消防应急演练是检验、提高和评价应急能力的一个重要手段，通过接近真实的亲身体验的应急演练，可以提高各级领导者应对突发事件的分析研判、决策指挥和组织协调能力；可以帮助应急管理人员和各类救援人员熟悉突发事件情景，提高应急熟练程度和实战技能，改善各应急组织机构、人员之间的交流沟通、协调合作；可以让相关人员学会在突发事件中保持良好的心理状态，减少恐惧感，配合政府和部门共同应对突发事件，从而有助于提高整个社会的应急反应能力。

二、应急救援模拟演练目的

定期开展地铁应急救援模拟演练，可以达到以下目的：

（1）通过演练检验《地铁车站火灾应急处置专项预案》《地铁车站疏散应急处置专项预案》等的内容与相互衔接，查找应急预案中存在的问题，进而完善应急预案，提高应急预案的实用性和可操作性。

（2）完善应急准备。通过开展演练，检查对应突发事件所需应急队伍、物资、装备、技术等方面的准备情况，发现不足及时予以调整补充，做好应急准备工作。

（3）锻炼队伍。通过开展演练，增强演练组织单位、参与单位和人员等对应急预案的熟悉程度，提高其应急处置能力。

（4）磨合机制。通过开展演练，进一步明确相关单位和人员的职责任务，理顺工作关系，完善应急机制。

三、上海地铁应急救援模拟演练案例

通过地铁应急救援演练，可以更加适应城市交通应急联动机制，进一步提高轨道交通应急保障能力，同时检验预案的科学性、有效性、可操作性。

1. 模拟演练案例 1：人民广场站换乘大厅火灾

通过模拟轨道交通人民广场站换乘大厅音乐角附近可疑物品瞬间发生燃烧，启动火灾应急预案及突发情况客流安全快速疏散工作预案，检验车站的应急处置和各岗位应变能力。

演练过程如下：

（1）换乘大厅站务员发现音乐角附近可疑物品瞬间发生燃烧，立即报车站值班员。

（2）站务员带好灭火设备至现场进行初期扑救工作，组织事发地点乘客向站厅疏散。

（3）8 号线车站值班员立即报值班站长，生产调度及线路控制中心（OCC）关闭大三角换乘，同时通报 1 号线及 2 号线车站值班员，停止换乘 1、2 号线，并不间断对乘客播放广播。

（4）值班站长现场指挥控制，了解现场确认着火点火情，组织志愿者消防队员采取初期扑救，命令立即启动疏散预案。车站站长联合轨交警长共同启动"四长联动"。

（5）1 号线车站值班员立即拨打 119、110、120。8 号线车站值班员关闭自动售检票机及进站闸机，按下 AFC 紧急关闭按钮，保持与 1、2 号线及邻站的值班员联系。8 号线值班员向 OCC 申请 1、2、8 号线人民广场站停止换乘。

（6）车站志愿者消防队员到达火灾现场，并开始对火情进行初期扑救。

（7）车站服务员、轨道公安驻站协警、安检、保洁员等工作人员各就各位，打开消防疏散门及专用通道对乘客进行疏散，并做好宣传解释工作。

（8）人民广场地区管理办公室增援人员赶至现场，分别在车站 6、17、18 号口处疏散引导乘客。

（9）黄浦区北京消防救援站的消防员到达 16 号出入口，经协警接应后，由值班站长带领至火灾现场，接替志愿者消防员进行灭火。

（10）火被扑灭，同时 1 号线人民广场站站内乘客疏散完毕。

（11）车站值班员对设备进行复位，值班站长严格确认车站设备正常，无异常情况，恢复运营。

演练整个过程贯彻"统一指挥，逐级负责"的原则，各岗位人员都在演练工作小组的统一指挥下按照演练方案进行，在演练过程中各岗位人员各司其职，配合默契，在预案启动后第一

时间到达指定位置，做到安全有序、行动迅速，防止在演练中造成其他事故发生。人民广场站模拟演练如图 12-14 所示。

图 12-14　人民广场站模拟演练

2. 模拟演练案例 2：真新新村站火灾

为进一步推进车站消防安全能力建设，着力提升员工消防安全意识和应急能力，有效维护车站消防安全形势稳定，地铁 14 号线真新新村站联合真光消防站、万里消防站、桃浦消防站联合开展车站火灾救援演练。

演练过程如下：

（1）车站发现报警信号后，立即对报警区域监控录像进行查看，工作人员现场确认并利用灭火器进行先期处置，微型消防站队员利用室内消火栓进行处置，车站工作人员引导站厅乘客有序疏散，并拨打 119 报警。

（2）辖区消防站接警后迅速到场处置，通过外部观察、询问知情人、消控室侦察等形式开展火情侦察，评估火场态势，针对性进行力量部署。利用建筑消防设施出水控火，阻止火势蔓延。铺设移动供水线路依托防火分区进行堵截设防。

（3）为避免客流拥堵，车站立即启动大客流预案及"四长"联动机制。

（4）支队全勤指挥部到场后，设置现场指挥部，搜集研判火场信息，接管指挥权。对现场作战力量进行评估，绘制火场态势图，制定作战方案，优化调整力量部署。

（5）根据火场态势向总队申请增援，选定增援力量集结点，进行现场通信组网，指定安全助理，建立火灾现场安全体系。

实战演练有效检验了车站员工在突发应急事件下的处置水平，提升了车站员工的消防责任意识，为后续强化薄弱环节、补齐短板、全面提升救援能力提供了经验。真新新村站模拟演练如图 12-15 所示。

图 12-15　真新新村站模拟演练

第十三章　地铁消防应急预警

地铁消防应急预警是指对地铁可能发生的危险或需要戒备的危急事件提前做出推测，并发布警告或警报的过程。火灾、水灾、设备故障等事故灾害从孕育到成灾会存在一定的时间窗口，利用这段时间积极开展人员自救并关闭重要设施设备，可以有效降低地铁消防灾害事故发生所造成的后果。

地铁消防的应急预警主要是依靠地铁本身的机电控制系统，结合火灾自动报警系统、地铁消防安全管理平台等，及时探测和发现灾情，并对灾害发生的概率和后果进行实时动态预测。

第一节　地铁机电控制

地铁运营最主要的目标是：在正点运行的同时，不造成人员财产的损失。对于地铁运营而言，任何人员财产的损失都是不可接受的，因此，地铁设备的各个系统都会相互关联、共同支撑，以实现地铁安全运营这个大目标。地铁的各个设备系统都是以安全为导向的，地铁安全的任何需求均会体现在各个设备系统中，再将安全的控制理念传递至各自的子系统，通过层层传递，由各个软件和控制器最终落实到终端设备，实现地铁安全的大目标。

地铁车站机电监控系统是地铁车站安全运营的核心系统，需要高度可靠和安全。地铁车站机电监控系统需要对整条线路的车站机电设备运行状态进行实时监测，并动态进行反馈控制。

从应急预警信息获取的角度，地铁运营控制中心、车站建设了机电控制系统，可以对地铁车站机电设备进行全程监控，具体如下：

（1）地铁机电设备监控系统（EMCS）。主要对车站的环控、电扶梯、给排水、屏蔽门、照明及人防门等系统进行集中监控，分布在各个车站和运行控制中心大楼。设备监控系统构成如图 13-1 所示。

（2）监控工作站。监控和记录车站机电设备各系统运行状态和报警信息，接收车站 FAS 的火灾报警信号，控制车站通风空调及相关防排烟设备转入灾害模式运行并反馈执行信息。针对火灾报警，监控工作站具有三级报警、报警画面自动弹出、报警确认和处理等功能。

（3）综合后备控制盘（MCP）。为 EMCS 的后备监控装置，同样能够接收车站 FAS 的报警信息，发出声光报警，并在紧急情况下用来启动车站及隧道的火灾模式或阻塞模式。

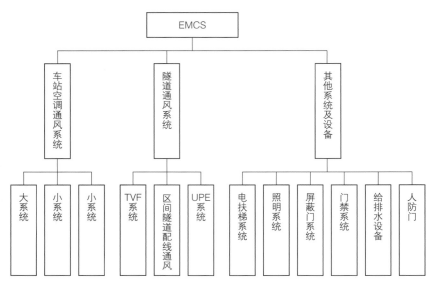

图 13-1 设备监控系统构成图

第二节 火灾自动报警系统

除了设置对整条线路的机电设备运行状态进行监测的机电设备监控系统以外，地铁按设计技术标准要求，在车站、区间隧道、区间变电站及系统设备用房、主变电站、控制中心、车辆基地，都设置有火灾自动报警系统（FAS）。

火灾自动报警系统具备火灾的自动报警、手动报警、通信和网络信息报警功能，在火灾初期发挥探测、报警作用。同时能够实现火灾救灾设备的控制及与相关系统的联动控制，保障地铁运行的安全。

地铁工程的火灾自动报警系统应由中央级、车站级或车辆基地级、现场级火灾自动报警系统及相关通信网络组成。随着计算机和通信网络迅速发展以及计算机软件技术在现代消防技术中的大量应用，FAS 的结构形式已呈多样化，火灾自动报警技术的发展趋向于智能化。地铁工程特点是以行车线路为单元组建管理机制，每一条线路管理范围从几公里至几十公里，按这种线形工程管理的需要，全线宜设"控制中心集中管理—车站分散控制"的报警系统形式，即由中央管理级、车站与车辆基地现场级、相关网络、通信接口等环节组成，使管辖区内任意点的火灾信息和全线管理中心下达的所有指令均在全线范围内迅速无阻地传输，以保障火灾早期发现、及时救援。

火灾自动报警系统中央级监控管理系统由操作员工作站、打印机、通信网络、不间断电源和显示屏等设备组成，能够接收全线火灾灾情信息；对线路消防系统、设施监控管理；发布火灾涉及有关车站消防设备的控制命令；接收并储存全线消防报警设备主要的运行状态；与各车站及车辆基地等火灾自动报警系统进行通信联络、火灾事件历史资料存档管理。

火灾自动报警系统车站级由火灾报警控制器、消防控制室图形显示装置、打印机、不间断电源和消防联动控制器手动控制盘等组成，能够与火灾自动报警系统中央级管理系统及本车站现场级监控系统间进行通信联络；实现管辖范围内实时火灾的报警，监视车站管辖内火灾灾情；采集和记录火灾信息，并报送火灾自动报警系统中央监控管理级；显示火灾报警点，防、救灾设施运行状态及所在位置画面；控制地铁消防救灾设备的启、停，并显示运行状态；接受中央级火灾自动报警系统指令或独立组织、管理、指挥管辖范围内的救灾；发布火灾联动控制指令。

火灾自动报警系统现场控制级由输入输出模块、火灾探测器、手动报警按钮、消防电话及现场网络等组成，能够监视车站管辖范围内灾情，采集火灾信息；监视消防电源的运行状态；监视车站所有消防救灾设备的工作状态。

地铁全线火灾自动报警与联动控制的信息传输网络宜采用独立的光纤网络，也可以利用地铁公共通信传输网络或综合监控系统传输网络，但要保证其传输通道是专用的，以确保火灾信息和消防联动控制信息传输的安全性和可靠性。

车站火灾自动报警系统如图13-2所示。

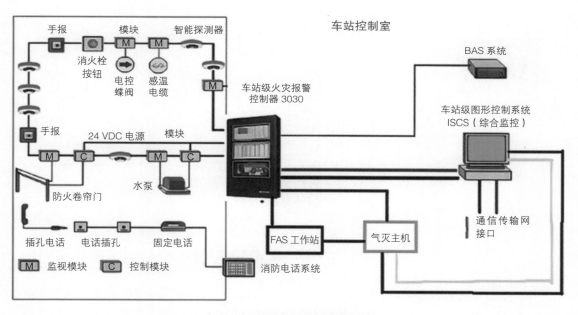

图13-2　车站火灾自动报警系统

第三节　地铁消防安全信息化平台

消防安全信息化平台是利用数字化手段，对单位的人员、设施设备、环境等消防安全各类因素进行全面监控和管理的系统。随着城市政务大数据的建设，各地也都在建设面向地铁消防监控与管理的地铁消防安全信息化平台。该系统综合运用物联网、大数据、网络通信等新兴信息技术，整合消防电源监控、感温光纤探测（隧道温度探测）等专业子系统，可以实现对用电设备状态及电力运行工况的全方位综合监控。此外，利用地铁消防安全信息化平台融合的大量数据，进一步构建地铁火灾前兆信息预警模型，是未来地铁消防应急预警的趋势。

一、上海地铁消防安全管理平台

各地地铁消防安全信息化平台的定位和功能可能略有不同。以上海地铁为例，搭建轨道交通消防安全管理平台，以消防标准化管理为牵引，涵盖地铁、磁悬浮、市域铁路等各种轨道交通，通过动态监管和战略指导两个方面，对运营、建设等阶段的消防管理行为全流程进行实时监控，对可能产生的火灾风险和违法违规行为进行提前预警，确保超大规模轨道交通路网的消防管理水平不断提升。

上海轨道交通消防安全管理平台如图 13-3 所示。

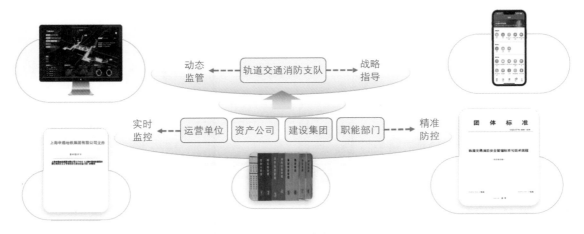

图 13-3　上海轨道交通消防安全管理平台

该平台建设内容主要包括"1+2+N"，其中，"1"是轨道交通消防工作一张图、一个轨道交通消防数据专题库；"2"包括灭火救援和火灾防控 2 个业务板块；"N"为根据实际情况建设的应用场景。

平台建设基于上海市消防救援总队和上海申通地铁集团大数据中心的数字底座，汇聚整合内外部数据资源，包括消防救援机构的消防监督管理、警情火灾统计系统等业务系统，申通地铁集团的运营信息、FAS 等各类数据资源。围绕轨道交通防灭火业务需求进行数据治理关联清洗，形成支撑轨道交通消防业务及研判的数据基础。通过对火灾火情、单位日常消防安全管理和应急准备等相关信息进行整合分析，为日常生产场景下的监测预警和应急情况下的辅助决策提供支持，也为消防救援机构开展针对性的防火监督、灭火救援等工作提供基础数据支撑。

二、地铁火灾前兆信息预警模型

在地铁消防安全信息化平台完成数据汇聚和关联的基础上，还需要结合最新的理论研究建立地铁火灾前兆信息预警模型，从而实现在数据监测的基础上，把火灾防控的关口提前，实现火灾等事故灾害的前兆预测。

目前，针对地铁火灾前兆信息的预测还停留在学术研究阶段。中国矿业大学开展了地铁运营安全风险前兆信息识别与控制研究，识别了地铁运营安全风险相关的 36 个前兆信息。武汉理工大学开展了地铁火灾风险评估的前兆信息采集与融合分析研究，在结合国内经典的人机管环分类系统模型和国外 HFACS 模型的基础上，通过对 82 起国内外地铁火灾数据进行分析，形成了表 13-1 所示的前兆信息分类系统。这些研究对于今后地铁消防安全前兆信息的预测都提供了理论依据。

表 13-1　地铁火灾前兆信息分类系统

致因分类	前兆信息	前兆信息的具体表现形式
管理因素	组织过程漏洞	安全制度漏洞；责任体系不健全；安全职责不清；操作规程漏洞；风险管控执行不到位；未进行安全技术交底；交互作业管理、应急管理不到位
	资源管理漏洞	设计缺陷；物资存放及处理不当；安全生产资质缺失；变更管理缺失
	不安全的监督	监管不足；非法组织生产；生产组织安排不合理；未发现或未纠正问题
	不良的组织氛围	企业重效益轻安全；负责人法制意识缺失；安全教育培训不到位
设备因素	供电设施故障	存在漏检、漏修的线路；设备出现异常数据
	机电运行故障	存在漏检、漏修的机电设备；环控、消防、电梯、机电监测设备故障
	通信信号故障	闭路监控异常、列车自动防护、自动监控自动运营系统异常
员工因素	工作人员失误	工作人员技能失误、工作人员决策失误、工作人员知觉失误
	工作人员违规	包括个人不良习惯性违规和偶然的异常操作违规
乘客因素	乘客恶意纵火	图像识别，烟感、温感传感器触发，形迹可疑人员上报
	乘客吸烟	图像识别，烟感、温感传感器触发，地铁吸烟史乘客
环境因素	地铁温度	车站温度指数，温度调控系统负荷大
	地铁湿度	车站湿度指数，湿度控制系统负荷大
	极端天气	对人造成消极影响，使设备老化甚至过载

第十四章 地铁消防应急处置

地铁消防应急处置是指灾害事故发生后，各救援单位遵循"联动响应，协同处置"的救援机制，在地铁灾害事故总体救援预案指导下，发挥与公安、医疗、交通及运营主体单位等部门联动响应机制的优势，各司其职，紧密配合，协同处置，尽快完成灾害的处置。

第一节 应急处置力量的基本组成

地铁消防的应急处置力量一般由地铁线路沿线消防救援队、地铁运营企业专职消防队、地铁微型消防站三部分组成。

一、地铁线路沿线消防救援队

有地铁线路运营的城市建成区内，地铁沿线消防救援队伍和消防救援站一般均按一级普通消防站标准建设，有少数按二级普通消防站标准建设，也有部分地铁站点位于特勤消防站辖区内。地铁灭火救援主要采取的是沿线消防站点就近承担灭火救援任务。以上海为例，从地铁在城市的覆盖程度来看，上海地铁共20条线路，目前已涉及上海179个消防站辖区中的104个，辖区有地铁救援任务的消防队（站）比例为58.1%。

另外，各地也都在探索地铁专业队和攻坚班组建设。以上海为例，建设了总队级和支队级地铁专业队伍，在部分消防救援站建设了地铁火灾攻坚班组，配齐配强了专业人员和装备，充分发挥了专业救援能力，通过以点带面逐步形成科学高效的地铁专业救援力量体系。

二、地铁运营企业专职消防队

单位专职消防队是指由企业、事业单位组建的承担本单位火灾预防、火灾扑救以及应急救援工作的消防组织。按照《消防法》第三十九条规定，下列单位应当建立单位专职消防队，承担本单位的火灾扑救工作：大型核设施单位、大型发电厂、民用机场、主要港口；生产、储存易燃易爆危险品的大型企业；储备可燃的重要物资的大型仓库、基地；以及火灾危险性较大、距离国家综合性消防救援队较远的其他大型企业；距离国家综合性消防救援队较远、被列为全国重点文物保护单位的古建筑群的管理单位。根据《消防法》要求，各地结合区域实际编制了进一步具体的建设范围。以上海地铁为例，根据上海市地方标准《专职消防队、微型消防站建设要求》，地铁综合维修基地需要建立单位专职消防队。

上海地铁目前在元江、龙阳、封浜、赛车场、九亭、江杨北路等 6 个综合维修基地建设有 3 类单位专职消防队（表 14-1），其中龙阳和九亭站建站较早、编制为 20 人，其余专职消防队编制均为 14 人，每个消防队均配备有消防车辆，各类消防装备配备齐全，日常主要负责地铁内部的日常消防演练、培训以及紧急情况下的应急处置等工作，未来也将承担地铁路网的防火巡查，加强单位自管力量。

表 14-1 上海地铁单位专职消防队情况

企业专职消防队	人　　数	器　　材
龙阳	20	符合上海市地方标准《专职消防队、微型消防站建设要求》
江杨北路	14	
赛车场	14	
九亭	20	
封浜	14	
元江	14	

上海地铁目前正逐步试点企业专职消防队参与防火巡查检查工作，鼓励专职消防队伍参与全流程消防安全管理。按照申通地铁集团下发的《专职消防队参与运营线路防火巡查工作试点方案》《专职消防队参与运营线路防火巡查工作扩大试点方案》要求，自 2023 年 4 月 10 日开始，轨道交通区域开展了两批六轮次防火巡查工作。

第一批为 2023 年 4 月 10 日到 7 月 10 日。由 1 支队伍、10 名队员围绕地铁 15 号线开展防火巡查试点工作。在此期间共计开展三轮次防火巡查：第一轮巡查队伍以消防设施设备为切入点，开展应急灯具、疏散通道、室内外消火栓、防火门等基本消防设施设备检查；第二轮巡查队伍完善了检查内容，增加水系统、气体灭火系统查看以及员工扑救能力培训；第三轮巡查队伍以车站管理为切入点，从系统运行状态着手，开展了针对性培训和设施设备状态的巡查。

在第一批的防火巡查中，检查内容逐步扩增、检查方向持续转变，显现了防火巡查队能力不断提升以及作用的持续发挥。

第二批为 2023 年 9 月 1 日至 11 月 30 日。由 6 支队伍、30 余名队员在地铁 15 号线防火巡查的基础上，继续对 1 号线、13 号线、7 号线、8 号线、18 号线线路拓宽开展防火巡查。在此期间，共计开展三轮次防火巡查，巡查内容由原先 12 个扩充到 14 个：第一轮防火巡查以检查了解各车站消防设施为主，及时反馈故障信息，督促车站整改落实；第二轮开始着重对车站联动控制、消防设施状态进行查看，对车站日常消防安全管理查漏补缺，提高消防设施完好率、使用率；第三轮逐渐向查能力查意识靠拢，在检查的同时，更加关注人员消防隐患发现能力和应急处置能力提升，确保日常巡查等工作落到实处。

在第二批的防火巡查中，巡查内容不断调整改进，开始由查隐患向查意识、查制度转变，防火巡查工作逐步走深走实。

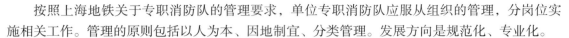

　　按照上海地铁关于专职消防队的管理要求，单位专职消防队应服从组织的管理，分岗位实施相关工作。管理的原则包括以人为本、因地制宜、分类管理。发展方向是规范化、专业化。

　　（1）职责要求。上海地铁专职消防队职责的依据有国家标准《城市轨道交通消防安全管理》、上海地方标准《城市轨道交通消防安全管理基本要求》和企业内部关于专职消防队的职责要求和考核规定等，明确专职消防队工作的主要内容为初起火灾扑救和防火巡查。

　　（2）联动要求。上海地铁要求，将地铁专职消防队纳入消防应急联动体系，消防机构等单位均有权对其进行调派。上海地铁单位专职消防队目前接受地铁单位管理，但同时也要接受轨道消防支队的管理和培训。

　　（3）执勤训练。地铁单位专职消防队参照国家综合性消防救援队伍实行24 h执勤值守，实施轮值轮班制，要定期开展灭火救援技能训练，加强与周边消防救援机构的联勤联动。

三、地铁微型消防站

　　地铁工程项目庞大、系统复杂，需要定期维护、保养，维护保养的质量直接影响消防安全。一旦发生灾害事故或设备故障，易导致正常运营受限，且网络化运营容易产生连锁反应，影响市民日常出行，故备受各级政府和社会各界关注。因此，地铁消防安全对人员的日常管理和应急处置的素质要求很高。有些地区的地铁应急预案中要求，在灾害处置初级阶段，车站的值班站长为第一安全责任人。由值班站长根据紧急情况请求OCC指挥列车是否进站、启动车站一系列的应急设备、启动车站固定消防设施、组织车站人员疏散、指挥救援等。而灾害初期也是疏散逃生的关键时期，一旦值班站长贻误时机或指挥判断失误，后果是不堪设想的。

　　上海地铁针对"里程长、站点多、客流大"的特点，立足"一分钟响应、三分钟到场、五分钟处置"的建设目标，按照"企业主责、部门联动、消防主推"的思路，积极推动在路网全线组建培育具有"三队合一"（防火巡查的巡逻队、灭火救援的先遣队、消防安全的宣传队）功能的地铁微型消防站，力促火灾隐患和灾害事故"发现早、处置小、消除快"。

1. 建设情况

　　上海地铁在全路网508座车站和31个停车基地均建立了地铁微型消防站（图14-1），按照"一站多点"的模式，分散设置了"1+N"消防救援器材装备存放点，便于微型消防站队员就近取用，提升第一应急响应时间。在车站确保每个站台配置不少于1个消防应急救援箱，且配置点位一般靠近站台中部；在多线合用的车辆基地，确保每条线路配置不少于1个消防应急救援箱。

2. 管理要求

　　（1）职责要求。上海地铁专门出台了企业标准《上海轨道交通站点微型消防站建设管理办法》和《上海轨道交通地铁微型消防站勤务指导手册》，建立了包括组织架构、执勤训练、基础理论、装备管理、实战演习、联勤演训、防火巡查、消防宣传等在内的标准化制度，形成日常管理、排班值守、训练、器材维护保养和灭火工作等方面的工作机制，确保微型消防站能够做到"三知、四会、一联通、处置要在三分钟"，发挥微型消防站"救早、灭小"的作用。

　　（2）培训要求。上海地铁针对微型消防站队员，建立了公司、线路、车站三级培训体系，每月开展实战演练，要求在扑救初起火灾能力方面，能够做到"防得住、灭得了、跑得掉"的

图 14-1　地铁站微型消防站

"九字方针"；在防火巡查和消防宣传教育功能方面，让队员分片包干，边巡查边宣传，边巡查边培训，进一步扩大消防安全知识受益面。

（3）演练要求。微型消防站队员每月集中开展训练不少于 3 个半天，每周开展 1 次器材维护保养，每半年组织本单位开展 1 次综合性灭火救援疏散演练。每月在地铁停运后开展实战演练，检验微型站消防装备、火灾处置预案、通信联络等应用情况，提升初期火灾处置的能力。

第二节　地铁消防救援特殊装备

　　针对地铁事故进攻难、排烟难、疏散难、通信难等问题，沿线消防救援队伍侧重于加强大功率排烟车、化学事故抢险救援车、移动排烟装备、移动照明灯组、红外热成像仪、破拆工具、消防员特种防护装备（如氧气呼吸器）等特种车辆装备器材的配备，部分消防站专门购置了路轨两用消防车、隧道排烟机、陆虎 60 雪炮车（消防排烟机器人）等专业性装备，专门用于地铁、隧道火灾事故的现场排烟、冷却等。同时，积极协调地铁运营公司，在新建线路地下车站内设计、设置 350 MHz 无线通信系统，为部分地铁沿线消防站配备 800 MHz 对讲机，购置无线通信中继站等，基本实现了战时无线通信系统信号畅通。

　　地铁消防救援除了使用常规的灭火救援装备外，主要还增配了以下特殊装备：

一、路轨两用消防车

　　路轨两用消防车（图 14-2）专业用于地铁消防作业，也可用于普通路面及隧道的消防作业。一般具有灭火、排烟、照明、侦检、破拆、救生、人员疏散诱导、自保护等功能。一旦轨

图 14-2　路轨两用消防车

道交通发生火灾事故,路轨两用消防车便能够从轨道上赶到火灾现场进行消防作业,从而将城市轨道交通火灾事故造成的损失降到最低程度。路轨两用消防车的特点就是更便捷,可以适应多种不同的行驶环境,在铁轨上行驶速度一般能达到 30 km/h,对于在关键时刻更好地完成整个地铁消防救援任务提供了有效的装备保障。

二、消防排烟机器人

消防排烟机器人(图 14-3)一般由轨道运载车、大功率履带底盘和细水雾风机组成,除了进行喷雾灭火、冷却外,还具备排烟、送风的功能。当地铁隧道发生火情时,该机器人可以从地铁车辆段驶入隧道,到达起火位置,进行排烟送风和灭火冷却作业。

三、地铁轨道救援运载车

地铁灾害事故发生时,由于区间隧道内往往存在停运的地铁车辆,阻碍大型消防救援设备进入,此时轻型的轨道救援运载车就能够发挥装备和物资的快速投送作用。地铁轨道救援运载车是一种特种车辆,主要用于地铁列车的救援和运载工作,能够在出现列车故障时,快速地运载故障列车到目的地,为地铁列车的正常运行提供保障。

图 14-3　消防排烟机器人　　　　　　　　图 14-4　地铁轨道救援运载车

四、地铁用大型移动式水力排烟机

排烟和灭火是地铁救援的关键，而传统汽油机驱动排烟机排烟量为 5 000 m³/h，长时间使用容易产生油品泄漏和中途熄火，且防爆性能差；电动排烟机排烟量为 10 000 m³/h，但它需要较大的启动电流，限制了应用的数量，在没有电源的情况下无法使用；而气动排烟机受气源压力的影响，与小型水驱动排烟机效果相仿，排烟不明显。

地铁消防专用的大型移动式水力排烟机（图 14-5）相比小型水驱动排烟机和电动排烟机，排烟量可达 70 000 m³/h，单台装备即能有效承担一个地铁隧道截面或一个楼梯口（站台与站厅层连接楼梯、地面与站厅层连接楼梯）的烟气扩散封堵或送风排烟作业，且移动性好，动力来源方便。

图 14-5　大型水力排烟机

第三节　地铁消防救援与疏散通道

地铁车站和区间结构复杂、空间狭小，都设置了大量的救援和疏散通道，主要包括消防救援专用通道、联络通道和纵向疏散平台，用作在灾害事故发生时车站里乘客和工作人员应急疏散以及消防救援人员的进攻通道。

一、地铁救援专用通道

地铁救援专用通道是指消防人员从地面进入站厅、站台、区间等区域进行灭火救援的专用通道和楼梯间。

地铁能提供给消防的救援通道往往非常有限，绝大多数情况下，疏散通道与救援通道共用。车站出入口、站厅与站台的楼扶梯、区间隧道或横向连接通道等既是乘客疏散通道，也是主要的救援通道。随着地铁客流量不断增大，在实际救援过程中，现场往往可能出现大量乘客从出入口

疏散而出，但由于人流量大，常常堵住赶到的消防员，阻碍了消防队员快速进入现场扑救。此时，一旦发生消防事故灾害，向外疏散的乘客与内攻的消防救援人员有可能在楼梯口处发生"冲突"。通过大量的调查研究，为了解决这一问题，规范规定了在地铁车站设置地铁救援专用通道，为消防员专门建设一条紧急入口，在大量乘客从出口汹涌疏散的时候，消防员可通过这条通道，直达灭火救援的心脏地带。

上海市地铁救援专用通道建设经历了一个从无到有、逐步规范的过程。上海从 2010 年世博会开始，在新建站点设置了消防救援专用通道（图 14-6），同时，在地面设置明显的标识，并对影响其功能使用的停车场、围墙等障碍物进行整治。为保证通道安全，在消防救援专用通道内设置正压送风设施，满足救援实际需要。

图 14-6　车站消防救援专用通道

二、区间隧道内的联络通道

联络通道是连接相邻两条单洞单线载客运营地下区间、可供人员安全疏散用的通道（图 14-7）。

车站范围内疏散救援条件相对较好，站厅和站台空间较大，站厅至地面有至少两个出入口通地面，消防人员可通过设在车站一端设备区的专用消防通道至车站内。但是，若火灾发生在区间内，消防人员要进入区间火灾处实施救援非常困难。地铁的区间隧道历来是消防疏散救援中最困难的区域，疏散、救援空间非常小，且存在两者共用通道，更增加了救援和疏散的难度。因此，应加强对区间疏散救援通道的研究，提高区间的安全度。

地铁一般由两条隧道构成，分别由两个盾构推进，距离较近。《地铁设计防火标准》规定：两条单线载客运营地下区间之间应设置联络通道，相邻两条联络通道之间的最小水平距离不应大于 600 m，通道内应设置一道并列二樘且反向开启的甲级防火门。有了联络通道的存在，隧道内一旦出现事故，若距离附近的地铁站较远，疏散人员和救援人员可以通过联络通道进入另

联络通道示意图

图 14-7 区间隧道内的联络通道

外一个相对安全的隧道或者空间内，人员的安全就能够得到更高水平的保障。

另外，考虑到烟雾环境以及人员对联络通道位置不太熟悉等情况，应在隧道内设置带独立照明的旁通道使用指向标志，便于人员应急选用。对于新建地铁线路，从救援及疏散实际来看，今后也可以提出更高的要求，如按照每 300 m 一个设置联络通道，并且完善其内部灭火、防排烟、救生等消防设施器材，将其建设成为逃生的"生命线"和作战的"桥头堡"。

三、区间隧道内的纵向疏散平台

纵向疏散平台是指在区间内平行于线路并靠站台侧设置、供人员疏散用的纵向连续走道。这些通道的设置方便了突发情况下乘客的有序疏散和消防救援人员的快速进入。

在区间出现火灾事故时，首先需要疏导乘客安全地离开事故列车，这一般有两种方法，即经由列车端部车门下车或经由列车车厢侧面门下车。《地铁设计防火标准》规定：地下区间内应设置纵向地铁疏散平台。同时要求：疏散平台宽度不宜小于 600 mm，地铁疏散平台高度宜低于车辆地板面 100～150 mm，即距轨面为 850～900 mm。设置纵向地铁疏散平台是为了给乘客提供多一条疏散路径，尽快离开事故列车。

目前区间隧道内的纵向疏散平台已经成为地铁系统重要的消防设施之一（图 14-8）。疏散平台通过支架支撑固定在隧道壁面，高度与地铁列车车厢的地板持平或低于车厢地板，当列车在隧道中遇险停车时，乘客在列车车门打开后可一步踏入地铁疏散平台。另外，在纵向疏散平台一侧还可设置可供初起火灾扑救的消火栓系统（配齐水枪、水带）和部分简易防护器材，便于救援人员第一时间开展灭火行动。

图 14-8 隧道纵向疏散设施

第四节　地铁烟气控制

烟气是威胁火场人员生命安全的主要因素，地铁发生火灾后，站台与站厅、站厅与地面连通的竖向开口部位会产生向上的热浮升力作用，加快烟气的扩散和蔓延。灾后地铁的烟气控制非常重要，是防止灾害事故影响范围扩大的重要手段。地铁烟气控制往往采用固移结合的方式开展。地下部分一般都设有完善的防排烟系统，根据不同的火灾部位执行相应的防排烟模式，将烟气就地、及时排出地铁系统，同时，当固定设施失效时，也可以采用消防救援队伍携带的移动排烟装备在局部区域对火灾烟气进行疏导和抑制。

地铁不同位置结构特征不同，设置的防排烟设施也不同，在火灾发生时所采取的烟气控制方法也不尽相同。本节将区分站厅公共区、站台公共区、站台轨行区、区间隧道等区域分别介绍火灾烟气控制的主要策略。

一、站厅公共区火灾烟气控制

站厅公共区发生火灾时，车站公共区固定排烟系统应将火灾烟气控制在起火站厅公共区范围内，具体措施如下：

（1）关闭车站公共区的送、回、排风系统及空调器。

（2）开启车站站厅公共区排烟系统进行排烟。

（3）通过车站出入口进行自然补风；如果车站为深埋车站，宜在车站出入口附近设置机械补风系统。

移动排烟装备设置则需结合消防员进攻路线，如将移动排烟装备布置在车站站厅公共区出入口，可以有效控制站厅公共区的烟气向四周蔓延；而沿站厅公共区出入口向外设置"送排式"排烟气流组织模式，使站厅内的烟气通过排风侧出口持续排出室外，可以有效保证站厅公共区较高的清晰高度，为消防员提供临时的安全环境和额外的进攻线路。

在车站固定排烟系统失效的不利工况条件下，移动排烟装备仍可采用"送排式"排烟气流组织模式，消防员和消防器材宜由车站设备区消防专用通道和送风端出入口进入火场。在确保室外新风井与排风井之间不发生室外烟流短路的情况下，可采用如图14-9所示室外风亭防烟流短路装置。车站大系统的新风系统转入站台公共区送风模式，新风通过楼扶梯由站台公共区送入站厅公共区，确保站台公共区的安全性，稀释站厅公共区的烟气，并将站厅公共区烟气通过地面出入口压至室外，提高排烟能力。

二、站台公共区火灾烟气控制

当站台公共区发生火灾时，车站公共区固定排烟系统应将火灾烟气控制在起火站台公共区范围内，实现站厅站台连接楼扶梯的下行风速不小于 1.5 m/s，确保站厅公共区作为"二次保障区"的安全性，具体措施如下：

（a）装置安装外观

（b）装置工作状态

图 14-9　室外风亭防烟流短路装置布置图

（1）关闭车站公共区的送、回、排风系统及空调器。

（2）开启站台公共区的排烟系统、轨顶排烟系统、隧道通风系统进行排烟。

（3）通过车站出入口进行自然补风。在确保室外新风井与排风井、活塞风井之间不会发生烟流短路的情况下，可开启站厅层公共区新风系统进行补风。此外，深埋车站宜在出入口附近设置机械补风系统。

移动排烟装备则需结合消防员进攻路线，布置在站厅和站台公共区楼扶梯、站台层设备区与公共区门口、屏蔽门等位置，在起火站台公共区实施局部烟气控制，抑制烟气进入站厅公共区和站台层设备区，为消防员提供临时安全环境。

三、站台轨行区火灾烟气控制

站台轨行区发生火灾时，车站公共区固定排烟系统应将火灾烟气控制在站台轨行区，尽量减少对站台公共区的影响，同时也应实现站厅站台连接楼扶梯的下行风速不小于 1.5 m/s，确保站厅公共区作为"二次保障区"的安全性，具体措施如下：

（1）关闭车站公共区送、回、排风系统及空调器。

（2）开启起火侧轨行区轨顶排烟系统、隧道通风系统进行排烟。站台公共区排烟系统要根据烟感与温感探测器的信息反馈是否有烟气渗透进行判断，确定是否开启。

（3）补风处置模式同"站台公共区火灾烟气控制"。

移动排烟装备则需结合消防员进攻路线，布置在站厅和站台公共区楼扶梯、站台层设备区与公共区门口、屏蔽门位置，在站台公共区和靠站列车实施局部烟气控制，抑制烟气进入站厅公共区和站台层设备区，为消防员提供安全环境。

四、区间隧道火灾烟气控制

当区间隧道发生火灾时，区间隧道的烟气控制大多也采用纵向通风控烟方式；采用纵向通风方式确有困难的区段，可采用排烟道（管）进行排烟，即横向排烟方式。《地铁设计防火标准》规定：采用纵向通风时，区间断面的排烟风速不应小于 2 m/s，不得大于 11 m/s；正线区间的通风方向应与乘客疏散方向相反，列车出入线、停车线等无载客轨道区间的通风方向应能使烟气尽快排至室外。为满足上述要求，当前地铁在纵向排烟的基础上一般还需要通过多站排烟设施联动，达到满足标准的排烟规模。如图 14-10 所示，以地铁站排烟系统设计为例，需要同时联动 A、B 两站的排烟系统，从而在隧道区间内实现与乘客疏散方向相反的排烟气流。

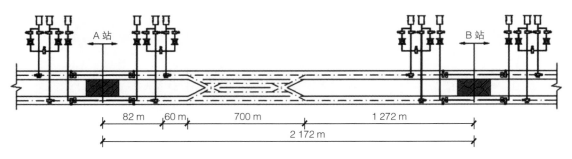

图 14-10　地铁区间隧道与相邻地铁站排烟系统设置关系

第五节　地铁应急排涝

在全球气候系统持续变暖、高速城市化和不透水面大量增加的背景下，极端降雨强度和频率明显增高，城市内涝频繁发生，国内多个城市相继出现地铁车站、隧道被淹的洪涝灾害事故，严重影响了地铁的安全运行。

地铁应急排水也是地铁消防应急处置的重要工作之一。2021 年郑州地铁 5 号线五龙口停车场及其周边区域发生严重积水现象，积水冲垮出入场线挡水墙进入地铁运行区间，造成 5 号线列车在海滩寺街站和沙口路站隧道停运，随后郑州地铁全线网停运。在该次事故中，江苏省、山西省、湖北省、湖南省等多地消防救援队伍均增援了郑州地铁的应急排涝工作。

地铁应急排水具有一定的难度，特别是超过 2 层的地铁换乘空间、纵深距离超长的地铁隧道、高度悬空的地下管廊等区域，应急排水作业入口少、抽排距离远、地形较复杂，作业难度极大。我国目前主要车辆装备的排涝流量和作战半径等性能参数见表 14-2。

表 14-2　主要抽水设备参数

装备名称	驱动方式	吸水泵流量 /（m³/h）	吸水管直径 /mm	吸水管线长度 /m	输送管线直径 /mm	输送管长度 /m
城市排涝车	柴油	3 000	/	/	300	100
远程供水泵组	柴油	1 440	250	60	300	3 000
便携式变频潜水泵	电力	350	/	/	150	200

基于这些消防设备，我国消防队伍针对地铁特点和装备性能，创造性地创立了接力法排水、破拆法排水、潜水法排水等多种形式的应急排涝方法。

一、接力法排水

接力法排水利用防汛抢险泵、远程供水泵组和排涝车三级组合，采取"筑堤围堰、排蓄结合"的方法，针对不同内部结构，通过在地铁站台和通风井下利用沙袋建立人工围堰的方式进行接力排水。如在郑州地铁 5 号线的抢险中，前端防汛抢险泵将水输送至站内临时建立的水箱内，再由履带车向地面接力送水（图 14-11）。此战法可视前端取水量的大小，排涝流量从 200 L/s 到 800 L/s 灵活调节。

图 14-11　接力法排水现场图

二、破拆法排水

针对通风井能够直接排水的现场，采取破拆通风井精准垂降浮潜泵至围堰或集污井的方式，利用吊车将泵组直接吊至通风井，使用吊车主绳固定副绳垂降技术，能在通风井内垂直铺设大口径水带和设置浮潜泵（图 14-12）。该方法可在短时间内形成大流量排水，排水流量视吊入隧道的排水装备而定。

三、潜水法排水

针对通风井不能够直接排水的现场，可将潜水排涝设施、干线水带和专用电缆抬送至地铁隧道内，将隧道深处积水排至围堰处或集污井内，再使用泵组或排涝车排至地面（图 14-13）。该方法可实现隧道远距离、低水位积水的有效处置。

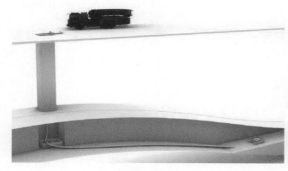

图 14-12　通风井铺设水带排涝示意图

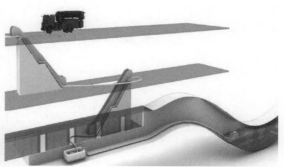

图 14-13　沿站台铺设水带排涝示意图

第十五章　地铁消防应急恢复

地铁消防应急恢复是指在各方面援助下尽快恢复地铁作为城市生命线开展运营的过程。当应急处置完成后，地铁内部大量火灾烟气的滞留、灭火用水的积蓄和关键设备设施的损坏是地铁灾后可能出现的几种情况，如何快速地恢复地铁运营是地铁韧性的重要体现。

本章基于韧性理论阐述了地铁应急恢复的基本概念，并针对地铁灾害事故特征提出了地铁消防应急恢复的基本流程。

第一节　应急恢复的基本概念

重大灾难的灾后恢复工作是一项长期、复杂的系统工程，一般可以分为前期的应急恢复阶段（emergency recovery phase）和后期的全面恢复阶段（comprehensive recovery phase），两者在恢复对象、时间、成本、目标等方面都有不同的特征。地铁消防应急恢复阶段需要对保障基本活动的建筑、设施和其他对象进行恢复，暂时满足受灾线路的基本运营需求，是一个应急过渡阶段。

对于地铁线路，恢复其通行功能是该阶段的首要任务。应急恢复阶段结束后，地铁线路的恢复工程会进入全面恢复阶段，该阶段是在前者工作的基础上，对受损区域进行全面恢复建设，使受损设施的整体性能和服务水平恢复到原有状态。消防救援队伍往往需要协助地铁公司完成应急恢复工作。

评价应急恢复能力的一个重要指标是恢复力，一般将其定义为系统在风险事件发生之后的恢复能力，即地铁运营系统在事故发生之后，通过人为干预合理配置资源，使系统尽快恢复到正常运营状态的能力。地铁在灾害情况下的"恢复力"是地铁系统"韧性"的重要组成部分。地铁运营恢复过程如图 15-1 所示。

第二节　应急恢复的基本流程

地铁是城市公共交通中的重要一环，当地铁运营受到各种因素的影响而停运时，恢复正常运营状态需要完成以下流程：

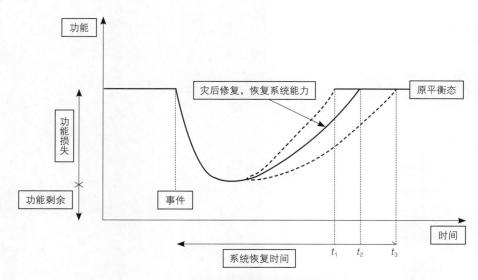

图 15-1　地铁系统恢复过程示意图

一、排烟和排水

排烟和排水是地铁灾后应急恢复的两项关键措施，消防救援后可能造成烟气弥留和积水，在灾后需要继续采取有效措施尽快完成排烟和排水。

二、修缮设备

当地铁停运时，很可能是由于某些设备出现了问题，需要进行修缮。因此，在恢复正常运营之前，地铁公司需要对相关设备进行检修和维护，确保所有设备都处于良好状态。

三、清理工作

地铁的日常运营中，往往会有各种垃圾和杂物落在地铁车厢和站台上，这些垃圾和杂物需要进行及时清理。当地铁停运时，地铁公司需要加强清理工作，确保设备和站台的清洁卫生，为正常运营创造良好的环境。

四、人员调配

当地铁恢复运营时，需要进行人员调配。例如，在清理工作中，需要加派清洁工人员；在应急处理中，需要加强安保人员等。只有合理地进行人员调配和安排，才能保证地铁正常运营。

五、安全检查

在地铁恢复运营之前，地铁公司需要进行安全检查，确保设备完好、车站安全，防止出现意外事故。安全检查是恢复正常运营的重要一环，必须做到全面、细致。

总之，地铁如何恢复运营状态，需要进行各种细致周密的工作。只有对各个环节进行全面考虑和安排，才能确保地铁正常运营，为市民提供优质的公共交通服务。

地 铁 消 防 · Metro Fire Safety

第 五 篇

上海地铁消防创新实践

目前上海地铁在运营里程、日均客流、列车数量、全自动驾驶规模等方面都居世界领先地位，而且依然处于大规模建设阶段。因此，其往往比其他城市更早面临规模化所导致的一些问题和挑战。四通八达的超大规模路网，不仅凝聚了建设者们的智慧与汗水，也见证了无数消防安全领域的创新实践。

本篇主要围绕上海地铁消防领域的创新设计和实践应用展开，重点列举了重要轨道交通枢纽、上盖综合体等不同的消防设计创新实践案例，并就上海轨道交通车站消防安全管理标准化、地铁微型消防站实战化等消防安全管理方面的创新探索和工作成效进行了介绍。

第十六章 上海地铁车站创新设计与实践

随着上海轨道交通车站的不断创新与实践，出现了一些以轨道交通车站为核心、多功能融合的综合体，以及打破常规车站设计模式的中庭车站、大跨无柱拱形车站等特色车站。

第一节 虹桥火车站站

虹桥综合交通枢纽是集航空港、高速铁路、城际和城市轨道交通、长途客运、公共汽车、出租车等多种交通设施于一体的现代化大型综合交通枢纽，地铁虹桥火车站站是虹桥综合交通枢纽西交通中心的一部分。

一、综合交通枢纽概况及功能定位

虹桥火车站站是虹桥综合交通枢纽西交通中心的一部分，地处长三角综合交通网络最关键的节点位置上，是长三角综合交通一体化最核心、最骨干的工程项目之一。从总体规划层面上来看，虹桥综合交通枢纽位于上海东西发展轴的西端，是上海对接长三角的平台。枢纽及周边地区共同"构建品质卓越的商务区，成为上海西部的活力核心并辐射长三角；塑造个性鲜明的地区形象，成为长三角的代表和上海市的一张名片"。其具体功能包括内外交通衔接功能及不同交通方式的集中换乘功能（图 16-1）。

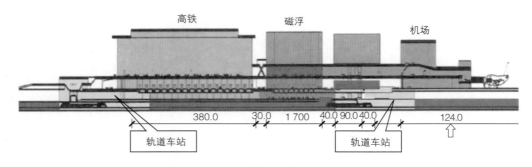

图 16-1 虹桥综合枢纽设施布局剖面示意图

轨道交通虹桥火车站站规划 2、10、5、原规划 17、青浦线共 5 条线路，其中 5、原规划 17 号线由于规划调整为市域线嘉闵线，未能进入西交通中心。目前建成有 2、10、青浦线（现 17

号线）三条线路，10 号线为主线终点站、17 号线为全线终点站（图 16-2、图 16-3）。

图 16-2　轨道交通虹桥火车站站在虹桥综合枢纽位置示意图

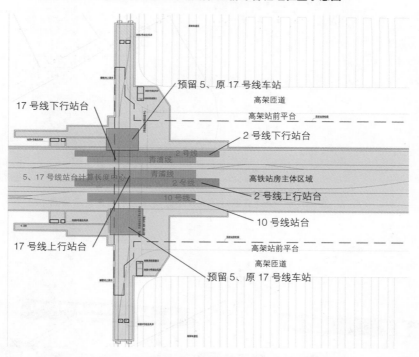

图 16-3　轨道交通虹桥火车站站各线路车站站台布局示意图

二、综合交通枢纽特点

虹桥综合交通枢纽是各种运输方式高效衔接和一体化组织的主要载体，主要特点如下：

1. 综合交通枢纽设施一体化

所有交通设施集中在一座建筑综合体内，轨道交通站台位于地下二层，便于抵沪旅客进入市区。其中虹桥火车站站靠近西交通广场设置，是集合了公交枢纽、长途汽车停车、公交人员集散及社会停车等多种流线于一体的城市新型交通枢纽。

2. 以人为本的设计理念

遵循"以人为本"的设计理念，合理布置人流与车流流线，为乘客提供了一个"人车分离、遮风挡雨"的换乘和候车环境，体现了安全、便捷与舒适的特点。

三、轨道交通枢纽分层平面布局

虹桥轨道交通枢纽平面布局主要包括站厅层和站台层两层的布局。

1. 站厅层布局

站厅层位于地下一层，分为两个付费区（图16-4、图16-5）。其中东部付费区为大站厅付费区，一共设有九组楼扶梯、三个无障碍电梯至地下二层三个岛式站台。付费区南北两侧大通道各设置两个进站入口，东西两端大通道设置两个出站口。

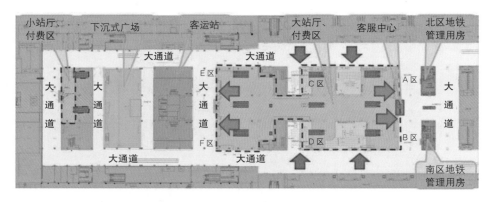

图16-4　轨道交通虹桥火车站站站厅层平面布置示意图

图16-5　轨道交通虹桥火车站站站厅实景照片

南北两侧非付费区通道连接火车站出站口，东侧大通道靠近地铁设备管理用房、西侧大通道连通客运站出站口。西端下沉式广场附近小站厅付费区设有两组楼扶梯下至 2 号线、17 号线地下二层站台西段的通道连通站台。

2. 站台层布局

　　地下二层设置北侧、中间、南侧共计三个站台（图 16-6、图 16-7）。三个站台在大付费区均设置三组楼扶梯连通站厅，北侧和中间站台各设置一条从站台通往小站厅的通道。

　　2 号线、17 号线车站均为侧式车站。从北侧开始，分别为 2 号线上行线、17 号线下行线、17 号线上行线、2 号线下行线。2 号线站台位于外侧，17 号线站台位于 2 号线上下行线之间。2 号线有效站台长度为 186 m；17 号线有效站台长度为 140 m；10 号线车站站台为岛式站台，站台有效长度为 140 m。

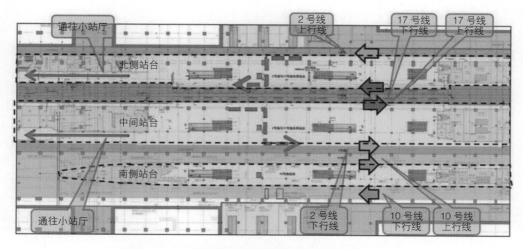

图 16-6　轨道交通虹桥火车站站站台层平面布置示意图

图 16-7　轨道交通虹桥火车站站站台实景照片

四、轨道交通枢纽与外部交通换乘关系

虹桥火车站站采用"分散换乘"方式,能够与机场、铁路和地面巴士、长途巴士实现快速便捷的换乘(图16-8、图16-9)。各类换乘方式以地下一层换乘大厅换乘为主,地面巴士、长途巴士通过大厅主通道各安检点进入一体化安检区域后,寻找换乘的路线进行换乘。

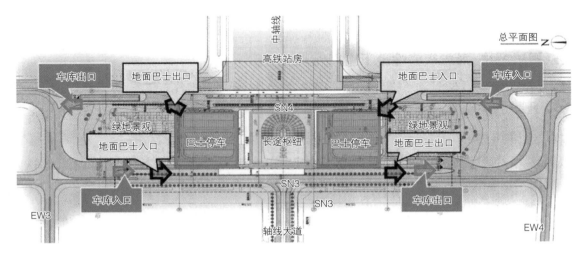

图16-8　轨道交通虹桥枢纽西交通广场交通方式布局示意图

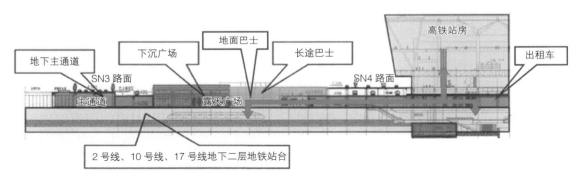

图16-9　外部交通方式与轨道交通虹桥火车站站换乘衔接示意图

五、轨道交通枢纽内部交通换乘关系

2、17号线共用岛式站台。内部换乘主要包括:2号线换乘17号线青浦方向,换乘方式为同站台换乘;10号线换乘17号线青浦方向,换乘方式为通过站厅换乘;17号线换乘2号线张江方向,换乘方式为同站台换乘;17号线换乘10号线江湾方向,换乘方式为通过站厅换乘(图16-10)。

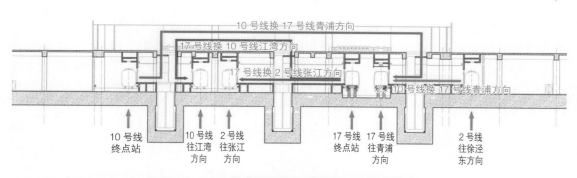

图 16-10　轨道交通虹桥火车站站内部换乘示意图

六、轨道交通枢纽消防设计

为确保发生火灾时建筑内人员能够安全疏散，确保消防救援通道畅通，有效限制火灾在建筑物内蔓延，保障车站稳定有序营运和人民生命财产安全，对一体化综合交通枢纽消防部分进行了消防性能化研究，开展了火灾场景的模拟和分析、防火分区策划、烟气控制策划、人员疏散策划，以及对结构特别是钢结构的防火保护策划等工作。

轨道交通车站主体、风道、风亭（风井）、出入口等地下建筑的耐火等级均为一级。轨道交通部分共分九个防火分区。其中，按照规范将地下一层站厅层公共区及地下二层站台层公共区划为一个防火分区。各个防火分区之间均采用耐火极限 ≥ 3 h 的防火墙、甲级防火门或复合甲级防火卷帘进行分隔，防火墙上设有观察窗时，采用 C 类甲级防火玻璃。每个防火分区均设两个以上的安全出口，根据消防性能化研究结论，以上防火分区的前提是地下一层为消防的准安全区，所有安全出口均直通地下一层大通道。车站共设有 17 个公共区出入口、6 个疏散出入口及 2 个消防出入口，以满足疏散要求。

车站公共区防烟分区结合吊顶布置设置，公共区每个防烟分区面积＜ 2 000 m²，且不跨越防火分区。在结构中板下的楼扶梯敞开部位四周设挡烟垂壁，挡烟垂壁的高度在吊顶面下 500 mm，升至结构板底且耐火极限 ≥ 0.5 h。

车站内设事故照明、疏散指示灯箱、通信广播、电视监控等消防设施。

第二节　世纪大道站

世纪大道站作为四线换乘枢纽，位于浦东新区陆家嘴金融片区的世纪大道下方，总建筑面积达 43 600 余平方米，是浦东新区乃至上海市的重要地下换乘枢纽。

一、枢纽概况及总体布局

世纪大道站为 2、4、6、9 号线的四线换乘枢纽，位于浦东新区陆家嘴金融片区的世纪大道下方、世纪大道与张杨路路口的南侧，车站呈"丰"字形沿世纪大道敷设（图 16-11）。南北两端紧贴地块开发，其中 2、9 号线为地下二层站，4 号线为地下三层站，6 号线位于 2、4、9 号线的上方，将站厅分为 A、B 两个区域，为地下一层侧式车站。车站周边以居住和商办楼为主，商办楼位于该站的西北侧，东南侧以居住区为主，枢纽总平面布置如图 16-12 所示。

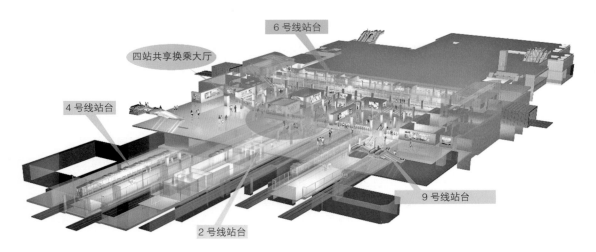

图 16-11　世纪大道站三维效果图

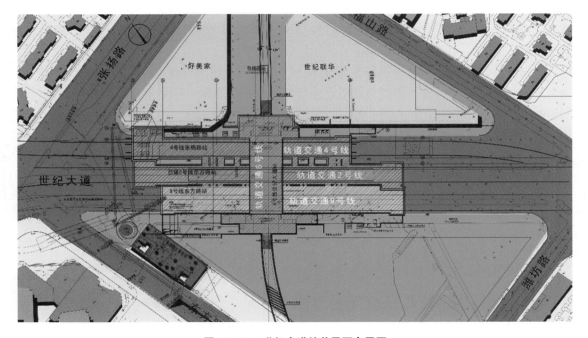

图 16-12　世纪大道站总平面布置图

二、枢纽分层平面布局

地下一层设置为2、4、6、9号线的站厅层以及6号线的站台层。6号线站台与站厅位于同层，将地下一层分为A、B两个区域；A区付费区面积约3 100 m²，B区付费区面积约3 886 m²。

枢纽站厅公共区共设12个出入口，其中世纪大道北侧设置1～6号出入口、世纪大道南侧设置7～12号出入口。1、6号出入口为独立出地面的出入口，2、5号出入口为开向北侧浦东世纪大都会开发地块下沉广场的出入口，3、4号出入口为6号线站台北端的紧急疏散口。8、12号出入口为世纪大道南侧独立出地面的出入口，7、11号出入口为通往南侧世纪汇广场的开发出入口，9、10号出入口为6号线站台南端的紧急疏散口。A、B区分别设置一条南北通道沟通浦东世纪大都会与世纪汇广场的地下一层下沉广场（图16-13）。

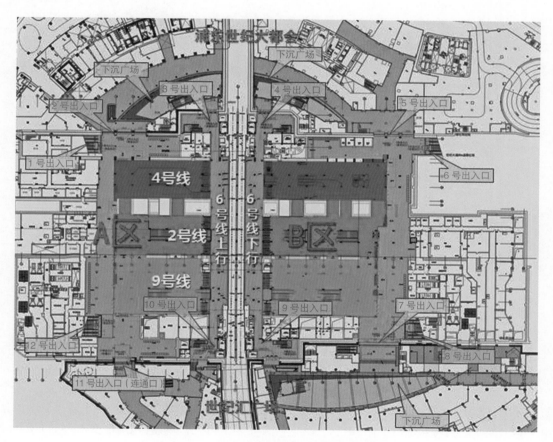

图16-13 世纪大道站地下一层平面示意图

由于高峰期客流量巨大，特别是在2、4号线的下站台楼梯口处非常拥挤，站厅高峰期常态化需要设置导流、限流栏杆。

地下二层分别为4号线设备层、2号线站台层、9号线站台层，分别建设、互不相通。2号线为8节编组，有效站台长186 m，站台上设置4组楼扶梯；9号线为6节编组，有效站台长 140 m，站台上设置 3 组楼扶梯。4 号线设备层设有站台至站厅的转换楼扶梯空间（图 16-14）。

　　地下三层为 4 号线的站台层，有效站台长度为 140 m，站台上设置 3 组楼扶梯（图 16-15）。

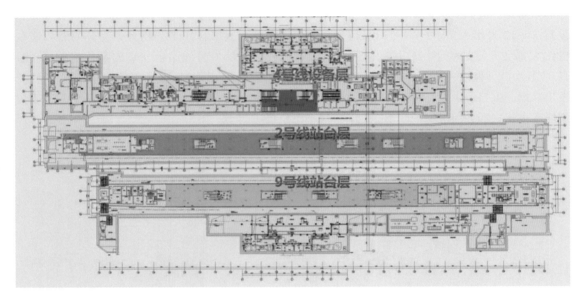

图 16-14　世纪大道站地下二层平面布置示意图

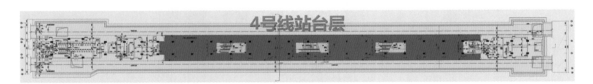

图 16-15　世纪大道站地下三层平面布置示意图

三、枢纽防火分隔和安全疏散

　　枢纽站厅公共区建筑面积共计 19 166 m²。根据《地铁设计规范》规定：站厅、站台可设为一个防火分区，但要求换乘站站厅公共区不应大于 5 000 m²，故将地下一层站厅层划分为三个防火分区，其中 6 号线站台部分 2 138 m² 为一个防火分区；两侧的站厅分为两个防火分区，其中 A 区公共区防火分区 5 056 m²、B 区公共区防火分区 5 866 m²。设备用房根据不大于 1 500 m²分为若干个防火分区。同时，为了防止 6 号线两侧上下行站台及列车之间火势蔓延，两个轨行区之间采用了 A 类二级复合防火玻璃作为防火分隔，以作为 6 号线站台与其他线路站厅的防火分隔设施。并设置了东、西各 9 樘共 18 樘防火卷帘门。站台两端分别设置 3、4 号，9、10 号紧急安全出口疏散至室外下沉广场。1、6、7、12 号出口从站厅非付费区直接疏散至地面，2、5、8 号出口疏散至两侧地块的下沉广场，11 号出口连通至世纪汇广场的地块。枢纽的防火分隔及安全疏散如图 16-16 所示。

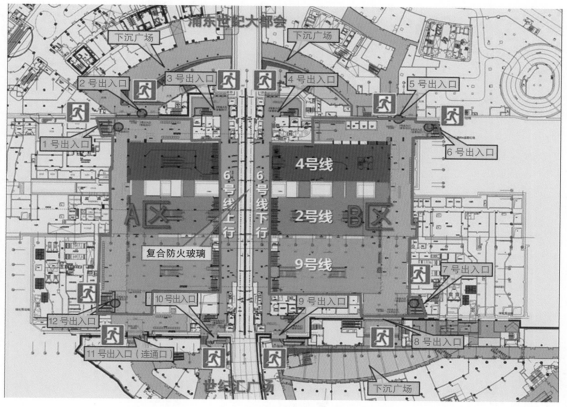

图 16-16　世纪大道枢纽防火分隔及安全疏散示意图

第三节　龙阳路站

地铁龙阳路站是上海唯一一座五线换乘枢纽（包括磁悬浮示范线），各线车站站厅位置包含了地下一层、地面层、高架地上二层共三种形式，枢纽公共区面积大且各站站厅层标高关系复杂，该站换乘客流量常年位于上海全线路网前五名。

一、枢纽概况及总体布局

龙阳路枢纽是上海地铁2、7、16、18号线及磁悬浮示范线的换乘站，为五线换乘枢纽。在龙阳路南侧、白杨路东侧地块内，枢纽从北向南依次布置为7号线、2号线、磁悬浮、16号线和18号线。2号线为地下一层，18号线为地下三层岛式站台，磁悬浮、16号线为高架三层双岛式站台，7号线为地下二层岛式站台，站址位于上海市浦东新区龙阳路白杨路，枢纽总平面布置如图 16-17 所示。

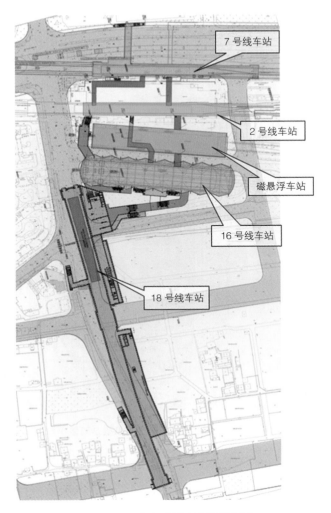

图 16-17　枢纽总平面布置示意图

二、枢纽分层平面布局及换乘关系

枢纽共分为六层。地下三层为 18 号线站台层；地下二层为 18 号线站厅层、7 号线站台层；地下一层为 7 号线站厅层、2 号线站台层；地上一层为 2 号线站厅层；地上二层为 16 号线站厅层；地上三层为 16 号线站台层。

地铁 2 号线龙阳路车站位于龙阳路南侧，横跨白杨路。白杨路东侧为车站主体建筑，西侧为端头井及其设备用房。地面一层两端为设备管理用房，中部为公共区，包含 4 个出入口（1、2、4、6 号出入口），2 号线站厅靠南侧布置；地下一层为一岛一侧式站台，岛式站台有效长度为 186 m，宽度为 12 m；站台两端为设备及管理用房。

磁悬浮示范线龙阳路车站位于 2 号线南侧，东西向布置，与 2 号线车站约有 4° 夹角，西侧距离约 12 m，东侧距离约 30 m。车站为地面三层，一层为商业，二层为站厅，三层为站台。

　　地铁 7 号线龙阳路站位于 2 号线车站北侧的龙阳路下方，为地下二层岛式车站。车站初期通过万邦广场地下一层车库东端换乘通道提升至站厅，与 2 号线进行换乘；随着换乘客流的增加，将万邦广场地下车库的两跨进行了改建，作为 2、7 号线之间的换乘通道；同时保留东端换乘通道，形成单向换乘。7 号线车站共含 7、8、9 号三个出入口。

　　地铁 16 号线龙阳路站位于磁悬浮南侧的地块内，为高架三层双岛式车站。初期通过磁悬浮车站中部高架通道进入 2 号线站厅与 2、7 号线进行换乘，随着客流的增加，在磁悬浮车站站外西端增设了换乘通道，高峰时可组织单向循环换乘。16 号线车站共含 10、11 号两个出入口。

　　地铁 18 号线龙阳路站为地下三层车站，沿白杨路南北设置，位于 16 号线西南侧，设置两个换乘通道接入 16 号线，同时加建 16 号线至 2 号线的换乘东通道，取消既有中通道，与 2、7、16 号线实现逆时针单向通道换乘，与磁悬浮车站仍维持站外换乘。18 号线车站共含 12、13、17 号三个出入口。龙阳路枢纽内部换乘关系如图 16-18、图 16-19 所示。

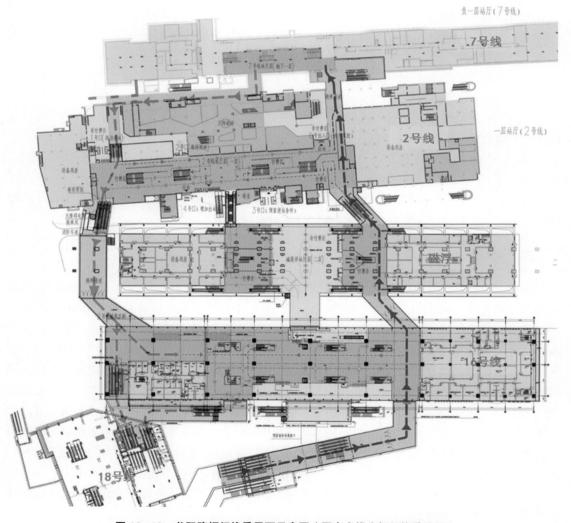

图 16-18　龙阳路枢纽换乘平面示意图（图中虚线为枢纽换乘路径）

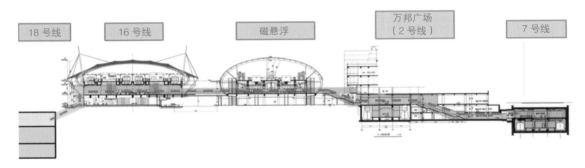

| 18 号线 | 16 号线 | 磁悬浮 | 万邦广场（2 号线） | 7 号线 |

图 16-19　龙阳路枢纽换乘剖面关系示意图

三、枢纽特点

龙阳路枢纽具有以下特点：

（1）作为上海唯一一座五线换乘枢纽，且各线车站站厅位置包含了地下一层、地面层、高架地上二层共三种形式，故枢纽公共区面积大且各站站厅层标高关系复杂；

（2）龙阳路枢纽换乘客流量常年位于上海全线网前五，并以换乘客流占比较高为其客流特征；

（3）五线车站规划及建设年代跨度较大，各线车站非一次性规划、建设到位，不同时代背景具有不同的规范要求及设计理念；

（4）磁悬浮线的票务机制与其余四条地铁线路不同，且磁悬浮线位于五线正中间的位置，故该枢纽具有换乘系统较复杂的特点；

（5）2 号线车站与万邦商业合建，站厅层与商业同层，因历史原因，部分商业与站厅疏散路径已混淆，故本站存在商业与车站界面划分较模糊的情况。

四、枢纽消防设计难点

综合上述特点，消防设计中面临的难点首先是车站规模巨大且换乘客流大，五线站厅公共区面积之和再加上换乘通道，划入公共区的面积数倍于普通车站。在此类大型枢纽的设计中，尽可能采用通道换乘，看似拉长乘客走行距离，实则缓解了站厅的瞬时拥挤程度。若采用节点换乘，首先多线交错，形式复杂，设计难度较大，更容易造成换乘节点处的客流拥挤；其次，作为五线枢纽规划及建设年代跨度较大，且已经历过多轮改造，部分防火分区的划分及安全疏散口位置由于各种历史原因存在多次调整和改造；第三，2 号线站厅因历史原因与北侧万邦商业的疏散路径存在一定的交织，车站与商业之间界面划分较模糊，因此解决 2 号线站厅与北侧商业的问题也属于消防设计中的难点；第四，基于磁悬浮与其余 4 条地铁的票务机制不同，但又因规划、线站位等原因，磁悬浮位于五线最中间，故在换乘流线设计中同时考虑消防的因素，将东西换乘通道尽可能与磁浮脱开设计。西通道因条件允许，脱离磁悬浮站本体设计。18 号线接入前，16 号线与 2 号线通过磁悬浮线中部的中通道换乘，不但将磁悬浮公共区断开，也给日常管理、紧急控制增加了困难。

五、消防设计策略

基于上述特殊性和复杂性，相应的消防设计策略主要分为以下三点：

（1）化整为零再化零为整，五线既需要统筹考虑，又需在必要时独立分割。在建筑设计中，优先考虑通道换乘，从而简化换乘形式；在消防设计中，需利用换乘通道，将五线车站站厅防火分区独立设计、独立考虑。主要通过设置防火卷帘、敞开式天桥及直达地面的通道三种形式，将五线站厅层防火分区断开。2号线、7号线、16号线、磁悬浮线、18号线和西换乘通道，分别设为独立的防火分区。将复杂的问题独立化，单个车站独立划分防火分区，仅需解决每个防火分区自身的疏散口数量和距离，此为化整为零。但将五线消防一并考虑时，各个防火分区又形成一个整体，又为化零为整（图16-20）。

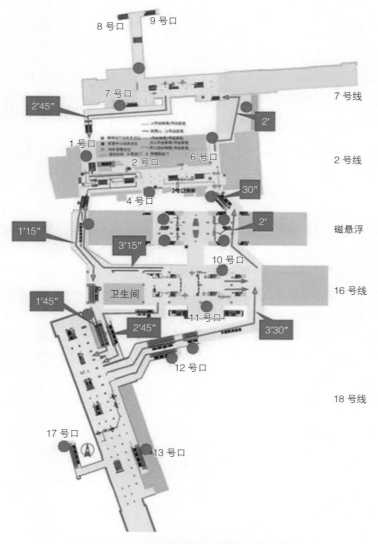

图16-20　龙阳路枢纽应急疏散口设置示意图

249

（2）车站站厅与商业需完全断开。因历史遗留问题，原设计中2号线北侧的安全疏散口，现方案中与万邦商业混淆，已无法定义为安全疏散口，且结合商业的现状，无法对商业部分大动干戈，故在消防设计中，在南侧已满足站厅疏散距离及数量的情况下，北侧与商业混淆部分均定义为连通口，在口部通过防火卷帘的形式，将防火卷帘外部定义为商业，火灾工况下防火卷帘落下，此出入口不作为疏散使用（图16-21）。

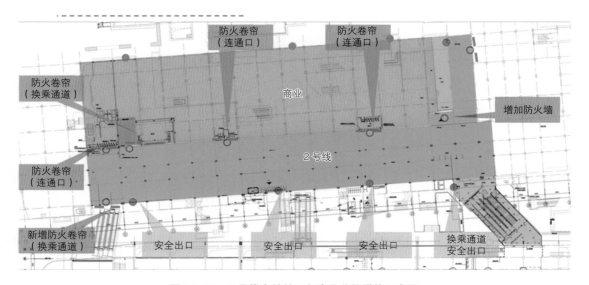

图 16-21　2 号线车站站厅与商业分隔措施示意图

（3）除了防火分区等物理分隔，对于极为特殊的五线换乘枢纽，龙阳路枢纽打破了原先每个车站独立设置车控室的概念，在16号线车站的东段设备区内设置了集中控制室，统筹管理五线的应急情况，在管理系统上优化了龙阳路站的整体消防设计。传统的独立车控室，各线车控室间需通过专用电话沟通紧急情况，并按照相应工况分别实行紧急措施。五线集中控制室将各防火分区发生火灾的情况提前输入为相应的模块，如2号线发生火警时，启动2号线火灾应急模式，2号线与商业及其余防火分区直接的防火卷帘落下，疏散门自动开启、闸机落下等步骤，通过一键实现。既增加了及时性，又保证了正确性。集中控制室对于此类大规模的枢纽具有相当重要的意义。

第十七章 区间隧道创新设计与实践

探索应用区间隧道新技术、新材料，能够让实践方案更具针对性和有效性，提高区间隧道的安全性和可靠性，对于提升地铁的安全性、促进技术进步以及优化资源配置具有重要意义。

第一节 公轨合建的专用疏散通道

我国江河众多，为了更高效地利用过江走廊，目前出现了公轨合建的大断面复合隧道形式。如济南黄河隧道，上方为公路隧道，下层主要为预留地铁 5 号线隧道，利用边角的侧向空间设置公轨共用的专用疏散廊道，如图 17-1 所示。

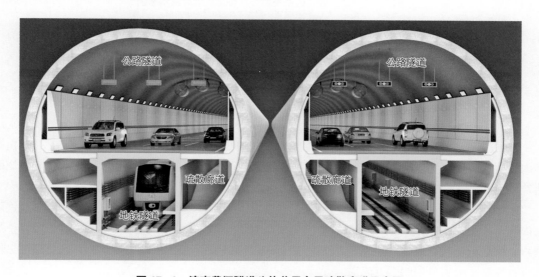

图 17-1 济南黄河隧道公轨共用专用疏散廊道示意图

武汉长江公铁隧道是典型的公轨合用隧道，其于 2018 年 6 月 8 日全线贯通，当年 10 月 1 日同步通车运营。西北起于解放大道，下穿长江水道，东南至友谊大道，线路全长 4 650 m，过江盾构段采用公铁同管合建形式，长 2 590 m。盾构分为左右双管，内径均为 13.9 m。每个盾构内分为三层：上层为道路隧道的排烟道；中间最宽段布置限速 60 km/h 的三车道；下层分为三部分：中间为武汉地铁 7 号线区间，一侧为地铁排烟道及道路隧道管线廊道，另一侧为公、铁合用疏散廊道。疏散廊道设计宽度不小于 2 m，高度不小于 2.6 m。公路层按间隔不大于 100 m、轨道层按间隔不大于 200 m 分别设置通往疏散廊道的逃生口。隧道内除防灾报警探测器外，还布置有高清摄像头，24 小时全方位实时监控隧道运行。既确保第一时间监控事故发生，同时又有效避免错报、误报，如图 17-2 所示。

图 17-2 武汉长江公铁隧道公铁合用疏散廊道示意图

第二节 区间沿行车方向的单一纵向排烟模式

地铁区间隧道采用纵向通风排烟，通风方向视列车着火点位置而变化。但实际上列车在区间内发生火灾时，火灾烟气的迁移受交通风（活塞风）强烈影响，这种情形显著区别于常规的建筑环境。

地铁隧道防控的火灾源主体是列车，正常情况下列车在隧道内以较高的速度运动。地铁隧道内列车发生火灾时最大的可能是运动中的列车着火，即火源是运动着或经历从运动到静止的过程。列车运动时形成的活塞风速高达 8～10 m/s、相对列车风速可超过 20 m/s，完全超过热压效应，控制着火灾早期的烟气流动。

相关研究表明，列车着火迫停在区间的过程中，不论着火点在列车什么部位，烟气总是受残余活塞风影响、漫过车头行至车头前方数百米远处，如图 17-3 所示。因此，遵循区间隧道烟气扩散规律，区间通风控烟采用单一正向控烟模式，不论着火点处于列车什么部位，控烟的方向总是顺应原先烟气自然扩散方向，即列车行进方向。顺行车方向的单一纵向控烟模式符合交通隧道烟气扩散规律，其灾害风险不会较可变火灾风险高，且反应快、可实施性强。

目前，单向控烟方案已落实在四川省《成都轨道交通设计防火标准》中，是地铁区间通风排烟的一项创新应用。

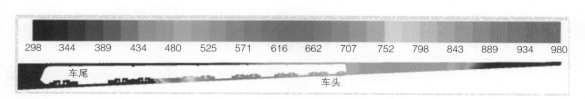

图 17-3 着火列车迫停区间烟气迁移范围

第三节 长大隧道的分段通风

隧道的烟气控制和火灾时的乘客疏散是轨道交通消防领域的难题。基于当前国内常用的视列车着火点位置判定纵向通风方向，目的是想保护列车上大多数乘客快速安全撤离。对于长度不超过 2 km 的区间隧道，正常运行时一般同时只有一列车。火灾时认为着火列车前方的列车可顺利驶离隧道，只有一列着火列车滞留在事故区间。但是对于长大区间可能存在同时有两列车迫停在区间，当前一列车着火时，为保护后一非火灾列车的安全性及前一列车大多数乘客，达到与一列车着火同样的安全程度，就需要在长区间中部设置风井，将长区间分成两个通风区段。但当该区间恰好位于江、河、湖及穿行山脉等处时，设中间风井非常困难。然而，在隧道顶部可设置长风道，在适合的位置设风井接出地面，相当于风井长距离延伸至隧道中段，实现隧道分段通风。分段通风的原理如图 17-4 所示。

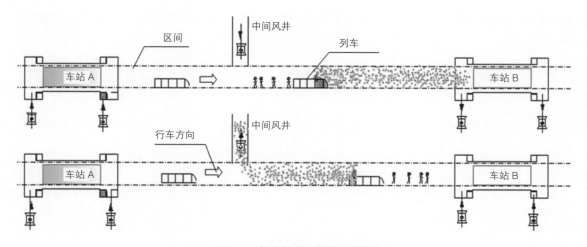

图 17-4 长大隧道分段通风原理图

时下正在建设的上海轨道交通崇明线穿越长江段的南北港隧道采用纵向分段通风方式，南北港两段隧道长度分别为 9.0 km、9.8 km，采用典型的风道型分段通风。该段采用外径 ϕ12.9 m 的大盾构，中部设隔墙分隔上、下行区间，如图 17-5 所示。正常工况时该区间同时存在 3 列

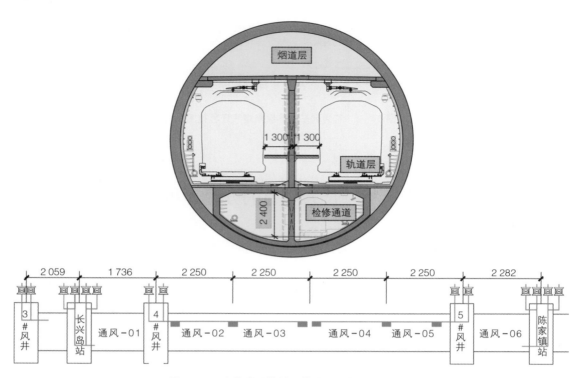

图 17-5　上海崇明线越江段隧道分段通风示意图

车运行，江中没有设置中间风井的条件。因此，在长江岸边结合盾构施工井设置通风井，在盾构段的顶部设置风道，将两侧的风井延伸至隧道内，定点开设集中排烟口，将长隧道分成四个排烟分区。

第十八章 地铁上盖开发创新设计与实践

在城市发展的进程中，地铁上盖开发作为一种创新的城市规划理念，正逐渐成为提升土地利用效率、促进城市可持续发展的关键手段。然而，随着这一模式的广泛应用，其消防安全问题也日益凸显，成为不容忽视的重要方面。

第一节 车辆基地上盖开发概述

随着上海轨道交通网络持续完善，截至 2024 年 9 月底，上海运营线路全长 831 公里，轨道交通车辆基地 37 座，位居全国首位。上海申通地铁集团对标国际最高标准，不断探索、创新，其中一项重要的实践便是积极开展轨道交通上盖开发。同时"上海 2035"规划明确城市建设用地"零增长"，轨道交通中的车辆基地作为城市建设的"用地大户"，通过土地资源的集约利用和城市功能结构的优化提升，可最大限度提高土地开发收益并反哺轨道交通建设和运营，车辆基地结合车站站点及周边土地的轨道交通上盖开发势在必行。

上海先期实施并且已建成的轨道交通上盖开发项目如 10 号线吴中路停车场、17 号线徐泾车辆段上盖开发项目，两个车辆基地复合利用土地面积约 46.3 公顷，开发总建筑面积约 123 万 m^2，总投资约 200 亿元，为轨道交通节约建设资金 17 亿元，为政府贡献土地出让金 32 亿元，直接带动就业人口超过 5 万人，每年为上海地铁创造超过 4 亿元现金流。轨道交通上盖项目坚定不移贯彻国家新发展理念，提升科技创新和产城融合能力。

上海轨道交通上盖开发关键科技创新内容包括：创新实践了轨道交通上盖开发的一个全新技术体系；编制了《城市轨道交通上盖建筑设计标准》《城市轨道交通场站及周边土地综合开发设计规范》《城市轨道交通上盖结构设计标准》等地方及全国行业标准（含轨道交通相关防火标准），内容涵盖相关的规划、建筑、结构、机电、防灾、环境保护等章节，集成创新了具有自主知识产权的技术标准体系；首次建立了轨道交通车辆基地上盖开发消防技术体系；解决了工业建筑与民用建筑竖向叠加后在建筑防火、疏散体系、灭火救援、设施消防等方面的问题；研究确定了上盖开发后建筑火灾危险性类别、轨行区水消防与防排烟标准、盖下安全疏散口设置标准、大库排烟标准等重要消防设计标准。

轨道交通车辆基地上盖开发上海工程实践案例如图 18-1～图 18-4 所示。上海带上盖开发车辆基地情况见表 18-1。

图 18-1　车辆基地上盖开发上海工程实践案例示意图

图 18-2　上海地铁 12 号线西延伸洞泾停车场上盖开发鸟瞰效果图

图 18-3 上海地铁 21 号线六陈路车辆段上盖开发鸟瞰效果图

图 18-4 上海地铁 20 号线真如停车场上盖开发鸟瞰效果图

表 18-1 上海地铁带上盖开发车辆基地情况一览表

序号	项目名称	盖下车辆基地建筑类型	盖下车辆基地规模 /m²	上盖开发建筑类型	上盖开发建筑规模 /m²	完成情况
1	上海 10 号线一期吴中路停车场	停车列检库、检修库、物资仓库	建筑面积: 7.2 万，盖板面积: 12.6 万	办公、酒店、商业、地铁博物馆	52.4 万	已建成
2	上海 17 号线徐泾车辆段	运用库、检修库、物资仓库、不落轮镟轮库	建筑面积: 8.5 万，盖板面积: 16.5 万	大型商业、办公、居住、社区配套	64.3 万（含白地开发）	已建成
3	上海 9、12、14 号线金桥停车场	运用库、检修库、物资仓库	约 20 万	商业综合体、公寓式酒店、研发办公、配套	62.9 万	车辆基地已建成；预留开发条件
4	上海 10 号线二期港城路停车场	停车列检库	建筑面积: 5.5 万，盖板面积: 14.0 万	商业、办公、居住、社区配套	26.6 万	车辆基地已建成；预留开发条件
5	上海 18 号线一期航头定修段	运用库、检修库、物资仓库	建筑面积: 8.6 万，盖板面积: 26.0 万	商业、居住、教育及社区配套（含小学）	36.5 万	车辆基地已建成；预留开发条件
6	上海 15 号线元江路车辆段	运用库、检修库、物资仓库	建筑面积: 9.6 万，盖板面积: 24.3 万	居住为主、社区配套、办公	34.4 万	车辆基地已建成；开发在建
7	上海 18 号线二期庙行停车场	停车列检库、物资仓库	建筑面积: 5.3 万，盖板面积: 8.9 万	商业、办公、住宅、教育及社区配套	26.8 万	规划设计阶段
8	上海 21 号线六陈路车辆段	双层运用库、检修库、物资仓库	建筑面积: 12.5 万，盖板面积: 一层板 7.7 万、二层板 7.3 万	商业、办公、住宅、教育及社区配套（含小学）	45.8 万	车辆基地设计完成；预留开发条件
9	上海 23 号线澄江路车辆段	运用库、检修库、物资仓库	建筑面积: 16.98 万，盖板面积: 30.95 万	商业、办公、住宅、租赁住宅、教育及社区配套（含小学、幼儿园、养老服务设施）	140 万	车辆基地设计完成；预留开发条件
10	上海 19 号线澄江路车辆段	运用库	建筑面积: 8.03 万，盖板面积: 20.89 万			
11	上海 20 号线真如停车场	运用库、工程车库	建筑面积: 9.1 万，盖板面积: 13 万	商业、办公、住宅、教育及社区配套	51 万	规划设计阶段
12	上海 20 号线华东路车辆段	检修库、运用库、物资仓库	建筑面积: 8.8 万，盖板面积: 22.1 万	商业、办公、住宅、教育及社区配套	52 万	规划设计阶段
13	上海 19 号线铁山路停车场	运用库、物资仓库	建筑面积: 6.5 万，盖板面积: 18.9 万	商业、办公、住宅、教育及社区配套（含小学）	43.7 万	规划设计阶段

序号	项目名称	盖下车辆基地建筑类型	盖下车辆基地规模 /m²	上盖开发建筑类型	上盖开发建筑规模 /m²	完成情况
14	上海 12 号线西延伸洞泾停车场	停车列检库、物资仓库	建筑面积：7.1 万，盖板面积：16.7 万	商业、办公、住宅、教育及社区配套	32.0 万	规划设计阶段
15	上海 15 号线南延环城北路停车场	停车列检库、物资仓库	建筑面积：7 万，盖板面积：12.3 万	商业、办公、住宅、教育及社区配套（含小学）	23.2 万	规划设计阶段

注：规划设计阶段的车辆基地及其上盖开发指标为暂估；虽然确定实施上盖开发，但开发方案尚未稳定。

　　下面分别以汉中路三线换乘枢纽 TOD 上盖综合体、10 号线吴中路停车场上盖开发、17 号线徐泾车辆段上盖开发为例，介绍车站及车辆基地上盖开发情况。

第二节　汉中路三线换乘枢纽 TOD 上盖综合体

　　汉中路站是上海地铁 1、12、13 号线的换乘枢纽，在消防设计方面有诸多难点，通过科学有效的设计，最终实现了旧线、新线、地块商业的相互协调，对后期上海地铁建设起着引领性的作用。

一、枢纽概况及总体布局

　　汉中路枢纽，1 号线车站位于恒丰路东侧、汉中路南侧，与恒通路斜交布置。位于恒通路路北的车站部分与汉中广场（上海青少年活动中心）结合建设，是上海最早的车站上盖一体化建设的建筑，位于恒通路路南车站部分在 2000 年与地铁恒通大厦结合建设。车站 1 号出入口位于汉中路上的汉中广场内，2、3 号出入口位于地铁恒通大厦内。

　　12、13 号线车站于 2008 年 12 月开工建设，与 1 号线车站形成"三线换乘"枢纽。其中，12 号线车站位于长安路下方，13 号线车站斜穿 95 号地块与商业开发结合。枢纽工程的地下三～五层为 12、13 号线汉中路站，地下一～二层为地铁设备用房、换乘通道及综合开发。12 号线车站北侧的 95 号地块地上裙房 5 层、塔楼 32 层，南侧的 92 号地块地上为 5 栋 12 层住宅楼和 1 栋 6 层公寓式酒店。物业开发通过多种形式与地铁车站相结合。95 号地块的裙房直接坐落在 13 号线车站本体上，32 层塔楼则与换乘大厅共用结构底板；而 92 号地块通过在地铁车站侧墙开门洞与其地下室连通，是新一代地铁站点 TOD 上盖综合体。枢纽与周边地块关系如图 18-5、图 18-6 所示。

二、12、13 号线分层平面布局及 1 号线改造

　　枢纽地下三层为 12、13 号线共享换乘大厅，通过换乘通道与 1 号线站厅衔接。12 号线站台位于地下四层，13 号线站台位于地下五层（图 18-7）。

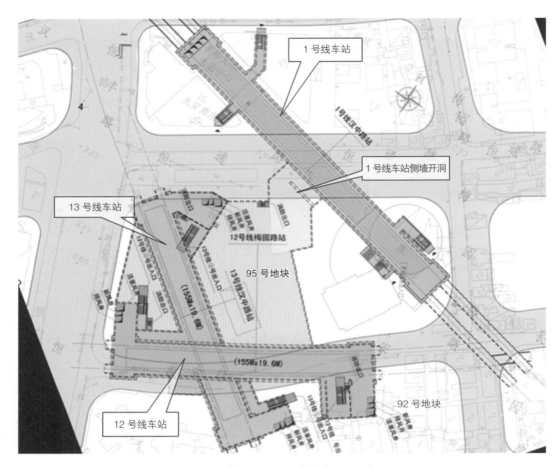

图 18-5　枢纽站位与周边地块关系示意图

图 18-6　枢纽上盖综合体外观及中庭效果图

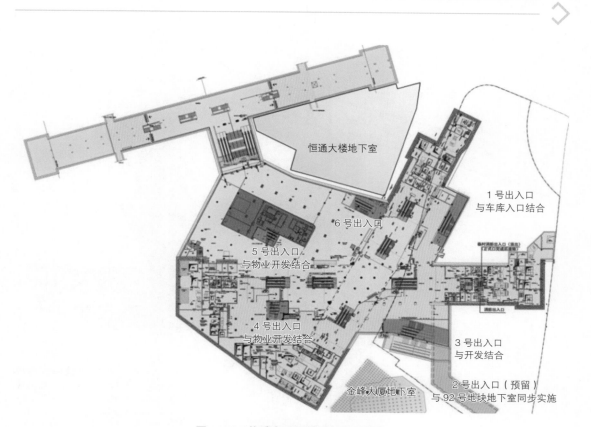

图18-7　换乘大厅层平面布置示意图

1号线汉中路站建成运营于1993年，为8A列车编组，车站站台至站厅共设4组楼扶梯，其中2组楼扶梯由1部自动扶梯及1部人行楼梯组成，站厅中部设置1组剪刀楼梯。即，原1号线汉中路站站台至站厅间共计仅设置有2部自动扶梯及3部人行楼梯，这与12、13号线客流通行能力显然无法匹配。为适应客流需求，将1号线中部1组剪刀楼梯去除，改为两组扶梯，每组扶梯由2部自动扶梯组成，则1号线站台至站厅改造后共计设置有6部自动扶梯与2部人行楼梯，与12、13号线客流通过能力均能互相匹配（图18-8）。

枢纽内部换乘关系相对简单，12、13号线与1号线之间通过新建换乘大厅进行换乘。换乘大厅与既有1号线侧墙开洞后新建的换乘楼扶梯相连通，楼扶梯共设置6部自动扶梯、12 m宽楼梯。换乘大厅内设置灯光装置作品"地下蝴蝶魔法森林"，开创了新媒体艺术进入国内地铁空间的先河，站厅空间整体设计以"地下蝴蝶魔法森林"为主题设计装饰，其最大亮点在于由2015只彩色蝴蝶构成的四面"蝴蝶墙"，此外，一旁的圆形立柱也仿若从天窗外投射下来的阳光，时不时还有色彩斑斓的蝴蝶跟乘客玩"捉迷藏"，时而组团翩翩起舞，时而又消失不见（图18-9）。

三、枢纽主要特色

汉中路枢纽的主要特色体现在以下三方面：

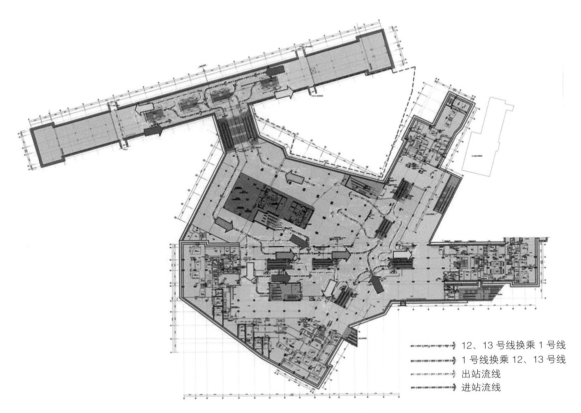

▶▶	12、13 号线换乘 1 号线
▶▶	1 号线换乘 12、13 号线
▶▶	出站流线
▶▶	进站流线

图 18-8 枢纽内部客流流线示意图

图 18-9 枢纽内部换乘通道实景照片

（1）汉中路枢纽是上海地铁线路中较早实现三线换乘的枢纽站，其中 1 号线设计及通车年代较早，运营于 1993 年。而 12、13 号线为同期建设线路，于 2015 年运营通车，与 1 号线设计理念及标准相差近 20 年。从汉中路枢纽方案中可以清晰地发现，1 号线车站与 12、13 号线车站相对独立。12、13 号线实现了共站厅及节点换乘的功能，但 1 号线仅通过长通道与另两条线连接，实现付费区换乘。同时这样的换乘形式，使汉中路站的站厅公共区面积达 12 000 m²，仅次于人民广场站三角换乘大厅。故汉中路站具有换乘线路多、换乘厅面积大及换乘形式多样的特点（图 18−10）。

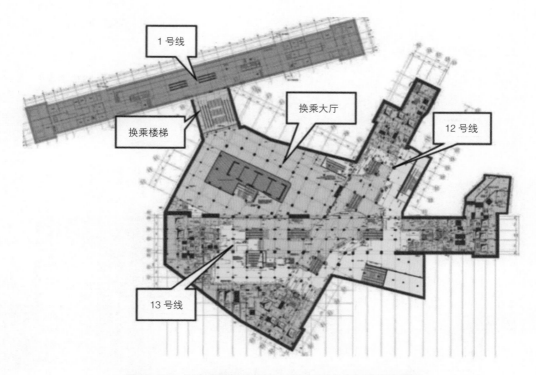

图 18−10　汉中路枢纽公共区（地下三层）平面布置示意图

（2）汉中路站位于上海火车站片区，邻近火车站、恒丰路汽车站等城市交通枢纽，周边开发较为成熟。本站自身为三线换乘，且均为穿越市核心区的线路，故本站客流常年位于上海换乘站客流前十名。汉中路站高峰时段客流以三线间换乘客流为主。13 号线与 1 号线间换乘量最大，12 号线与 13 号线间换乘量次之，12 号线与 1 号线间换乘量最小。故本站具有换乘客流大及换乘方向明显的特点。

（3）汉中路枢纽在设计中最主要的特色为引入 TOD 建设模式。早期线路的传统轨道交通设计思路是将车站设置于道路下方，新建车站与既有车站之间满足纵断面标高关系即可。而对于车站与地块开发间，同样仅采取设置连通口连接的方式，车站与地块间仅平面相接，并未形成地上地下立体式交汇的互动沟通，地块开发与地铁车站间工期更无须同步建设，是典型的"通道型商业"。"有则相连，无则相隔"，早期地铁与地块开发间的常规模式大多如此。而汉中路枢纽最终方案引入国际先进的 TOD 模式进行整体开发建设，地铁车站与商业开发间由传统的"通道型商业"改变为"上盖型商业"。两幅地块包含办公楼、零售商场、住宅等业态，建筑面积约为 11 万 m²。地块与车站地上地下同步建设，同步开发，形成全方位立体式互通轨道交通商业综合体。12、13 号线车站埋深均加深，地下一层及地下二层调整为地块开发部分，使土地商业利用达到最大值，地下三层为两线车站共用站厅层，地下四层为 12 号线站台层，地下五层为 13 号线站台层（图 18-11）。

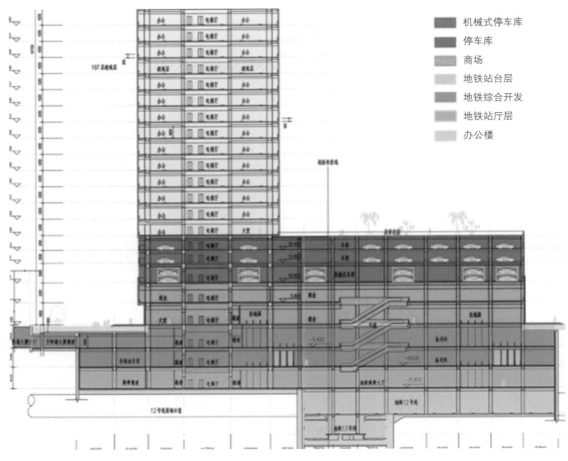

图例：
■ 机械式停车库
■ 停车库
■ 商场
■ 地铁站台层
■ 地铁综合开发
■ 地铁站厅层
■ 办公楼

图 18-11　汉中路枢纽 TOD 概念剖面示意图

四、消防设计难点

汉中路枢纽的设计亮点也是消防设计中面临的难点，换乘线路多、换乘客流大、公共区面积大，并且与商业关系非常密切。TOD 地块内地下一层为 92 号地块机动车停车库、95 号地块地下商业设施、设备机房等以及地铁出入口、风井。地下二层同样为 92 号地块机动车停车库、95 号地块地下商业设施、设备机房等其他用房，另一部分为地铁环控机房、环控电控室和配电间及地铁出入口、风井。地下三层为 12 号线和 13 号线公共站厅层，并通过换乘大厅与 1 号线进行换乘。12、13 号线共用的车站主要管理用房均设在此层。车站地下四层为 12 号线站台层。地下五层为 13 号线站台层。

五、消防设计策略

消防设计的思路为化整为零，再重新组合。首先将相对独立的 1 号线剥离，采用通道换乘的形式，在防火分区、机电系统等方面均与后期设计的 12、13 号线脱开。1 号线公共区防火分区与接入换乘前，无较大改动。

1 号线部分脱开后，汉中路枢纽地块内剩下 12、13 号线及商业部分。商业部分主要位于 B1 和 B2 层，在建筑设计中已考虑商业与车站的独立性，故 B1 及 B2 两层地铁仅设置出入口、风道和部分环控用房。用房集中设置，便于与商业防火分区完全脱开。

12、13 号线车站及换乘大厅部分，一共划分为 11 个防火分区。具体设计为：

防火分区一：地下二层北端 12 号线设备用房为一防火分区，设封闭楼梯间与地下三层连通。

防火分区二：地下二层东端 13 号线设备用房为一个防火分区，设封闭楼梯间与地下三层连通。

防火分区三：地下三层站厅、地下四层站台、地下五层站台公共区及站台层两端设备用房划分为一个防火分区，面积为 10 162 m²；根据规范要求，因站厅层公共区面积大于 5 000 m²，站厅公共区另划分为两个防火分隔区，面积均小于 5 000 m²，两线于 13 号线站台换乘通道处设防火卷帘。

防火分区四：地下三层与 1 号线换乘大厅（Ⅳ 区）为一防火分区，面积为 3 470 m²，与 12、13 号线公共区以防火卷帘分隔。

防火分区五～八：地下三层站厅层南、北两端设备用房，东、西两端设备用房，各为一防火分区。

防火分区九～十一：地下四层 13 号线设备层西端设备用房划分为两个防火分区，东端设备用房为一防火分区。

地铁部分 B2 层和 B3 层、B4 层和 B5 层防火分区示意图分别如图 18-12、图 18-13 所示。

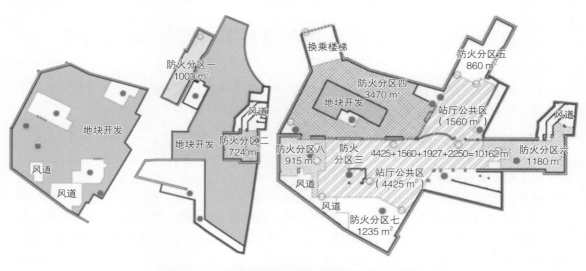

图 18-12　地铁部分 B2 层和 B3 层防火分区示意图

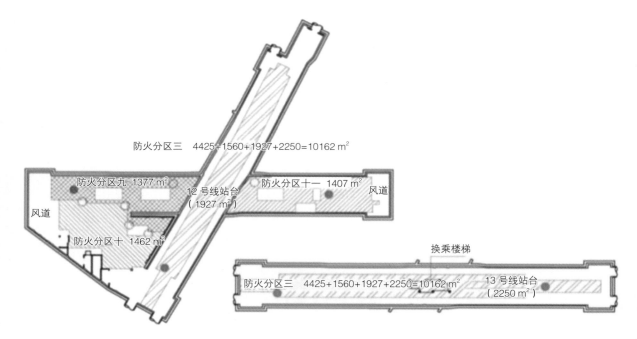

图 18-13　地铁部分 B4 层和 B5 层防火分区示意图

在化整为零、再重新组合的消防设计策略下，汉中路枢纽有效地解决了旧线、新线、地块商业相互之间的消防难点，同时又有效地将当时较为新颖的 TOD 概念引入上海地铁中，成为一个集地铁换乘、高档居住、休闲等多功能于一体的现代化、智能化综合体建筑，对后期上海地铁建设起着引领性的作用。

第三节　上海轨道交通 10 号线吴中路停车场上盖开发

上海轨道交通 10 号线（M1 线）一期工程吴中路停车场是上海首座进行上盖综合开发的车辆基地，是上海轨道交通上盖开发的初代实践，总体开发历经数十年全部建成。

一、吴中路停车场概况

吴中路停车场位于上海市西南闵行区：北临吴中路、西临外环线以高速公路 A20 为界、南临虹泉路、东临虹莘路。基地东西长约 840 m，南北宽约 280 m，总占地面积约 23.34 公顷。西北侧为 10 号线紫藤路地下二层岛式车站。作为 10 号线一期工程唯一使用的停车场，承担全线列车的停放、清洁、列检、维护和乘务等功能；停车场的各建筑单体主要有停车列检库 1 与控制中心、停车列检库 2、检修库、联合车间、综合楼、洗车库、联合车库、镟轮库等，总建筑面积为 7.2 万 m^2（图 18-14）。

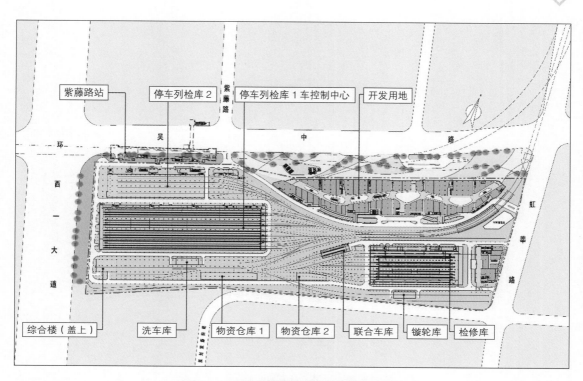

图 18-14　吴中路停车场总平面布置示意图

二、上盖开发概况

　　吴中路停车场地块结合土地综合利用和开发，在地面 16.84 公顷的面积范围为 10 号线吴中路停车场站场用地，在此地面上立柱网做板地及上盖平台进行综合开发，板地总面积约 12.6 公顷；基地内沿吴中路在地块东北处预留 6.5 公顷的空白地块作为开发用地。

　　吴中路停车场上盖项目名为华润"万象城"，由申通地铁和华润公司联合开发，建筑功能为商业、办公、酒店综合体类型。开发项目规模：开发用地 20.24 公顷，总建筑面积约 52 万 m²，开发建筑由五栋高层办公楼，五栋多层办公楼、一栋高层购物中心、一栋高层商业楼、一栋高层酒店和一栋两层商业组成。购物中心地下室三层，商业楼、部分办公地下室二层，部分办公地下室三层，如图 18-15、图 18-16 所示。

　　开发建筑分为 5 个区，其中，一区为购物中心及地铁博物馆；二区为 EF# 高层办公楼，ⅤⅣ#、ⅤⅤ# 两栋多层办公楼和 G# 多层商业楼；三区为 C#、D# 两栋高层办公楼和Ⅵ#、ⅤⅦ#、ⅤⅧ# 三栋多层办公楼；四区为商业楼和 AB# 高层办公楼；五区包括高层酒店。

三、吴中路停车场上盖开发消防设计策略

　　吴中路停车场上盖开发过程中，在消防方面有如下三个方面需要考虑：

1. 主要厂（库）房建筑的火灾危险性类别

　　吴中路停车场主要厂（库）房建筑的火灾危险性类别严格按照《建筑设计防火规范》执行。

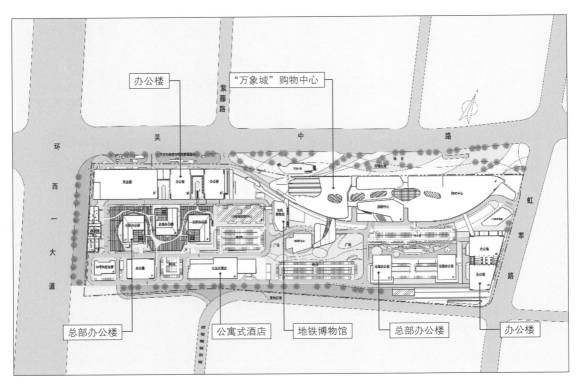

图 18－15　吴中路停车场上盖开发总图

图 18－16　吴中路停车场上盖开发实景鸟瞰图

停车列检库 1、停车列检库 2、洗车库为戊类厂房；检修库、镟轮库为丁类厂房；联合车库为丙类厂房；物资仓库为丙类库房。

2. 总平面布局

停车场和开发各自设置出入口，停车场工艺场站结合开发条件适当调整。停车场设置两处出入口分别衔接吴中路和虹莘路，位于场地北面及东面。停车场内部设置 7 m 宽环形消防车道，衔接各建筑物和出入口，满足消防要求，如图 18-17 所示。

停车场功能调整如下：停车场一期工程为了开发做了平面调整，将综合楼移至盖上，整合检修库功能，将原本与检修库尾跨合建的物资仓库改迁移至盖下位置；停车场二期停车列检库工程与上盖开发办公楼和紫藤路地铁站衔接部位同步建设，完成结建工程。

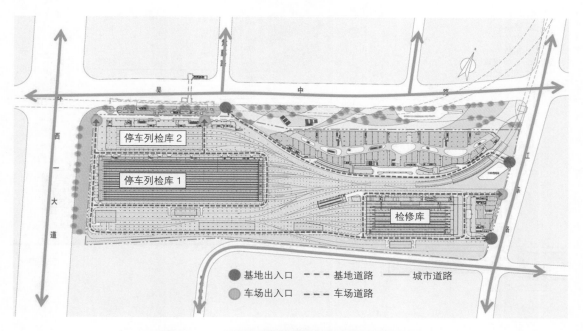

图 18-17 吴中路停车场建筑消防道路流线示意图

3. 消防安全地坪和建筑消防高度

作为上海最先建成并实际投入使用且后期运营良好的车辆基地上盖项目，吴中路停车场及上盖开发是工业建筑与民用建筑叠加的大型综合体建筑。消防设计进行整体分层分析及确定各层建筑高度起算点。通过模型拆解，形成了立体的四层关系：地下车库层（停车列检库下方）、地面车辆基地层、板地及管廊层、上盖开发层（图 18-18）；剖面示意图如图 18-19 所示。

通过竖向分析确定以下原则：自然地坪即与城市道路连接的地面，建筑消防高度起算面是指能设置满足要求的消防登高场地及人员疏散场地的自然地坪、板地或上盖平台。上盖建筑在板地或上盖平台设有满足要求的消防登高场地及人员疏散场地时，位于消防登高场地及人员疏

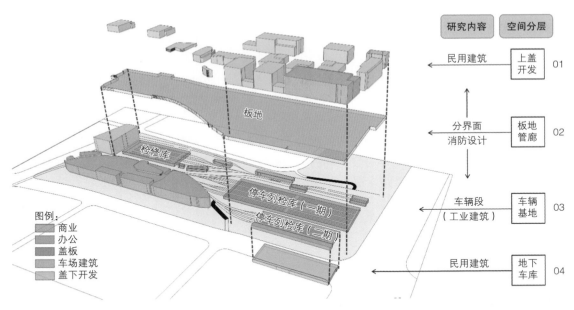

图 18-18　吴中路停车场及上盖开发竖向分层示意图

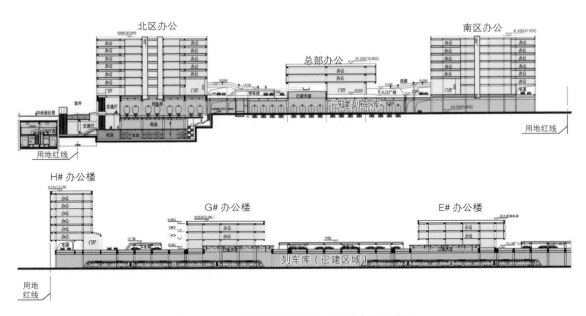

图 18-19　吴中路停车场及上盖开发剖面示意图

散场地所在地坪以上部分为地上建筑，位于消防登高场地及人员疏散场地所在地坪以下部分为地下建筑。建筑高度起算点为消防登高场地及人员疏散场地所在的室外地坪。消防登高场地的设置应满足《建筑设计防火规范》的规定（图 18-20）。

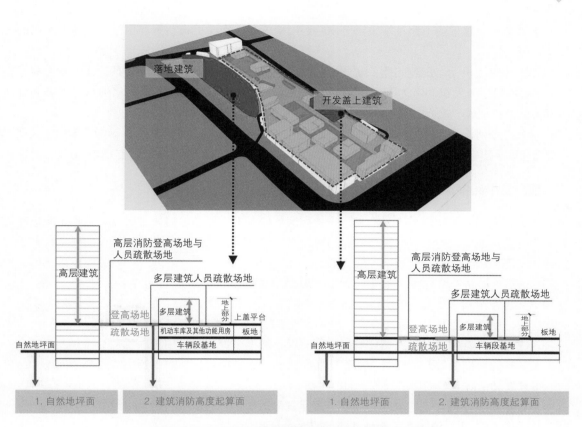

图 18-20　吴中路停车场及上盖开发建筑消防高度示意图

四、吴中路停车场上盖开发基本特点

（1）通过板地将盖下停车场、盖上开发建筑做防火分隔，功能布局、消防系统各自完全独立。上盖平台以上为民用建筑，按《建筑设计防火规范》的民用建筑部分执行；上盖平台以下停车场按《建筑设计防火规范》的厂（库）房部分执行。

（2）停车场功能用房尽可能整合后集中布置，最大限度集约化；预留出的白地部分作为开发用地，该开发用地相对独立。

（3）停车场设置两个与外界道路相通的出入口；上盖平台至少设置两条满足消防车通行要求的匝道与外界道路相通，在上盖平台上布置有消防车道和消防登高场地，上盖建筑消防高度的起算点从上盖平台算起。

（4）地面层车场做封闭区域，有围墙与开发做分隔，总平面布局有两个方向与开发建筑有结建或贴邻，但保持了两个方向不贴邻，与外界的围墙在侧面打开，保证了一定范围的自然排烟工况，这样做利于车场盖下环境的通风、采光、排烟。

（5）停车场的综合楼（含食堂、厨房、乘务员公寓）布置在盖上，竖向交通核延至地面车场，交通流线在平台上的区域保留相对独立。但与上盖开发建筑共用了由市政道路通往上盖平台的匝道。

271

（6）盖上、盖下的道路基本采用竖向——对应方式，在主要道路下部预留了上盖开发用的设备管廊。

（7）为解决机动车配建问题，又要控制上盖平台的城市界面高度不能太高，在停车列检库2下方设置配建开发机动车停车库、部分为地下商业及与紫藤路地铁站的联络通道，上方为开发办公建筑，形成"夹心"式的综合体，兼顾轨道交通和开发使用功能。

（8）停车列检库为停放轨道交通车辆的场所，考虑到有上盖商业开发，车辆本身集中停放列位数量较多，车辆价值昂贵，为杜绝一切风险，采取消防加强措施，大库设置自动喷水灭火系统。

五、吴中路停车场消防设计特点

（1）根据当时消防局的审查意见，主要大库如停车列检库和检修库采取自然排烟，库房屋面设置自然排烟口，排烟口设置在侧面周边；当后期上盖开发时，不进行排烟口的封堵，并不影响开发建筑。

（2）盖下道路采取自然排烟，沿道路的两边设置扁长的排烟开孔口，并不影响开发道路。

（3）停车列检库1、停车列检库2的库外咽喉区，由于受到当时轨道布置衔接影响，不便立结构柱，柱网跨度太大，取消盖板，在咽喉区留有三处开孔，满足自然排烟条件。

（4）停车列检库2与开发结建底层沿街立面，取消一部分开发用房，就是不让开发用房全部占满，打开一部分做开敞空间，用作车场库房的灭火救援入口，主要解决消防救援问题。结建取得开发和消防、车场使用等各方面的平衡。

（5）地块西北侧开发建筑办公楼的主体建筑沿街面一长边沿吴中路盖边设置，形成类似于"山地建筑"的形式，消防高度从最不利点的地面起算。

吴中路停车场及上盖开发消防设计如图18-21、图18-22所示。

图18-21　吴中路停车场上盖开孔位置示意图

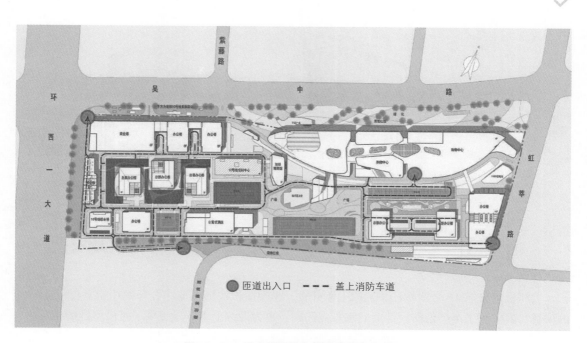

图 18-22　吴中路车场上盖消防道路示意图

吴中路停车场上盖开发实景如图 18-23、图 18-24 所示。

图 18-23　吴中路停车场上盖开发实景图一

图 18-24　吴中路停车场上盖开发实景图二

第四节　上海轨道交通 17 号线徐泾车辆段上盖开发

上海轨道交通 17 号线徐泾车辆段上盖开发，是现阶段车辆基地综合开发功能复合程度最高的项目，其解决了多个消防设计上的重难点问题，也为后续上盖开发提供了可借鉴性的指导。

一、徐泾车辆段概况

上海轨道交通 17 号线全线 35.3 km，设置有徐泾车辆段和朱家角停车场两座车辆基地。徐泾车辆段位于上海市青浦区徐泾镇，北侧为崧泽大道、东侧为徐盈路、南侧为诸陆西路、西侧为徐乐路，基地面积约 22.46 公顷。徐泾车辆段为大架修车辆段，承担全线的大修、架修、列检、定临修、乘务等任务，段内为三轨供电制式，设置分级管理。车辆段的主要厂（库）房建筑有运用库、检修库、物资仓库、洗车库、不落轮镟轮库、工程车库、喷漆库、易燃品库、综合楼等，工艺功能配置全面，总建筑面积约 8.5 万 m²（图 18-25）。

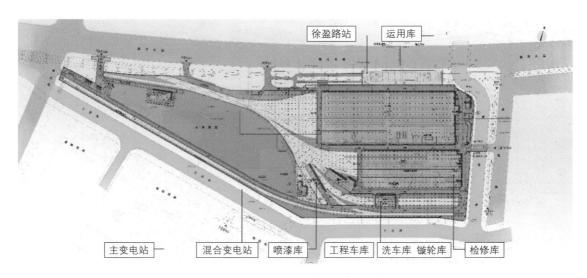

图 18-25　徐泾车辆段总平面布置示意图

274

由于基地位置处于上海大虹桥商务开发区，距离虹桥交通枢纽非常近，地段区域优势明显，故经多方决策后对徐泾车辆段进行上盖综合开发。

二、上盖开发项目概况

徐泾车辆段上盖开发项目名为万科"天空之城"，由申通地铁和万科地产联合开发，项目已于2020年建成并投入运营，收益良好。开发特色为"强TOD属性、微缩城"，上盖建筑功能为商业、办公、居住、社区配套、绿化公园等（图18-26、图18-27）。整个项目是将徐盈路高架车站、徐泾车辆基地、上盖开发、白地开发等整合起来，上盖物业和地铁车站"无缝对接"，徐泾车辆基地地下和盖上部分形成"复合一体化"的综合开发，相互协作为整体，实现土地空间立体集约化的高效利用，降低大型轨道交通设施对城市区位功能的影响。

徐泾车辆段开发总用地面积约26万m²，总建筑面积约64.3万m²：包括商业面积约9.9万m²，办公面积约8.8万m²，住宅面积约23.7万m²，夹层配建机动车停车库面积约10万m²，地下配建机动车停车库面积约11.9万m²。

三、徐泾车辆段上盖开发消防设计策略及特点分析

徐泾车辆段上盖开发过程中，在消防方面有如下五个方面需要考虑：

1. 徐泾车辆段及上盖开发综合体分层布置分析

（1）综合体项目竖向布置。盖上区域（8.4 m、13 m标高）为盖上物业及为物业服务的夹层车库，包括大型商场、办公楼、商品住宅楼、车库、跑道公园等；盖下区域（0 m标高）为车

图18-26　徐泾车辆段上盖开发总平面示意图

275

图 18-27　徐泾车辆段上盖开发总体鸟瞰效果图

辆基地功能区，为徐泾车辆段厂（库）房及轨行区空间；地下区域（-6.5 m 标高）为物业开发车库及设备用房等。轨道交通与民用建筑，作为工业建筑与民用建筑的"夹心"式叠合，从运营、管理维护到交通、疏散、救援等，均需做到各自独立，互不干扰。通过模型拆解，整体分为4层，从下到上依次为地下车库层、地面车辆基地层、板地层、平台层（图 18-28、图 18-29）。

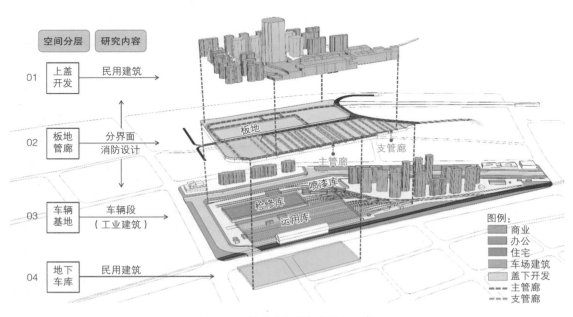

图 18-28　徐泾车辆段竖向分层示意图

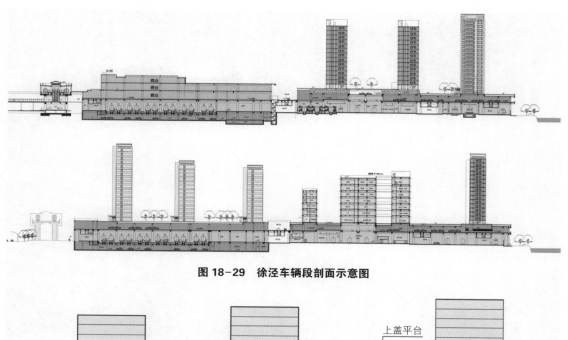

图 18-29　徐泾车辆段剖面示意图

图 18-30　板地与上盖平台示意图

地下车库层为开发地下车库及其配套的设备用房、办公核心筒等，位于地面层徐泾车辆段运用库下方，运用库上方为上盖商办地块，形成"夹心"式分层利用。开发地下车库的人员疏散通道、设备管井等均穿过车辆段，经由地下车库南、北两侧空间升至地面层崧泽大道和一层上盖板地（图 18-30）。

（2）建筑消防高度的确立。徐泾车辆段的消防高度自地面起算；徐泾开发 06-01 地块商业区域，在北侧即崧泽大道一侧，消防救援和疏散在地面完成，建筑消防高度以自然地坪面起算，其余三侧可在板地上方实施救援和疏散，建筑消防高度则从板地起算；位于二层平台的住宅及商办区域同样从板地起算。

2. 总平面布置

徐泾车辆段设置三处出入口分别通向崧泽大道和徐盈路，位于场地北面及东面。上盖开发设置三处匝道上至平台（图 18-31）。车辆段内设置不小于 7 m 宽消防车道，衔接各建筑物和出入口，满足消防要求。各主要生产用房周围设置环形消防车道，其净宽度和净空高度均

图 18-31　徐泾车辆段上盖 Y 型辅道示意图

不小于 4 m。且盖板上的消防车道及消防登高场地的荷载按照消防车行驶及消防扑救的荷载（30 kN/m²）设计，盖体板地的消防安全性及承担消防荷载的能力均满足作为上盖安全平台的要求。

　　车辆段功能的调整：总体布局为开发做了平面功能调整，将轨线紧凑布设，在出入段线、入库线和试车线围合的区域预留近 3 公顷的白地做开发，将车场综合楼移至盖上，整合运用库功能，将原本单独设置的物资仓库改迁移至运用库东南部位合建；运用库地下 4.95 万 m² 建筑面积做开发配建机动车停车库；将易燃品库移至地块西北角单独设置，远离盖板范围。车辆段和开发建筑在总体布局上互有穿插，但消防体系各自独立。

　　3. 建筑耐火等级及火灾危险性类别

　　上盖开发平台的上、下部建筑的耐火等级均为一级。上盖开发平台板地自身的承重柱和墙的耐火极限不低于 4 h；梁、板的耐火极限不低于 3 h。车辆基地运用库、洗车库、水处理用房、雨水泵房等为戊类厂房，检修库、不落轮镟轮库为丁类厂房，物资仓库、杂品库等为丙类仓库，混合变电站、工程车库为丙类厂房，喷漆库为乙类厂房，易燃品库为甲类仓库，盖上综合楼为高层民用建筑。

　　车辆段出入段线区及咽喉区：周边做 3 m 高围墙，围墙上部至盖板下的空间 3～4 m 敞开，有良好的自然通风条件；空间高大，板下高度达 8 m，具有良好的储烟能力；该空间内无可燃物（堆场内堆放材料为车辆维修设备、起重机，均为不燃烧体）；该空间主要是车辆行驶使用空间，无人员经常停留；该部分火灾危险性类别为戊类（图 18-32）。

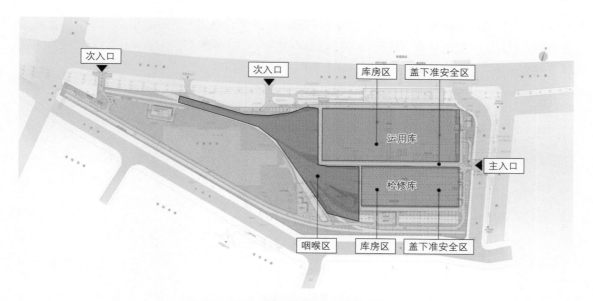

图 18-32　徐泾车辆段盖下分区示意图

4. 建筑防火分隔及防火分区

板地上下方的防火分隔：车辆基地上盖开发建筑的楼电梯井、设备管井会贯通板地上下方，附属设施盖下部分位于车辆基地内部，因此盖下建筑与这些附属设施的防火分隔通过防火墙做完全分隔封堵，不开设任何门窗洞口连通。徐泾开发地块超高层办公楼核心筒穿过运用库落至地下车库，与运用库之间采用防火墙进行分隔，不设门窗洞口；北侧落地沿街商铺作为盖上商业的附属部分，与板地以上建筑采取防火分隔，同车辆段运用库执行外墙至外墙的防火间距规定。

运用库为盖下戊类厂房，设置有自动灭火系统，一层防火分区面积不限，在各生产区域之间及与内部通道等其他部位之间设置耐火极限不小于 1 h 的墙体进行防火分隔。辅跨二层为单独防火分区，通过 3 部楼梯直通一层库外安全通道。物资仓库为丙类库房，分为 3 个防火分区，每个防火分区有一个出口直通库外安全通道。

车辆基地内的工程车库、混合变电站等丙类生产区域均采用耐火极限不低于 3 h 的防火墙、甲级防火门等防火分隔措施与其他部位进行分隔，丙类仓储区域按照地下同等级仓库做加强措施，在设置有自动灭火系统的措施下，最大防火分区面积不大于 600 m²。

车辆基地盖下出盖板的风井及疏散楼梯间大部分与开发建筑合建，均保持不小于 5 m 的消防安全间距；如果独立设置则按照《建筑设计防火规范》要求保持必要的防火间距。

5. 安全疏散及灭火救援

徐泾车辆段车辆为 A 型车 6 节编组，上盖一层板地面积约为 16.5 万 m²，进深约为 300 m，宽度最小处约为 400 m，水平疏散较长。通过设置盖下准安全区域进行人员疏散，经竖向楼梯（安全出口）疏散至上盖平台，并确保以安全出口为圆心辐射 90 m 半径范围覆盖板地下所有人员活动区域。即板地下车辆基地内任何一部位至安全出口的距离均不大于 90 m，符合下列要求的内部通道可视为准安全区域进行人员疏散：内部通道宽度不小于 9 m；通道两侧采用耐火等级不低于 2 h 的防火隔墙及乙级防火门窗与其他区域隔离；通道上应设置不少于 2 个的直通室外地坪或板地的安全出入口，安全出入口间距不应大于 180 m，宽度不应小于 1.4 m；通道能自然通风采光或设置机械排烟设施、配置应急照明系统。

消防救援口设置：当板地进深超 180 m 时，可以由盖上开发室外安全面进入盖下车辆基地进行救援，消防救援口保护半径为 180 m。徐泾车辆段共设置有 9 个安全出口及 2 个消防救援口（图 18-33、图 18-34）。

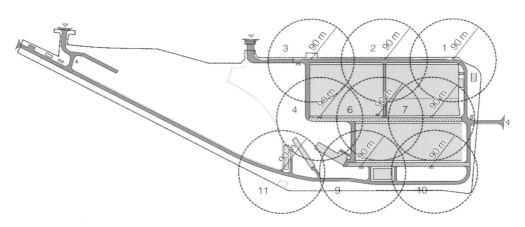

图 18-33　徐泾车辆段 9 个安全出口示意图（盖下向盖上或盖外疏散）

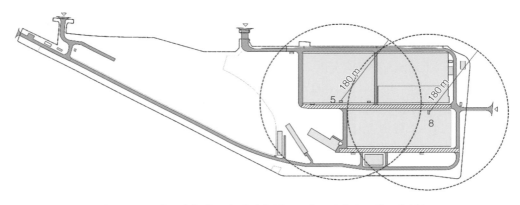

图 18-34　徐泾车辆段 2 个消防救援口示意图（盖上至盖下救援）

四、徐泾车辆段上盖开发和上海市地方标准《城市轨道交通上盖建筑设计标准》的编制

徐泾车辆段及上盖项目特点在于：作为典型 TOD 模式的综合开发，是现阶段上海轨道交通车辆基地综合开发功能复合程度最高的项目。轨道交通建筑和开发建筑紧密衔接，空间充分利用，但各自执行的消防设计标准各不相同；盖下以工业建筑为主的车辆基地与盖上以住宅为主体的民用建筑在竖向和水平面方向均互有穿插和叠加，整合复杂、难度加大。

徐泾车辆段项目的设计阶段和上海市地方标准《城市轨道交通上盖建筑设计标准》（简称《上盖标准》）编制工作的时间段正好在同一时期，结合项目设计作为实践案例，参考当时的

《上海市轨道交通车辆基地综合开发利用建设导则（试行）》进行了《上盖标准》的编制，徐泾车辆段也执行了《上盖标准》相关防灾章节的消防规定，解决了消防设计重难点问题。《上盖标准》也为后续车辆基地上盖项目提供了技术支撑和指导。

徐泾车辆段上盖开发项目实景如图 18-35、图 18-36 所示。

图 18-35　徐泾车辆段盖上开发实景图一

图 18-36　徐泾车辆段盖上开发实景图二

徐泾车辆段施工期实景如图 18-37 所示。

图 18-37　徐泾车辆段上盖开发施工期实景

第十九章　上海地铁消防安全管理创新实践

从行业发展角度来看，上海地铁率先进入大规模的网络化运营阶段，相比其他城市较早面临了网络化发展过程中地铁消防安全管理的问题和瓶颈。作为网络化发展的先行者，上海地铁立足自身发展和行业发展的需求，积极探索新技术与轨道交通网络化发展相结合的方法，不断创新和实践地铁消防安全管理的方式，以企业消防安全管理创新实践经验来服务行业的整体发展。

第一节　上海地铁消防安全管理标准化建设

上海地铁与行业主管部门和有关社会单位通力合作，率先建立全国首个以"责任、标准、处置、联动"为核心特征的超大规模地铁消防安全标准化管理体系，为其他重点行业单位开展消防安全标准化管理提供了样板。

一、上海地铁消防安全管理标准化建设背景

由于地铁系统环境特殊，空间结构复杂，发生火灾部位既有站台站厅、车厢和区间隧道，也有附设的商场、地铁变电站等，一旦发生火灾事件，救援难度极大，后果及社会影响都将极其严重。通过消防标准化管理工作，能够更好地指导企业做好消防安全日常管理、维护消防设施设备、制备应急处置预案、建强应急处置力量，从而提高对火灾事件的事前防控和应急处置效能，最大限度地降低火灾事故风险。

随着上海地铁运营网络的迅速发展壮大，对消防安全的管理要求不断提升。截至 2023 年，上海地铁路网共有线路 20 条、车站 508 座（含磁浮线及磁浮站），路网规模世界领先。工作日日均客流 1 140 万人次，历史峰值为 2024 年 3 月 8 日的 1 339.7 万人次。如此超大体量路网、客流，对车站日常消防安全管理、设施设备维护、应急疏散处置、岗位职责分工等消防安全管理和火灾防范工作都提出了更高的要求。针对日趋庞大的运营网络和不断凸显的消防安全风险及其管理要求，坚持系统性的防范治理、推进标准化体系建设显得尤为重要。

二、上海地铁消防安全管理标准化建设重点

上海地铁于 2019 年 6 月在人民广场站开展了消防安全标准化建设工作前期探索，于 2020 年 5 月在多个车站（徐家汇站、自然博物馆站、西藏南路站、宁国路站、周浦东站）启动了试点工作，

于 2020 年 9 月将试点经验推广应用至全路网车站，自 2022 年起逐步推广至停车基地和商业单位。

通过不断深化消防安全标准化管理的研究及应用，上海地铁逐步确立了轨道交通"责任落实、标准管理、应急处置、联动共治"的"四位一体"总体布局，并形成了地方标准《城市轨道交通消防安全管理基本要求》，于 2023 年发布实施。以问题为导向、以需求为牵引，积极健全消防安全责任链条、防范化解各类重大安全风险、做足应急处置准备，全方位保障上海超大规模网络安全运营。主要建设重点如下：

1. 落实主体责任

上海地铁建立由申通地铁集团统一领导、直属单位职责明确、岗位人员责任落实到位的"1+22+N"消防责任网格，结合专业条线、岗位特点与现场生产、作业风险等情况，逐级签订消防安全责任承诺书，依托企业警示约谈、跟踪督办、抄告反馈等机制，压实"履责、督责、问责"的消防责任链条。将"消控室值守、微型消防站执勤、防火巡查"等消防岗位职能与运营生产岗位深度复合，推行"一岗多能"工作机制，减少重复性作业，增强自查自管效能。将消防安全管理职责层层分解至每个工作岗位，确保任务落实，如图 19-1、图 19-2 所示。

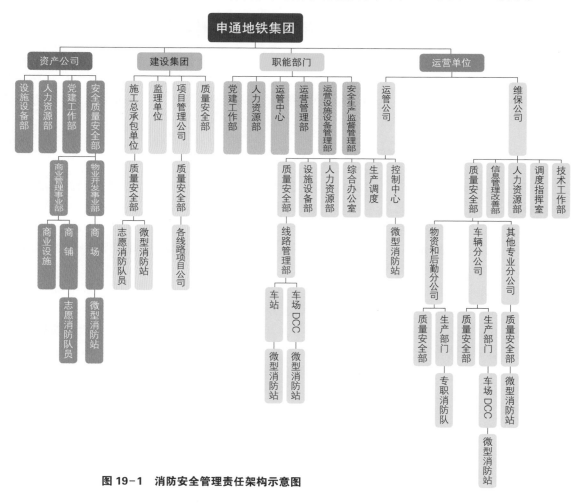

图 19-1　消防安全管理责任架构示意图

消防每日工作

每日工作流程	值班站长	值班员	站务员
运营时段 06:00—06:59	微站勤务交接	防火巡查 / 设备巡查台账记录 / 微站勤务交接	防火巡查 / 微站勤务交接
07:00—08:59	施工安全交底 / 防火巡查 / 施工安全管控 / 召开班前会议	防火巡查 / 参加班前会议	防火巡查 / 参加班前会议
09:00—10:59	施工安全交底 / 防火巡查 / 施工安全管控 / 检查消防设备	防火巡查	防火巡查
11:00—12:59	施工安全交底 / 防火巡查 / 施工安全管控	防火巡查	防火巡查
13:00—14:59	施工安全交底 / 防火巡查 / 施工安全管控 / 微站勤务交接	防火巡查 / 设备巡查台账记录 / 微站勤务交接	防火巡查 / 微站勤务交接
15:00—16:59	施工安全交底 / 防火巡查 / 施工安全管控 / 检查消防设备	防火巡查	防火巡查
17:00—18:59	施工安全交底 / 防火巡查 / 施工安全管控 / 监督台账记录	防火巡查	防火巡查
19:00—20:59	施工安全交底 / 防火巡查 / 施工安全管控	防火巡查	防火巡查
21:00—22:59	施工安全交底 / 防火巡查 / 施工安全管控	防火巡查	防火巡查
非运营时段 23:00—00:59		防火巡查 / 施工安全交底 / 办理动火作业 / 施工安全管控	防火巡查
01:00—02:59		防火巡查 / 施工安全交底 / 施工安全管控	防火巡查
03:00—04:59		防火巡查	防火巡查

站区站长 每日9:00—10:59 每日工作检查

图 19-2　车站消防安全标准化管理每日工作分解图

2. 统一管理标准

上海地铁将消防安全标准化管理统筹纳入行车、客运、施工等7项重点工作总体架构，达到"六化标准"：

（1）巡查机制"差异化"。明确高架、地面"专人巡"，地下站点"多人巡"，停车基地"联合巡"等巡查标准。

（2）作业形式"复合化"。融合各岗位任务，运用电子化巡更APP、视频监控等手段提升巡视效率。

（3）防火检查"精准化"。制定轨道交通车站消防安全标准化管理操作手册、自查指南和检查指引，提升隐患发现率和整改率。

（4）操作标准"图文化"。制作消防设施设备巡视图文解析，确保现场巡视、检查作业规范性。

（5）设备管理"标识化"。明确各类消防设施用房的管理责任部门、责任人及联系方式，公示用房管理责任人、技术服务人员。

（6）台账记录"高效化"。整合形成"6专项、7基础、10关联"消防安全标准化台账，如图19-3所示。

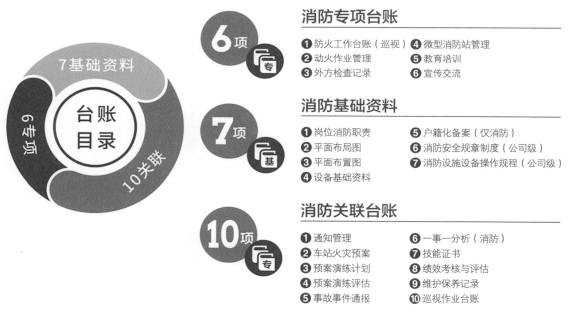

图19-3 消防安全标准化台账示意图

3. 加强应急处置

上海地铁优化集团、直属单位、现场"1+N+X"三重应急预案体系，根据不同场景，分需求建设、分岗位响应、分等级处置、分场景预案、分对象演练。实现所有车站微型消防站100%覆盖，在每个站台设置"1+N"应急救援箱，实现就近取用。根据突发事件对象和态势，分级启动预案，建立火灾应急事件"现场级、联动级、救援级"三级响应机制，定期开展多场景、融合式、综合化演练，做到"1分钟响应、3分钟到场、5分钟处置完毕"，如图19-4所示。

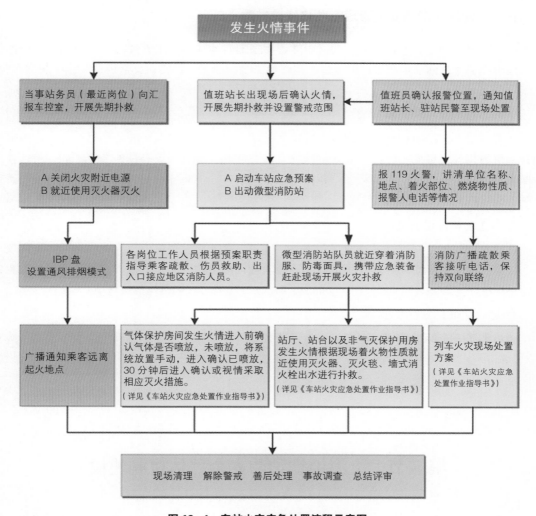

图19-4 车站火灾应急处置流程示意图

4. 提升治理联动

为进一步补足地铁车站火灾防控和应急处置工作短板，形成区域性联防共治的管理效能，上海地铁推动建立轨道交通车站与毗邻建筑间消防安全信息联通、火灾联防、应急联动的"三联机制"，实现管理职责明晰、信息实时互通、隐患相互促改、应急高效响应。

（1）在安全信息联通方面，建立区域联络小组，丰富信息互通手段，做到关联信息实时报备。

（2）在火灾联防方面，明确管理边界，固化联防机制，合力排查消除风险隐患。

（3）在应急联动方面，在全路网多个车站开展安全管理体系功能设计，实施客流预测、运

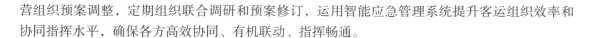

营组织预案调整，定期组织联合调研和预案修订，运用智能应急管理系统提升客运组织效率和协同指挥水平，确保各方高效协同、有机联动、指挥畅通。

三、上海地铁消防安全管理标准化建设方向

消防安全标准化工作任重而道远，虽然近年来上海地铁在车站管理的探索中积累了一些经验，也形成了地方标准等成果，但要进一步在地铁全行业拓展，并在日常运营工作中起到作用，还需要在以下方向持续深耕：

1. 在全区域全岗位拓展

在前期车站级消防标准化管理试点成功的基础上，纵向上要逐步向各线路级、公司级等不同管理层级延伸；横向上要逐步向车辆检修、运营调度、商业传媒等其他专业扩展，将地铁消防标准化管理由车站一个点向行业全领域覆盖；同步建立消防标准化管理评价机制，推动管理效能不断提升。

2. 与企业标准化的接轨

申通地铁集团是全国轨道交通行业第一家国家级标准化试点单位，为获得交通运输部安全生产标准化一级达标企业。要在推进行业消防管理标准化的同时，积极参照国际标准化安全管理体系标准，主动融入企业安全生产标准化体系，推动消防安全目标落实落地。

3. 与运营服务场景融合

要将消防安全标准化要求融于日常运营服务场景中，推动基层站点减负增效，提高一线员工对基础设备、关键环节、消防安全风险的认知，强化基层员工对自身岗位相关消防设施设备和应急预案的熟悉程度。

第二节　上海地铁消防安全评估机制建设

上海地铁经过 30 年的连续运营，发展速度快、设备繁多、长时间运营、超大客流等因素叠加，一旦发生火灾，易造成重大人员伤亡和财产损失。为了进一步落实安全风险分级和隐患排查"双重预防机制"，上海地铁积极探索开展符合地铁特点的消防安全评估，分析可能存在的火灾风险因素及其影响，提出有效的预防和控制措施。

一、上海地铁消防安全评估机制建设背景

各级文件和技术标准都对轨道交通通过安全评估的手段开展风险管控提出了政策要求。例如：《国务院办公厅关于保障城市轨道交通安全运行的意见》要求："要建立城市轨道交通运营安全第三方评估制度"；交通运输部《城市轨道交通运营管理规定》要求："运营单位应当完善风险分级管控和隐患排查治理双重预防机制，建立风险数据库和隐患排查手册，对于可能影响

安全运营的风险隐患及时整改";《上海市消防安全责任制实施办法》要求:"火灾高危单位要建立消防安全评估制度,由具有资质的机构定期开展评估,评估结果向社会公开"。但轨道交通系统与一般民用建筑相比,具有特殊性。目前国内尚未制定针对轨道交通的消防安全评估国家标准或行业标准,运营单位和相关技术服务机构无法针对性开展消防安全评估工作。上海市交通委按《城市轨道交通正式运营前和运营期间安全评估管理暂行办法》要求,至少每3年组织开展一次运营线路评估,但其中消防安全方面,由于缺乏具体评估标准尚未涉及。

二、上海地铁消防安全评估机制建设总体设想

针对以上实际问题,为了弥补空白、补齐短板,推动消防安全治理向事前预防转型,上海地铁自2022年起,探索建立地铁消防安全评估机制。对车站、线路、路网三个不同层级,对车站、区间、控制中心、停车基地等不同运营场景,对设施设备入场前、使用中、维修后等全生命周期,建立分对象、分类别、分阶段的风险评估机制,视情逐步纳入交通委定期线路评估范围。对评估发现的问题,建立风险管控责任清单、风险管控措施清单,逐步纳入申通地铁集团大修改造计划。通过评估查找运营单位存在的消防安全问题,指导运营单位整改消防安全隐患,完善消防管理措施,落实运营单位消防安全主体责任和双重预防机制,提高运营单位的消防安全管理水平。

三、制定地方标准先行

为规范上海地铁消防安全评估的程序、内容和方法,指导运营单位、技术服务机构开展轨道交通消防安全评估,上海市消防救援总队于2022年立项编制上海市地方标准《城市轨道交通消防安全评估规范》,适用于上海市轨道交通运营线路及所属车站、区间隧道、区间风井、控制中心与主变电站和车辆基地的消防安全评估。标准内容共有九章,提出了城市轨道交通消防安全评估的程序、内容和方法,对城市轨道交通的建筑防火、安全疏散、消防设施、消防安全管理和消防应急能力的检查内容做出了具体要求(图19-5)。

四、上海地铁消防安全评估机制创新内容

上海地铁消防安全评估机制在地方标准基础上,有很多创新性内容。

1. 评估机构和人员

评估原则上不限于有第三方消防技术服务机构开展,运营单位、监管单位也可根据实际需求,依据《城市轨道交通消防安全评估规范》相关内容,自行或委托消防技术服务机构开展,但评估人员和项目团队应具备消防技术和轨道交通等消防评估必备的能力、知识和工作经验。评估机构应根据评估的具体对象和具体需求,成立由以下人员组成的评估项目组:

(1)评估项目技术负责人1名,持有一级注册消防工程师证书,负责项目技术校核;

(2)评估项目负责人1名,持有一级注册消防工程师证书,负责项目技术、进度、质量把关;

(3)其他评估人员若干,持有一级注册消防工程师证书或中级消防设施操作员证书,负责项目现场检查、功能测试和报告编制等工作。

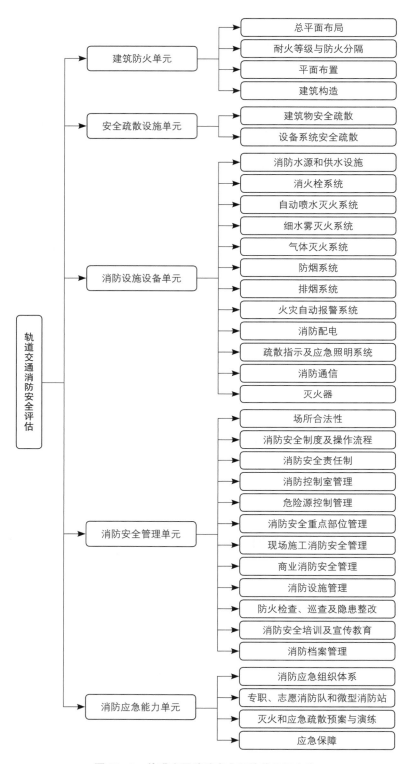

图 19-5　轨道交通消防安全评估单元及内容

2. 评估启动条件

除了行政规范性文件所规定需要开展的定期消防安全评估外，以下情况也可酌情开展消防安全评估，为运营单位加强消防安全管理水平提供辅助决策：

（1）消防安全重点单位应定期开展消防安全评估；

（2）火灾高危单位应每年委托符合从业条件的消防技术服务机构开展一次消防安全评估；

（3）投入运营时间较长的运营线路、客流较大的车站宜定期开展消防安全评估；

（4）重要活动等时间节点可结合实际情况开展消防安全评估。

3. 消防安全等级评定

根据《城市轨道交通消防安全评估规范》，对评估单元及内容打分后，可以确定评估对象所处的消防安全风险等级，便于运营单位根据不同的消防安全风险等级采取不同的消防安全风险管控措施。

上海地铁历经 30 余年的建设和运营，不同时期建设所依据的设计标准不尽相同。若一概以现行标准进行评估，老线基本都处于"高风险"等级；若完全以建设时期标准进行评估，又无法体现现实风险。因此在创新建立上海地铁消防安全评估机制过程中，探索建立了两套消防安全等级评定体系：一是"合规化"评定，主要依据建设时期的设计技术标准和当前法律法规等管理要求，对运营单位消防安全合规化水平进行评定；二是"风险"评定，主要依据现行技术标准和管理要求，对运营单位实际存在的消防安全风险进行综合评定，包含可能依据当时规范建设但存在缺陷的项目、运营过程中增加的风险、为降低风险所做的补偿措施等。

4. 评估结果的应用

消防安全评估的结果除了建立风险管控责任清单、风险管控措施清单，为地铁大修改造计划做参考以外，还有以下应用：

（1）数字化平台应用。近年来，上海地铁持续加快推进数字化转型，建立上海地铁 C3 大楼网络化运营平台、维保通号数字化运维平台等数字化管理平台。在消防安全管理方面，申通地铁集团正在逐步建立消防系统综合管理平台，上海市消防救援总队轨道交通支队结合全市"一网统管"平台开发，也已初步建立上海市轨道交通消防安全管理综合平台，汇集了轨道交通基础数据、单位管理数据、监管检查数据，在此基础上结合消防安全评估方法，最终得出不同层级对象的消防安全评估"一张图"，使辖区各单位消防安全管理水平及风险短板一目了然。

（2）标准化管理应用。消防安全评估是单位借助专业力量发现隐患、整改隐患的手段，是运营单位消防安全标准化管理的重要组成部分。运营单位可以结合管理实际，自主开展不同对象、不同频次的消防安全评估，了解掌握区域消防安全风险项，推动隐患的发现和整改，提升单位消防安全自主管理水平。

（3）指导监管重点应用。消防安全评估的结果也可以作为监管部门调整监管重点的辅助决策依据。自 2009 年至 2018 年，上海地铁经历了从 331 km 快速发展到 705 km，路网规模翻一番。根据规划，到 2025 年近期建设规划项目实施后，轨道交通网络规模将达到 24 条线路，总长度超过 1 000 km，车站总数 600 余座。单纯靠监管部门防火监督检查力量捉襟见肘，主要还是依靠运营单位自主管理。同时，近年来行政管理部门一直在倡导"无事不扰"的执法监管念，强调单位主体管理和部门监管的不同角色，避免不必要的干扰，减少多头执法、重复检查等问题。因此，消防安全评估的结果可以为监管部门调整管理重点提供参考，对于评估分级风险低的单位适当降低监督检查频次，集中力量对高风险单位加强监管，协助运营单位共同制定风险防御措施。

第三节　上海地铁微型消防站实战化建设

2011 年，上海地铁在区域所有车站、停车基地和重点单位组建地铁志愿消防队，在提高单位检查消除火灾隐患、组织扑救初起火灾、组织人员安全疏散逃生和消防宣传教育培训方面起到关键作用。2015 年，上海地铁将原地铁志愿消防队转型成为地铁微型消防站，具备防火巡查、扑救初起火灾和消防宣传教育三项功能，同时增加了"周边区域联防"和"接受指挥调度"的要求，使地铁微型消防站更加专业、更具指向性和实战性。

上海申通地铁集团按照"企业主责、部门联动、消防主推"的工作思路，以"有人员，有装备，有战斗力"为建设目标，坚持"执勤巡防实战化，人装配置标准化，宣传教育常态化"的建设模式，从"建""管""训""用"四个方面着手，在全路网建立了具有轨道交通区域特色的地铁微型消防站。

一、"建"——扭住建队标准基础

上海地铁微型消防站在建设阶段，主要考虑以下三个方面内容：

1. 制定标准落责任

由上海申通地铁集团落实建设主体责任，制订企业标准《上海轨道交通站点微型消防站建设管理办法》，明确集团所属单位的工作职责和建站标准，确保了区域微型消防站建设工作的整体推进。同时在地铁消防委层面，制定《关于加强与改进轨道交通区域多种形式消防队伍建设的实施意见》《关于进一步做好区域微型消防站落标建队工作的通知》《轨道交通区域微型消防站建设推进指导意见》等文件，分级建设，逐步推进，形成合力，全面强化微型消防站的建设与管理，升级优化微型消防站运作水平，确保建设经费、装备配备、人员选拔、日常训练等各项措施落到实处。

2. 就近分布快响应

本着"分布设置、灵活机动、快速响应"的原则，创新建立了"1+N"分布式微型站，将原来集中设置在车控室内的消防器材柜，因地制宜地分解成放在站台的多个应急救援处置箱（图19-6）。每座站台设置不少于 1 个消防应急救援箱，当站台为侧式布置时，在上、下行线一侧的站台分别设置 1 个；消防应急救援箱设置在站台中心位置，且符合易于管理、便于取用、不影响站台疏散的要求。在装备力量不减的前提下，提升第一应急响应时间，更加发挥实战化作用。

图 19-6　车站分布式应急救援处置箱

3. 贴合实战配装备

　　针对地铁特殊环境特点，在严格按照装备配置标准并在装备总量不减的基础上，个性化配置符合地铁微型消防站的装备器材（表 19-1），更注重防护救生，更突出疏散通信，更加强破拆灭火，比如针对地铁消防员非专业训练的特点，弱化空气呼吸器这种专业设备的使用，采用化学氧消防自救呼吸器这种易操作的轻便装备；针对地铁建筑结构特殊性，更加强化防烟口罩和通信电台的配置。

表 19-1　上海地铁微型消防站及消防应急救援箱器材装备配备

序号	类别	器材名称	配置数量		地下站	地面站	车辆基地
			器材柜	应急箱			
1	灭火	ABC 型干粉灭火器	10 个		●	●	●
2		灭火毯	1 个	2 个	●	●	●
3		消防应急专用水	1 桶	1 桶	●	●	●
4		多功能水枪	1 支	1 支	●	●	●
5		65 mm 支线水带	3 盘	1 盘	●	●	●
6		二分水器	1 个		●	●	●
7		消火栓扳手	1 把		○	○	●

序号	类别	器材名称	配置数量		地下站	地面站	车辆基地
			器材柜	应急箱			
8	疏散	泛光照明灯	2 台		●	●	○
9		发光引导棒	2 根	1 根	●	●	○
10		反光背心	2 套	1 套	●	●	○
11		扩音器	3 个		●	●	○
12		隔离警示带	1 盘	1 盘	●	●	○
13		闪光警示灯	1 个		●	○	○
14	破拆	手动液压剪扩器	1 把		○	○	○
15		多功能刀具	1 套		●	●	●
16	防护	消防员个人防护装备 5 件套	2 套	1 套	●	●	●
17		消防员训练服	3 套		●	●	●
18		手提式强光照明灯	3 个		●	●	●
19		正压式消防空气呼吸器	2 套		○	○	○
20		化学氧消防自救呼吸器	2 套	1 套	●	●	●
21	通信	可视化移动终端	1 台		●	●	●
22		手持电台	2 台		●	○	○
23		固定电话	1 部		●	●	●
24	救护	防烟口罩	80 只	20 只	●	●	○

注：①标准配置中，"●"代表必配，"○"代表选配。
　　②消防应急救援箱一侧应当就近设置灭火器；有条件的情况下，也可设置移动式灭火救援装置。
　　③反光背心，队长与队员应当采用不同颜色区别。
　　④消防器材装备应当提供产品检验报告。

二、"管"——抓住战斗力提升关键

上海地铁微型消防站坚持战斗力导向，通过以下四个方面进行了提升：

1."编制手册"完善制度

为全面提升地铁微型消防站执勤战备能力，建立消防业务理论扎实、消防技术装备应用熟练、实战处置高效的微型消防站，使之具备"三知、四会、一联通、处置要在三分钟"的工作能力，编制了《上海地铁微型消防站勤务指导手册》，建立了包括组织架构、执勤训练、基础理论、装备管理、实战演习、联勤演训、防火巡查、消防宣传等在内的标准化制度，切实发挥微型消防站"救早、灭小"的作用，积极推动地铁微型消防站规范化建设。

2. "三级教育"培训体系

建立公司、线路、车站三级培训体系，制定月度训练演练计划并组织落实，有效发挥"三队合一"的作用，"三队"指防火巡查的巡逻队、灭火救援的先遣队、消防安全的宣传队。其中对扑救初起火灾能力的培训，以实现"三知四会一联通，处置要在三分钟"为核心，把"防得住、灭得了、跑得掉"的九字方针贯穿培训全过程，加强常态化训练，做到迅速响应、有效响应；对防火巡查和消防宣传教育功能的培训，以《机关、团体、企业、事业单位消防安全管理规定》相关内容为主，让队员分片包干，边巡查边宣传，边巡查边培训，进一步扩大消防安全知识受益面。

3. "百教千人"培养骨干

实施微型消防站"百教千人"队伍培训计划，以各车站站长（区域站长）、各线路消防安全管理人和各运营公司消防安全负责人为对象，学习微型消防站执勤战备、业务训练、初期火灾处置等技能，培养成为帮建地铁微型消防站建设管理的骨干队伍和"小教员"。使参训人员基本掌握开展微型消防站执勤战备、业务训练、初期火灾处置等工作的基本要求和技能，切实提高区域单位地铁微型消防站应急处突能力建设水平。

4. 构建"互联网＋地铁微消防"数字平台

试点推动上海地铁微型消防勤务线上指导站建设，依托防火监督检查日常数据和轨道交通消防微信公众平台，构建战斗力建设新通道。鼓励微型消防站建立本单位、本区域消防微信群，利用移动互联网信息平台，定期向单位员工、乘客发送消防安全提示；遇有火灾，辅助提示疏散。

三、"训"——紧扣实战化训练环节

上海地铁微型消防站聚焦实战化目标，通过以下三个环节开展训练：

1. 每站一预案

各车站根据实际情况每年修订完善 1 次灭火和应急疏散预案，重点突出人员岗位职责、应急疏散路线、扑救初起火灾程序、消防设施设备联动、引导消防救援队伍接应点等内容，要求预案制定符合科学性、针对性和可操作性，使一站一预案切合实际、分工明确、职责到位。

2. 每周一巡查

指导监督微型消防站队员平时在本单位、本岗位开展防火巡查、消防宣传工作，最大限度地发挥作用和效能。每周开展防火巡查，及时发现并消除火灾隐患，建立完善防火巡查制度，明确火灾隐患登记、报告、督办、整改、复查等程序。微型消防站利用广播、视频、橱窗、内部刊物、班组会议等，向员工宣传普及消防常识，提示岗位火灾危险和消防安全操作规程。

3. 每月一演练

每月集中开展训练不少于 3 个半天，每周开展 1 次器材维护保养，每半年组织本单位开展 1 次综合性灭火救援疏散演练。坚持每月在地铁停运后开展实战演练，检验微型站消防装备、

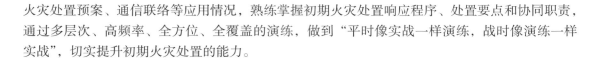

火灾处置预案、通信联络等应用情况，熟练掌握初期火灾处置响应程序、处置要点和协同职责，通过多层次、高频率、全方位、全覆盖的演练，做到"平时像实战一样演练，战时像演练一样实战"，切实提升初期火灾处置的能力。

四、"用"——发挥联勤联训优势

上海地铁微型消防站发挥联勤联训优势，提升灭早灭小的能力。

1. 车站-车站形成线、线路-线路形成链

建立以站长和民警为核心的车站指挥组织体系，发挥轨交总队公安最小作战单元（民警、保安、安检员、车站员工、保洁员）、四长联动（警长、车站站长、属地派出所所长、街镇镇长）作用。在某一车站发生火灾或者某一线路突发灾害时，依托 OCC、COCC 协同调度，及时通知联防网格内邻近微型消防站到场增援，共同响应，协同处置，凸显联防联控"邻里守望"优势。在训练中要加强日常沟通联络，做到互知姓名、互知岗位、互知安防重点、互知应急方案，确保每名成员熟练掌握在不同突发事件情况下的处置岗位和职责任务，增强相互之间联动处置磨合度和熟练度，最大限度地提升先期处置协作配合能力。

2. 车站-周边形成圈

地铁微型消防站按照"位置相邻"和"互相支援"的原则，与商（市）场微型消防站组成一个消防联防区域，建立区域联防制度、应急响应机制，定期开展应急调度、联合作战、战斗支援等方面演练，提高区域联防协作能力，逐步实现联防区域内"一点着火，多点出动，邻里互助，协同作战"的局面。2017 年 6 月 13 日晚，上海地铁 1 号线徐家汇站站台层扶手电梯发生火灾。该站微型消防站接到火警立即出动，指挥中心同时调派邻近的美罗城商场微型站到场增援，双方力量先后利用灭火器、室内消火栓成功扑救了该起火灾，将社会影响降至最低。

3. 车站-属地中队形成网

上海地铁线路长、面广，其在全国率先建立了微型消防站与属地消防救援站之间的战队联勤机制，地铁一旦有事，按照"微型消防站先期扑救，属地消防救援站第一处置"的原则，地上地下各方共同参与。属地消防救援站与地铁微型消防站开展联勤联训，经常性开展学习训练、装备维护、实战演练、值班备勤，组织微型消防站队员到队开展相关培训和考核，消防救援站安排 1 名副职干部具体负责，设立微型消防站巡管岗位，加强工作的推动落实。每季度与微型消防站联勤联训不少于 1 次，并做好计划、方案、影像、讲评等演练资料的整理。

第四节　上海地铁消防安全管理信息化建设

上海地铁建设时间早、路网规模大，信息化软硬件设施不足，消防设施设备安全信息处理主要以"人防"为主。随着路网规模的不断扩大和全社会"数字化转型"的推进，上海地铁结

合"智慧车站""智慧运营"的探索，已初步建立了适应超大规模路网的消防安全管理平台，为地铁消防安全"技防"监测、风险预警和应急辅助决策奠定了基础。

一、上海地铁消防安全管理信息化建设背景

应对超大规模网络给消防安全带来的挑战，为做好轨道交通环境特殊情况下的高难度消防救援，上海地铁消防安全管理信息化势在必行。

1. 传统管理方式不适应网络化运营模式

消防管理是一个复杂的系统工程，涉及单位和部门较多，各单位部门的涉消业务需求也各不相同。传统的消防安全管理模式在网络化运营背景下暴露一些短板问题，主要表现在：业务数据电子化薄弱，管控手段薄弱，针对性较差；既有的单线消防设备无法承担网络级的消防业务管理功能；消防管理业务场景化模型没有建立，岗位间联动缺少统一的协调、指挥手段；在日常消防管理及监督工作中存在人工投入较大、信息缺失、关键数据滞后、执行监管困难等。

2. 全国及上海市数字化转型工作的推进

在城市治理层面，自 2019 年起，上海逐步建成并完善了城市运行管理系统，架构基本成型，硬件、软件和数据基础逐步夯实，并推出了一套较为完整的城市运行基本体征指标体系，直观反映了城市运行的宏观态势，初步实现了"一屏观天下"。依托市、区两级大数据资源平台，逐步完成数据需求的归集、服务接口开发及数据共享，并整合接入相关领域应用，初步实现"一网管全城"。2020 年，上海市城市运行管理中心正式挂牌运作，充分发挥了数据赋能、信息调度、趋势研判、综合指挥、应急处置等作用。

在消防管理层面，为引导全面提升社会单位消防管理水平，全面促进信息化与消防业务工作的深度融合，实现"传统消防"向"现代消防"的转变，2018 年上海市发布地方标准《消防设施物联网系统技术标准》（DG/TJ 08-2251—2018），明确了物联网系统感知、传输和应用的具体技术要求。2020 年 3 月发布的《上海市消防条例（2020 年修订版）》中新增第二十四条提出："本市推动智慧消防建设，将其纳入'一网统管'城市运行管理体系，依托消防大数据应用平台，为火灾防控、区域火灾风险评估、火灾扑救和应急救援提供技术支持。"2021 年起，上海市逐步推进社会单位设置消防设施物联网系统，并将监控信息实时传输至市消防大数据应用平台。

3. 上海申通地铁集团"数字化转型"

近年来，上海地铁持续加快推进数字化转型，积极推进建设数字地铁、智慧地铁，建立上海市轨道交通集控大楼网络化运营平台，采用云技术，成立大数据中心、维保通号数字化运维平台等。数字基因已经渗透到建设运营的各个环节。2021 年，上海申通地铁集团大数据中心正式成立，是城轨企业首个设立的大数据中心组织，具体负责申通地铁集团云、网、数一体化信息系统的建设、运维。目前，上海地铁已基本构建形成以地铁云、高速数据通信网，以及大数据平台为核心的全网数字化基础设施，初步实现智慧建设、智慧运维和智慧服务。

二、上海地铁消防安全管理平台架构及功能

根据应用场景的具体需求，上海地铁自 2021 年起逐步构建消防数字底座，建设消防安全管

理平台，一方面辅助消防救援机构进行区域风险研判和应急情况下的调度指挥；另一方面辅助运营管理单位对消防信息进行远程监控，提升消防安全标准化管理水平。

（一）上海地铁消防安全管理平台总体架构

地铁消防安全管理平台聚焦消防救援"一图观全网、一键知专项"，基于统一的数字地图，融合火灾防控、灭火救援等数据，实现对轨交运营动态、防火监督、灭火救援、风险研判等多维度分析及相关资源的动态综合呈现，达到轨道交通消防救援的智能科学管理目标。

地铁消防安全管理平台通过构建消防数字底座，实现多源数据的汇聚、治理与应用，为消防管理奠定坚实的数据基础；通过车站消防安全精细化管理移动应用赋能一线员工，实现巡查、检查、培训及隐患管理的智能化与高效化，并实现消防部门全面监控与动态管理，强化了部门间的协同互动与信息流通；通过火情火灾数据的标准化采集与深度分析，以及智能研判报告的生成，为安全管理决策提供科学指引。最终通过"轨道交通一张图"，平台实现了对车站管理、部门监管、风险研判及应急辅助决策的可视化集中管理，提升了上海地铁消防安全的数字化、精细化水平。地铁消防安全管理平台架构示意图如图 19-7 所示。

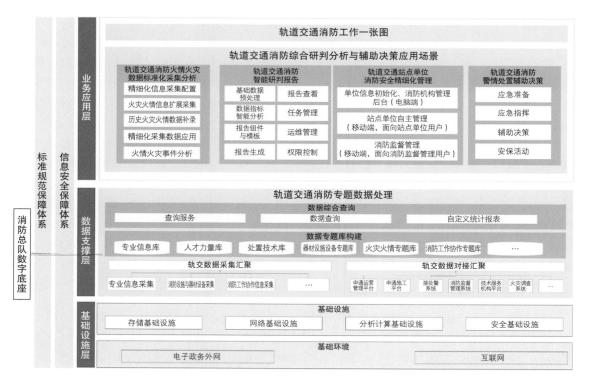

图 19-7　地铁消防安全管理平台架构示意图

（二）上海地铁消防安全管理平台功能

1. 消防数字底座

汇聚上海地铁相关的各类数据资源，在消防救援机构管理领域，汇聚消防内部监督管理、专项检查、火灾统计、技术服务机构管理等数据；在地铁运营领域，汇聚申通地铁集团的车站信息、消防隐患、施工管理、运营管理等数据。整合了全路网线路、站点、停车基地、控制中心、毗邻建筑等关键部位的人员、设施设备、管理记录等不同维度的数据资源，并与多个内部和外部系统进行数据对接，确保了信息的全面性和实时性。之后进行数据清洗和治理，形成支撑轨道交通消防业务的数据基础，确保数据的准确性和可用性。提供灵活的数据查询功能，允许用户自定义查询条件，快速筛选和导出所需数据，极大地提高了数据检索的效率。

2. 日常消防安全精细化管理

针对地铁车站"目标职责、制度化管理、教育培训、设施设备与现场消防管理、风险管控与隐患排查整治、消防应急管理、事故调查管理、持续改进"的安全管理标准化体系八项核心要素，为轨道交通车站单位提供实时、便携的移动应用，满足轨道交通车站员工防火巡查、防火检查、隐患整改、培训演练计划等现场安全管理需求。通过设置检查内容，使检查更有针对性，减少重复检查和无效检查，实现车站日常消防安全精细化管理，提升轨道交通消防安全管理效率。

消防安全精细化管理应用端采集的动态数据同步开放给线路管理部、运营单位消防安全归口部门和消防救援机构，全面监控车站、线路、公司消防安全状况、履责情况，动态追踪巡查检查进展，实时监控隐患整改成效，确保风险可量化评估，使隐患得以迅速根除。打通信息壁垒，构建消防部门与车站的双向互动渠道，帮助消防部门更实时了解车站履职情况，并可定向推送管理要求，协同合作更高效，共促安全管理质的飞跃。同时也解决消防救援机构检查人员有限和路网不断扩大的矛盾，丰富执法手段，以数据辅助执法，如图19-8所示。

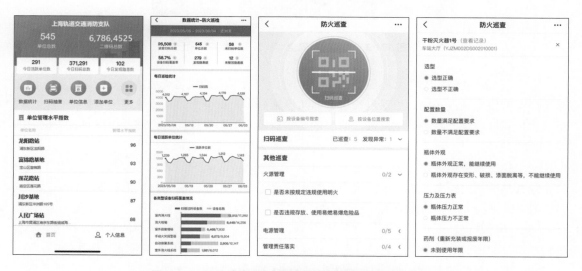

图19-8　地铁消防安全管理平台精细化管理应用示意图

3. 火情火灾数据采集及智能研判报告

地铁历史火灾事故数量少但防控责任大，火情火灾数据标准化采集分析专注于深入每一起事件关键数据的收集和分析，实现对火灾、火情及联动数据的闭环管理，深入了解火情原因、发现过程、处置程序、问题整改的全过程，深挖存在火灾隐患的细节因素，为提前预防、综合研判提供重要数据支持。

4. 路网消防安全"一张图"

通过构建"全景透视图"、车站单位精细化管理、消防部门监管、智能风险研判、应急辅助决策指挥"一张图"(图 19-9),运用 GIS、大数据与 AI 技术,实现了消防安全的全链条可视化管理,提升监控、管理、预警及应急反应的综合效能。

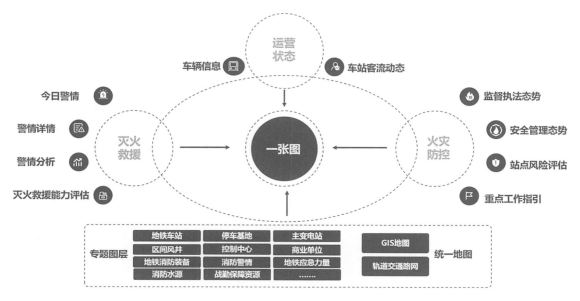

图 19-9 路网消防安全"一张图"架构示意图

(1)上海地铁消防安全"全景透视图"。构建一个交互式的轨道交通消防安全总览图,覆盖整个线路网络与站点布局,更深度地融合消防设施分布、安全出口、疏散路径等关键信息,通过高精度 GIS 技术,实现对消防安全状况的实时监控与动态管理,为管理者提供直观、全面的"一张图"视界。

(2)车站单位精细化管理"一张图"。聚焦轨道交通车站安全管理核心要素,通过数字化手段记录并追踪消防设备维护、安全巡查、隐患排查等日常作业,确保每项消防安全任务落实到位,提升车站火灾防控的精细化水平。

(3)消防部门监管"一张图"。打破信息孤岛,整合消防部门的监督执法数据,利用大数据分析技术,实现消防安全隐患的早发现、早报告、早处置,全面提升监管效能与协作效率。

(4)智能风险研判"一张图"。运用先进的 AI 算法,对历史数据与实时监测信息进行深度学习,建立车站、线路、公司消防安全风险评估模型。根据不同风险等级实施预警,为决策者提供科学依据,将预防措施前置,有效控制风险演变。

(5)应急辅助决策指挥"一张图"。在应急情况下,应急辅助决策图迅速激活,自动接入现场监控、人员定位等多元数据流,通过即时数据分析,智能推送最优应急方案与应急处置策略,为指挥中心提供直观的决策支持界面,加快响应速度,最大限度地减少灾害损失。

第五节 上海地铁与毗邻建筑消防安全"三联机制"建设

为全面提升地铁与毗邻建筑消防安全管理和火灾防控能力，上海地铁自 2021 年起开展与毗邻建筑消防安全"三联机制"建设，在地铁与毗邻建筑间建立消防安全信息联通、火灾联防、应急联动机制。

一、上海地铁与毗邻建筑消防安全"三联机制"建设背景

地铁地下车站在物理空间上与周边毗邻建筑连通，一般通过共墙连通、通道连通、一体化连通、垂直连通、下沉式广场连通等多种方式。长期以来，地铁与毗邻建筑由于分属不同的消防安全责任主体，在日常消防安全管理、隐患排查整治、火灾应急处置等工作中相对独立，缺乏联勤联防联动，特别是在双方连通的连通口、出入口、风井口等交界界面上易出现消防设计标准不统一、消防责任边界模糊、关联信息不对称等问题，由此带来较多的消防安全隐患。近年来，上海地铁陆续发生多起因地铁毗邻建筑发生火灾，影响车站运营的事件。例如：2020 年 12 月 10 日，12 号线南京西路站周边商业体丰盛里发生火灾，烟雾通过车站新风井进入公共区，共造成车站多点烟雾探测器报警，跳停运营 45 min，跳停列车 21 辆。这就是典型的毗邻建筑发生火灾影响地铁正常运营的情况，仅 2021 年一年就发生此类情况 4 起。

为全面提升地铁车站与毗邻建筑消防安全管理和火灾防控能力，切实保障城市轨道交通安全运行，上海市安全生产委员会办公室于 2021 年 9 月印发了《关于推进上海市轨道交通车站与毗邻建筑消防安全"三联机制"工作的实施意见》，提出了"三联机制"的指导思想、工作目标、任务分工和工作措施。后又根据工作实际，将工作范围逐步拓展至地铁停车基地与上盖建筑、地铁车站与周边建设工地等。

二、上海地铁与毗邻建筑消防安全"三联机制"建设主要内容

具体来说，"三联机制"是指地铁与毗邻建筑间建立的消防安全信息联通、火灾联防、应急联动的机制，在日常消防安全管理、隐患排查整治、火灾应急处置等方面加强联勤联防联动，实现地铁与毗邻建筑管理职责明晰、信息实时互通、隐患相互促改、应急高效响应，进一步提升轨道交通车站与毗邻建筑消防安全管理、火灾事故处置能力。

"三联机制"由消防救援机构牵头组织成立地铁及毗邻建筑、轨交与属地公安派出所、辖区消防救援站等组成的车站消防安全"三联机制"工作组，地铁车站站长（停车基地负责人）、毗邻建筑相关单位或场所消防安全管理人、轨交与属地公安派出所分管所长、辖区消防救援站站长为组员，具体内容包括：

1. 信息联通机制

（1）建立区域联络小组。车站（停车基地）、毗邻建筑、轨交与属地公安派出所、辖区消防

救援站应建立区域联络小组，健全完善联络工作机制，制定包含各方具体工作人员姓名、职务、通信方式，以及轨道交通车站车控室、毗邻建筑消防控制室、微型消防站直通电话等重要信息的区域联络清单，并动态更新调整，确保信息及时互通传递。

（2）关联信息相互报备。对连通口、风井口及周边进行施工作业、业态调整、通道封闭等工作，以及可能影响正常运营和消防安全的活动前，应进行相互报备，并开展相应的风险评估。

（3）丰富信息互通手段。各方在开展科技化、信息化改造时，综合考虑连通单位需求，增加监控节点，积极依托各类科技手段，强化互联互通，共同提升火灾防控工作水平。

2. 火灾联防机制

（1）全面明确管理边界。车站（停车基地）与毗邻建筑要全面明确消防安全管理责任边界，细化完善涉及区域范围内的消防安全管理事项、标准和要求。对于责任边界不明的区域，应及时召开会议共同协商确定；双方有争议的，由主管部门、属地政府、上级单位等共同商定解决。

（2）固化联防工作机制。要建立联席工作会议，定期通报工作开展情况，对重要事项进行磋商，将连通口、风井口及周边确定为重点检查部位，明确检查事项和要求，纳入日常巡检范围。

（3）风险隐患排查整治。车站（停车基地）与毗邻建筑要全面排查风险隐患，发现涉及车站安全的，应及时消除；一时难以整改的，应及时通报轨道交通及属地消防和主管部门，并采取加强防护措施；影响范围大、整改时间长的，应共同商定整改计划和临时防控措施。

3. 应急联动机制

（1）编制修订预案。车站（停车基地）和毗邻建筑相关单位应各自编制相应的消防预案，根据连通情况和场景，共同编制有针对性火灾处置和人员疏散预案，预案中应明确各方职责、力量编成等信息，建立毗邻建筑、公安派出所、消防救援站等各方协助、应援车站开展应急处置的具体工作方案。

（2）加强调研熟悉。区域联络各方要加强对车站及毗邻建筑的消防安全重点部位、连通口、风井口及周边进行调研熟悉，重点了解火灾风险及处置要点，熟悉消防设施、疏散通道等内容，被调研单位应做好配合工作。

（3）联合开展演练。车站（停车基地）每半年应组织区域联络各方开展一次联合应急演练，各方应急处置力量共同参与，熟练掌握处置要点，强化协同配合，不断优化处置流程。

第六节　上海地铁消防安全宣传

《消防法》明确规定：消防工作要按照"政府统一领导、部门依法监管、单位全面负责、公民积极参与"的原则，建立健全社会化的消防工作网络。要实现消防宣传工作的社会化，提升消防宣传的覆盖面，最重要的是要加强全民消防安全教育，使广大市民群众懂得防火的基本知识、灭火的基本技能和火场逃生的基本方法，做到平时能防、遇火能救。国家消防救援局提出了消防宣传"五进"的工作总规划、总要求、总任务，囊括了社区、学校、企业、农村、家庭等社会面覆盖范围。上海地铁在此基础上一直在探索消防宣传"进地铁"，利用地铁的优势资源，打造地铁全平台消防宣传阵地，全面覆盖、不留死角地强化全民消防的宣传效果。

一、上海地铁消防安全宣传特点

上海地铁的运营模式和路网规模决定了消防安全宣传具有"一大、二长、三广"三个显著特点：

1. 客流量大

随着上海轨道交通的规划布局和线路发展，地铁已然成为上海市民出行的最大载体，工作日客流量稳定在千万人次以上。以一名普通的上下班乘客为例，每日至少需要乘坐 2 次地铁，沿途经过 30 余块导乘屏、车厢移动电视、出入口 LED 屏、广告屏等媒介。以客流人次来看，消防宣传进地铁，一天就能覆盖全市近 1/3 的人口数量。

2. 乘坐时间长

随着网络媒体的全面发展，乘客看电视和报纸这些传统媒体的浏览时间不断在缩短，获取新闻信息的方式大多转变成方便快捷且信息量大的网络平台。传统媒体的浏览时间普遍不超过 15 min，而乘坐地铁一站的路程，列车行驶和步行出入站的时间约为 8 min。市民乘客平均每人每天花在地铁出行的时间要达到 35 min 以上，在列车上可以浏览车厢移动电视，在换乘时会途径各类广告屏，这就创造了良好的消防宣传契机。

3. 宣传区域广

截至 2024 年 9 月底，上海轨道交通有 20 条运营线路、831 公里运营里程、508 座车站，覆盖除金山、崇明外 14 个行政区域的庞大运营网络，是覆盖全市范围的整合统一的消防宣传大平台。各类重点场所例如学校、医院、商业区域、旅游景点、住宅区等周边都有地铁站点，在这些站点进行消防宣传，也覆盖到了"五进"要求的社会面，更好地为消防宣传"五进"工作锦上添花。

二、上海地铁消防安全宣传阵地

利用上海地铁的资源优势，提高宣传工作的效率，发挥地铁大基数的作用，要结合软硬件资源，用好上海地铁的"三个阵地"。

1. 传统性阵地

目前上海有 4 万余块电子屏，加上车站内的墙面、顶面、列车车厢内广告栏等固定位置，数量庞大，利用率可观。可以将电子屏幕播放一些视频宣传短片、警示教育、形象宣传等画面内容，LED 电子屏幕用字幕的形式滚动提示宣传标语文字类的内容，车厢广告栏、墙面、顶面可以张贴纸质海报类的宣传图文，这些传统性的地铁宣传阵地可以形成宽泛的宣传覆盖效果，如图 19-10 所示。

图 19-10　地铁消防安全宣传传统性阵地

2. 时效性阵地

人民广场站有 30 块广告宣传长廊，站厅内有大圆环宣传角，其他站点还分布一些广告橱窗，每年还可以推出消防宣传常乘票、消防专列等一些宣传主题。这些宣传阵地是根据当前重点工作实时进行调整更新的，可以根据不同时段穿插各类形式多样的宣传内容，进行一个时间段的专项宣传，例如进行实物展示、图文内容、视频播放等作品宣传等，如图 19-11 所示。

图 19-11　地铁消防安全宣传时效性阵地

3. 区域性阵地

在全市 14 个行政区都有地铁线路，508 座车站可以成为 508 个消防宣传主题，可以采取条块结合方式通过线路和车站与各行政区消防救援支队形成宣传版图，与各行政区消防救援支队共同合作开展点对面的宣传工作。例如通过松江大学城站进行学校消防安全宣传，站点在周末和假期学生及家长客流非常大，将社会面进学校消防宣传内容融合进站点进行宣传，能很好地扩大宣传覆盖面，形成点线面的连锁效应；又如在春节期间整合外环线内外的站点，在全市范围形成烟花爆竹燃放提示的宣传层环，通过整合区域和线路站点能够很好地将社会面的宣传延伸覆盖至全市范围。

利用好地铁宣传阵地打通全市消防宣传的脉络，不仅可以整合利用宣传资源，也能将消防宣传工作延伸得更长更广，通过地铁站点连起消防宣传的线路图，消防宣传"进地铁"能够囊括全部"五进"的所有宣传范围，也能很好地串联起"五进"的各个条线。

三、上海地铁消防宣传案例

近年来，上海地铁通过"三整合"构建消防宣传的"三维图"，打造上海地铁全覆盖的消防宣传平台。

1. 整合硬件资源平台

利用地铁各类屏幕精准推送消防宣传内容，连续 10 年发布消防宣传常乘票，如图 19-12 所示；启动 8 辆消防专列，全国首创长期运行的整体化设计消防专列更是获得了央视媒体、应急管理部和市民乘客的一致好评，如图 19-13 所示。

图 19-12　2014—2023 年上海地铁消防宣传常乘票集锦

图 19-13　2022 年消防专列外观及内部

2. 整合新闻媒体渠道

与沪上媒体积极合作，在上海早晨地铁早高峰板块开辟消防安全专栏，利用早间新闻短平快的特点向观众投放消防宣传内容，制作推出了一系列消防宣传作品，如图 19-14 所示。

图 19-14　上海早晨地铁早高峰板块消防安全专栏

3. 整合志愿服务队伍

完善消防志愿者 1+22+N 的队伍模式，建立了由党的二十大代表牵头的"上海地铁巾帼蓝"消防宣传志愿者服务队（图 19-15）等 10 余支志愿者队伍。充分利用轨道交通区域网格化的优势推进消防宣传工作，搭建好消防宣传"三维图"的每一个板块。

消防宣传进地铁，需要时间、内容、形式不断地去积累才能达到好的宣传效果，提升消防安全在市民乘客中的影响力，只要市民乘客在换乘通道驻足广告栏一分钟，在乘坐车厢内观看列车电视一分钟，在站台候车时抬头浏览导乘屏一分钟，通过每天的三分钟时间就能带来极为可观的浏览量，就能在潜移默化中慢慢形成消防安全的思维记忆，就能逐步提升消防安全意识，形成覆盖全市的消防宣传网络，从而筑牢全市人民群众的消防安全防线。

图 19-15　"上海地铁巾帼蓝"消防宣传志愿者服务队队旗、队服

地 铁 消 防 · Metro Fire Safety

第 六 篇

未来展望

未来，地铁将在"城网融合"理念下持续快速发展，呈现"跨区域联通、新城骨架引导、市域铁路协同"的全面发展新貌，但超高密度的地铁网络、超大规模的运输客流，以及新设计、新材料、新设备的大规模推广应用，也必然要求地铁消防向精细化、专业化、体系化、数字化、社会化转变，并以科技创新为引领，加快提高火灾风险防范和综合救援处置能力。

　　本篇总结了地铁未来发展趋势，结合轨道交通发展规划，分析了地铁消防在风险防范、探测预警、救援处置和日常管理各方面所面临的挑战，并从消防设计、消防救援、消防管理、消防科技等角度，对地铁消防未来发展进行了展望。

第二十章　地铁未来发展规划

地铁是上海城市现代化发展的血脉，事关城市功能布局和窗口形象，里程数、客流量等体现城市交通便利程度和经济发展程度，其密度、可达性和对重点需求人群的覆盖面等，更彰显了城市在规划层面的思考和远见。

第一节　发展趋势

上海建设现代化轨道交通体系是发挥"五个中心"辐射带动作用、推动完善城市发展空间布局、促进资源高效配置的重要支撑，将以区域交通廊道引导空间布局、以公共交通提升空间组织效能，形成"枢纽型功能引领、网络化设施支撑、多方式紧密衔接"的交通网络。上海轨道交通发展有如下趋势：

一、枢纽门户能力提升

聚焦全球城市战略定位，支撑城市综合承载能力升级，提升枢纽门户战略能级。

作为"一带一路"建设桥头堡和国际交通网络的核心节点，上海正积极发挥服务全国、联系亚太、面向世界的关键作用。两大世界级的航空枢纽——浦东国际机场、虹桥国际机场，以及全球最大的集装箱港口——上海港，连接全球众多国家和地区，强大的吞吐能力和高效的物流体系，确保了全球贸易的顺畅进行，成为国际旅客和货物往来的重要门户。作为连接国际航空、航运、铁路等多种交通方式重要交汇点的上海轨道交通系统，包含地铁线路、市域铁路等多种交通方式，形成了多层次、广覆盖的轨道交通网络。通过轨道交通与机场、港口的紧密连接，使得不同交通方式之间能够高效衔接，提升了整体交通系统的运行效率，更有效地服务于国际旅客和货物的运输需求。

轨道交通的快速发展为国际商务活动提供更加便利条件，国内外企业和机构可以更加便捷地前往上海进行商务洽谈、合作交流等活动，促进国际贸易和投资的发展，增强了城市对国内外企业和人才的吸引力。同时，轨道交通作为城市文化的重要载体之一，通过其独特的空间设计和文化氛围营造，促进了不同文化之间的交流与传播，也为市民提供了更多接触和了解不同文化的机会。上海正以前所未有的决心和视野，聚焦全球城市战略定位，致力于成为全球经济的重要引擎与文化传播高地。在这一过程中，轨道交通基础建设作为城市发展的血脉与骨架，不仅承载着人流、物流的高效流通，更是推动城市综合承载能力全面升级、提升枢纽门户战略能级的关键力量。

二、区域流动融合发展

推进长三角一体化进程，促进区域资源要素自由流动，加速都市圈融合化发展。

上海作为长三角城市群的龙头，将继续深化落实《长江三角洲城市群发展规划》，发挥引领作用，推动产业功能网络的提升、基础设施的共享、生态安全的共护、创新治理的共建等重点任务，加强与长三角城市群、长江流域城市的协同发展。在区域轨道交通一体化发展策略上，上海充分考虑经济联系、交通时距和文化联系等因素，制定了明确的目标。通过加强区域交通设施的互联互通，统筹区域性重大交通基础设施，实现与长三角区域乃至长江经济带的联动发展。长三角区域交通格局正向网络化转变，上海需完善城际交通网络，优化客货运输管理，提升服务品质，以满足高效便捷的城际交通需求。通过这些措施，上海的轨道交通将成为长三角一体化进程的重要推动力，促进区域资源要素的自由流动，加速上海都市圈的融合发展，助力长三角城市群成为具有全球影响力的世界级城市群，参与全球竞争。

三、城郊协同统筹建设

落实城市发展总体规划，提质增效助力空间功能转型，协调城郊统筹发展进程。

在新一轮的城市发展总体规划中，上海从市域层面对城市功能和空间布局进行战略性调整和格局优化，形成"一主、两轴、四翼；多廊、多核、多圈"的市域总体空间结构。未来，轨道交通在进一步强化保障中心城区核心功能的同时，也要兼顾新城与新市镇的交通需求，突出交通骨架的引导作用，强化城镇圈交通网络支撑，提升公共服务资源配置，促进城乡统筹发展。当前，上海中央商务区集聚能力的提升空间，正通过北外滩、张江科学城等重点区域的新一轮建设发展得到进一步拓展，这不仅需要增强中央商务区核心功能，同时也对交通保障能力和服务可靠性提出了更高的标准。

轨道交通作为上海城市发展的重要支撑，通过打破地理空间界限，将在协调城郊统筹发展进程中发挥着至关重要的作用。其促进人口、产业、资源等要素的合理流动与优化配置，使得远郊区域能够承接中心城区的功能外溢，形成各具特色、功能互补的城市发展格局。嘉定、青浦、松江、奉贤、南汇等综合性节点城区与毗邻城区、周边城镇的联系需求日益增加，城镇圈作为郊区空间组织和资源配置的基本单元，与中心城区也将保持较强联系，通勤需求快速增加，也需要完整的交通体系给予保障。

四、创新服务品质出行

关注居民出行实际需求，创新服务提升出行体验，构建高品质生活圈。

居民出行的便捷与高效，作为衡量现代城市发展水平的重要标尺，不仅是城市活力与繁荣的直接体现，更是构建高品质生活圈不可或缺的核心要素。上海轨道交通将积极探索以站点为核心的高品质生活圈，轨交站将不仅仅是通勤的节点，更将成为商业繁荣、文化荟萃的活力中心，可与大型商业综合体，博物馆、艺术馆等文化地标紧密融合。乘客在出行之余，可以顺道享受购物、就餐的乐趣，或者感受城市的文化底蕴，这不仅丰富了居民的日常生活，也为轨道交通带来了更多人流，形成了良性互动。在提升出行体验方面，将进一步深化"智慧轨交"建设，利用大数据、云计算、人工智能等前沿技术，打造全方位、立体化的数字管理体系。未来乘客将能享受到更加个性化、智能化的出行服务。例如，通过智能调度系统优化列车运行图，实现更精准的到站时间预测；利用人脸识别技术，实现无感进出站，提升通行效率；基于乘客出行习惯的数据分析，提供定制化的出行建议和路线规划，等等。同时，上海轨道交通还将加强与城市其他交通系统的数据共享，推动形成综合交通信息服务平台，为市民提供更加便捷、高效的出行体验。

五、绿色低碳持续发展

紧扣可持续化发展目标，以轨道交通建设向绿色低碳转型，引领城市交通创新发展新风尚。

轨道交通作为城市绿色出行的重要推手，正积极拥抱绿色低碳发展理念，不断探索新技术与新模式的应用，以更加环保、高效的方式服务于市民日常出行，助力上海实现碳中和目标：一方面，通过技术创新和模式创新，推进车辆轻量化、节能化设计，采用更高效的能源利用系统和更环保的材料，如利用智能调度系统、智能照明系统、智能温控系统等，提高运营效率，降低车站和车辆段的能耗；另一方面，轨道交通还将加强与城市其他交通系统的协同联动，构建绿色出行体系。通过优化地铁与公交、共享单车、步行等多种出行方式的接驳服务，提高公共交通系统的整体效率和吸引力，鼓励市民减少私家车使用，选择绿色低碳的出行方式。上海将全面推动轨道交通领域的绿色低碳发展，围绕能源利用、车辆与系统设计、绿色建造与运维、绿色出行体系构建以及国际合作与交流等多个方面展开探索，提高绿色交通比例，为城市可持续发展贡献更多力量。

第二节　发展规划

上海地铁是全球最发达、最繁忙地铁运行系统之一，"十四五"期间上海地铁陆续启动248公里、超过130座车站的新一轮建设，建设规模及强度再次超越历史，全部项目建成通车后，将形成运营里程超过1 000公里、640余座车站的庞大轨道交通网络。远期来看，按照上海地铁2030年远景图，地铁运营里程将超1 400公里。上海地铁发展规划是一个宏大且精细的计划，涵盖多条新线路和现有线路延伸，其持续建设和规划展示了上海在城市公共交通发展上的雄心和实力，主要体现在以下几个方面：

一、高效衔接体系构建

上海地铁致力于构建一个更加完善、高效、便捷的轨道交通网络，以满足日益增长的出行需求，并支撑城市的空间布局和经济发展。按照"一张网、多模式、广覆盖、高集约"的规划理念，将构建由城际线、市区线、局域线等组成的多层次轨道交通网络（表7-1），为主城区、新城、新市镇等提供便捷高效的轨道交通服务。市区线地铁系统将服务于高客流、大客流走廊，设计时速80公里，平均站距1～2 km，运能2.5万～7万人/h；轻轨系统服务于中客流走廊，设计时速60～80公里，平均站距0.6～1.2 km，运能1万～3万人/h；市域线可采用轨道快线的系统模式，服务于主城区与新城及近沪城镇的快速、中长距离联系，设计时速100～250公里，平均站距3～20 km，运能≥1万人/h。

表20-1　轨道交通网络功能层次

系统模式		功 能 定 位
城际线	城际铁路 市城铁路 轨道快线	服务于主城区与新城及近沪城镇、新城之间的快速、中长距离联系，并兼顾主要新市镇
市区线	地铁	服务高度密集发展的主城区，满足大运量、高频率和高可靠性的公交需求
	轻轨	服务于较高程度密集发展的主城区次级客运走廊，与地铁共同构成城市轨道网络
局域线	现代有轨电车 胶轮系统等	作为大容量快速轨道交通的补充和接驳，或服务局部地区普通客流、中客流走廊，提升地区公交服务水平

　　2024—2031年上海地铁计划新开通里程情况见表7-2，开通线路众多且里程长，未来有望长期保持在世界第一。

表20-2　2024—2031年上海地铁计划新开通里程情况

年　份	开通里程/km	建　设　线　路
2024年	69	机场联络线先开通段、2号线西延伸、17号线西延伸
2025年	35	南汇支线/两港快线
2026年	65	崇明线、13号线西延伸、18号线二期
2027年	180	机场联络线后开通段、嘉闵线、12号线西延伸、13号线东延伸、19号线宝山段、21号线一期及东延伸、23号线一期
2028年	65	示范区线、15号线南延伸
2029年	95	南枫线
2030年	28	20号线一期西段、东段及东延伸
2031年	37	19号线不含宝山段

注：26号超大环线、奉贤线里程未计算入内，未来开通里程可能还会增加。

随着站点、线路的进一步完善，预计到 2035 年，主城区轨道交通站点 600 m 覆盖用地面积、居住人口、就业岗位比例分别可达 40%、50%、55%；新城可达 30%、40%、40%；基本实现对 10 万人以上新市镇轨道交通站点全覆盖。以公共交通为主导，实现市域轨道交通网络内 1 h 可达，有效支撑和引导城镇体系优化，带动重点地区集聚发展。以多模式网络为骨架，上海还将构建以"射线 + 联络线"为主体的公共交通走廊：通过"射线"加强新城与主城区、重要交通枢纽之间的联系；通过"联络线"加强新城与新城以及新市镇之间的联系，最大限度地满足不同地域间的交通需求。在市域生态基底格局对空间边界的限定作用下，综合交通体系成为上海城乡空间优化布局的核心支撑，宛如坚韧的骨架，有力推动着城乡深度融合与均衡发展，将有力促进"主城区–新城–新市镇–乡村"四级架构的高效衔接，为实现城乡共荣、构建和谐发展的城乡新面貌贡献关键力量。

二、中心城网布局增强

上海地铁将进一步提升城市公共服务水平，以中央活动区为重点，优化中心城区轨道交通网络布局，增强对城市空间发展的引导作用。为进一步强化轨道交通廊道对城市空间布局的引导作用，上海轨道交通将以中央活动区的高强度发展和空间复合利用，带动中心城区能级活力，研究新增线路预留宽通道、越行站的可行性，提高通道的复合功能，形成联系重要交通枢纽、市级中心、重点功能区之间的轨道快线，改善职住平衡、增加就业岗位，促进中心城区公共活动中心体系优化提升。此外，上海还将加密北部、东部地区的轨道交通网络，在中环附近预留环线运行条件，增强沿黄浦江等主要客运走廊的轨道交通服务功能，确保张江、金桥等主城副中心均有至少 2 条地铁线路直接服务。

另一方面，上海还将强化中心城区公共交通在机动车出行中的主导地位，依托大运量轨道交通和地面公交，以有限供给为导向，控制个体机动车交通出行，提高慢行交通的安全性和功能性。到 2035 年，中心城区公共交通占全方式出行的比例将达到 50% 以上，绿色交通出行比例达到 85%。中央活动区作为低碳出行实践区，公共交通占全方式出行的比例更将达到 60% 以上，个体机动化交通出行比例降低到 15% 以下。

三、市域骨架建设加快

市域线作为轨道交通网络的重要组成部分，被定位为服务于城市快速出行的重要线路，是实现城市空间结构优化和区域协同发展的重要支撑。在构建轨道交通市域线网络骨架时，明确了以服务主城区与新城及近沪城镇、新城之间的快速、中长距离联系为主要目标，同时兼顾主要新市镇的交通需求。《上海市综合交通发展"十四五"规划》中提出构建市域线网络骨架，推进 17 号线西延伸（东方绿舟站到西岑站）、机场联络线、崇明线、嘉闵线、两港快线等建设，推动南枫线等项目规划建设。持续优化城市轨道线网，增强对外通道和城际铁路互联互通能力，还将进一步完善城市轨道交通网络，先后建成 14 号线、18 号线一期等线路，开工 18 号线二期、23 号线一期等，加快 12 号线西延伸、15 号线南延伸等规划建设。此外，上海还将新建 6 条"轨交快线"，实现市域轨交与长三角都市圈国铁并线运营，并规划有全国最长的地铁环线

"26 号线"。

四、区域联动能力增强

上海地铁将聚焦构建多层次网络，发挥铁路服务城市客运的功能，增强区域联动发展能力。"轨道上的长三角"建设加速，上海将加强轨道交通对外通道建设，基本建成沪苏湖铁路、沪杭客专上海南联络线，加快沪通铁路二期等项目建设，推进沿江高铁、沪乍杭铁路建设，提升沿线城镇和重点功能区与长三角周边城市的互联互通水平。与此同时，还将加快推进嘉闵线北延伸、沪苏嘉城际等城际铁路项目规划建设，切实增强轨道交通网络的区域协同作用。

此外，上海还将充分发挥铁路服务城市客运交通的功能，构建轨道交通城际线网络：一方面，加强新城与主城区的快速联系，形成 9 条主城区联系新城、核心镇、中心镇及近沪城镇的射线，新城与主城区之间公共交通出行比例提升至 80%，枢纽间轨道交通出行时间缩短至 40 min 以内。另一方面，利用沪通、沪乍铁路发挥市域铁路功能，新增嘉青松（金）线、宝嘉线、南枫线等 10 条左右联络线，增强外围地区之间的联动发展。同时，上海还将规划建设机场联络线，并构建 2～3 条联系市级中心、重点功能区、深入中心城内部的轨道快线，注重交通通道功能复合利用和多模式系统的互联互通。

五、周边综合开发引导

上海地铁将积极引导地铁站周边的综合开发，充分发挥轨道交通在城市空间发展中的重要支撑作用：一方面，上海将围绕轨道交通枢纽及站点，提升公共活动功能，加强沿线新建和更新项目的控制引导，推动土地集约、综合和立体开发。在地铁站周边建设商务办公区、生活服务设施等，不仅可以缓解市区人口压力，还能吸引人们在站点周边生活和工作，进一步优化城市功能布局。另一方面，上海将进一步加强对轨道交通沿线开发项目的控制和引导，充分释放轨道交通的空间组织效应，提升土地利用效率，推动城市功能的集约化发展。同时，还要确保站点周边公共活动功能得到加强，为市民提供更加多样化、便利化的公共服务。总之，上海将以轨道交通站点为依托，引导周边用地功能的集聚与优化，进一步增强轨道交通在城市发展中的支撑作用，推动城市功能更加完善，空间布局更加优化。

第三节 市域铁路规划

市域铁路是代表城市规划新思路的基础设施，对照东京、巴黎、伦敦等国际一线城市，上海目前轨道交通建设方面最缺的就是与国铁共线运营的"穿心快线"。市域铁路在轨交网络中承担着近郊互通、主城新城互通、环城互通等重要职责，未来上海市域铁路将会迎来大发展。

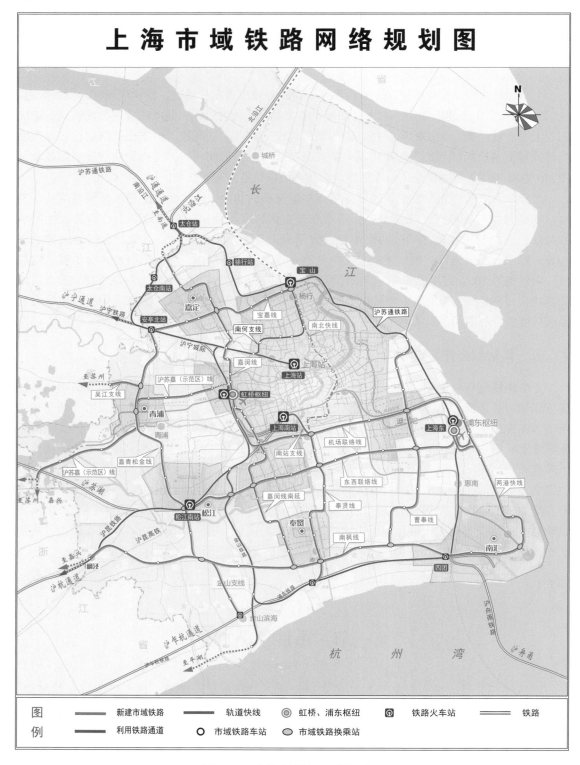

图 20-1 上海市域铁路网络规划图

一、穿城快线与环线

上海市区的轨道交通换乘系统发达，随着城市逐渐向外延伸发展，外围人口导入增多，最近几年开建和规划的轨交项目大多集中在郊区，其中不乏多条市域线路。在 2023 年 9 月召开的 2023 年市域（郊）铁路发展大会上，提出上海目前规划了 12 条市域（郊）铁路，共计规划里程 650 km。在建线路为 4 条，包括机场联络线、嘉闵线、南汇支线、上海示范区线，建设里程近 200 km。南枫线正处于工可评审阶段，另有奉贤线、宝嘉线、嘉青松金线、曹奉线、东西联络线、吴江支线、南何支线等 7 条线路正在规划中。以上线路囊括了轨交外环线 + 郊环大环线的所有市域铁路，市域铁路因其显著的运行特点，融合了高铁动车的快速 + 地铁运营的便捷，将开启上海公共交通格局的新纪元。在四大轨交环线和全市密布的地铁网络下，从上海任意一点到另一个点，或将都能实现 1 h 内的轨交通勤。上海市域铁路网络规划图如图 20-1 所示。

上海被内环、中环、外环高架路、绕城高速划分为四个环线，相对应地，轨交 4 号线对应内环，规划 26 号线对应中环。从图 20-2 可以看到，外环线由嘉闵线、机场联络线、曹奉线、

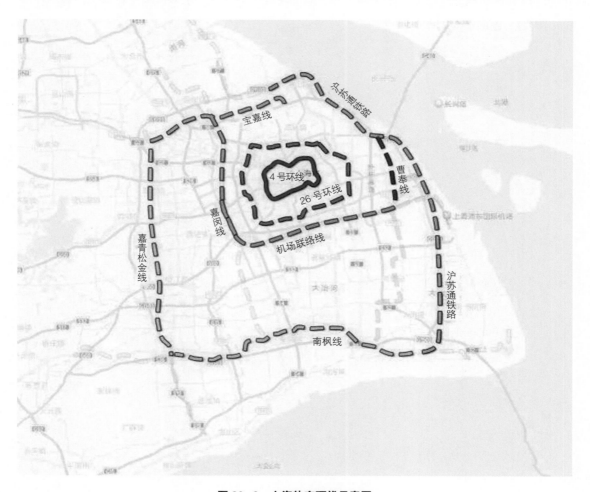

图 20-2　上海轨交环线示意图

宝嘉线组成，郊环线由嘉青松金线、南枫线、沪苏通铁路、宝嘉线组成，除了沪苏通铁路，其余 6 条轨交均为市域线规划。

市域铁路中的示范区线、机场联络线、南汇支线互联互通，是横贯上海东西的轨道交通大动脉，三段市域铁路全长约 160 km，设计时速为约 160 公里，采用大站快车，水乡客厅站到虹桥站的示范区线 32 min，虹桥站到浦东 3 号航站楼约 43 min，3 号航站楼站至临港开放区站约 13 min，因此预计全程需要 90 min，平均站间距约 8 km。

二、建设标准化引领

2023 年 12 月 20 日，上海市交通委、市场监管局、住建委联合印发《上海市推进市域铁路标准化建设实施方案（2023—2026 年）》，方案指出，未来上海市将形成 1 000 km 的市域铁路，到 2026 年，基本形成支撑上海市域铁路建设运营发展的标准体系，形成较为完善的标准体系框架。到 2030 年，形成充分体现上海特色、创新引领、框架完善的上海市域铁路标准体系；标准化工作机制更加完善，标准供给更加充分，标准体系更加健全，为交通强国建设和引领现代化都市圈发展提供技术支撑。

第二十一章　地铁消防面临挑战

随着上海地铁网络持续扩展，其运营里程的延长、列车编组的增加以及日均客流量的显著攀升，也对地铁消防安全工作提出了更为艰巨的考验。本章深入探讨了地铁消防所面临的诸多挑战，如超大规模路网和客流建设带来火灾风险防范点增多、复杂站点结构和区间隧道建造成火灾探测预警难、地下空间灭火救援处置面临排烟灭火和应急通信难、地铁火灾防范和安全管理标准滞后等。

第一节　火灾风险防范

上海地铁运营路网规模日益庞大，地铁系统的火灾风险点也逐渐增多，特别是早晚高峰时段客流量激增，增加了人员伤亡潜在风险。此外，为实现城市空间的高效集约，TOD 大型综合体等综合联建形式快速发展，复合型火灾风险叠加，成为地铁火灾防范的重点区域。

一、超大规模密集客流运营风险高

随着地铁建设规模不断扩大，换乘站持续增加，运营网络变得更加庞大，区间隧道、站台站厅、换乘通道等空间相互交织，火灾防控风险点也呈爆发式增长。地铁系统中的电气设备、消防设施等也随之增多，出现老化、磨损等故障可能引发火灾，对设施设备的维护和管理难度也相应增加。高客流量也意味着更多的火灾风险点，也可能造成更多的人员伤亡，特别是在节假日、大型活动期间以及早晚高峰时段客流量会出现短时间内的激增，对于地铁系统的消防安全管理、应急救援和人员疏散都是严峻挑战。

二、毗邻商业综合体复合性风险高

目前，地铁站点与大型商业综合体的联合建设日益普遍。地铁站点能够带来大量的人流，这些人流可以直接通过通道、广场等连接空间进入商业综合体，为商业综合体提供稳定的客源。地铁站点与商业综合体在空间结构、人员流动特征和管理体系上均具有各自特点，其空间上的复合可能带来火灾风险的叠加，一旦有火情，产生的火焰和烟雾可能通过连接通道迅速蔓延至另一区域，加剧火灾蔓延。地铁站点与大型商业综合体空间叠加后，人流量更大，疏散通道更加复杂，人员疏散难度进一步增加，特别是在火灾初期，如果疏散指示不明确或疏散通道被堵塞，容易引发人流对冲，甚至造成踩踏，将大大增加人员伤亡风险。地铁站与商业综合体通常属于不同的管理主体，消防安全责任划分容易出现混乱、出现责任推诿等问题，影响火灾防范和灭火救援工作的顺利进行。

第二节　火灾探测预警

地铁系统内复杂多样的地下空间结构和特殊环境给火灾探测预警带来诸多难点，地下墙体阻隔、长距离隧道、通风换气、列车运动等因素对火灾探测预警系统的稳定性、覆盖率和灵敏度影响很大。

一、站点复杂空间结构探测报警难

地铁站特别是多线换乘站，包含多种功能区如售票层、站台层、设备房、商铺区等，每个区域的使用性质和结构设计都有所不同，这对火灾探测报警系统的设计和实施构成了挑战，复杂的空间结构可能导致某些区域成为探测死角，难以被火灾探测器覆盖。受地下空间墙体限制影响，火灾探测报警器信号传输能力减弱，特别是角落或边缘位置，可能导致火灾探测报警信号无法正常传递。地铁列车频繁进出车站及在区间隧道内运行会产生活塞风，加上站内持续的通风换气，使得火灾探测器在较高风速条件下工作，影响烟雾的传播路径，使得探测器难以准确捕捉到烟雾，易造成火灾探测器漏报。

二、远距离长区间隧道探测报警难

地铁规模化建设中，远距离长区间隧道不断增多，空间狭长、粉尘多、环境潮湿等特性，限制了火灾探测设备的布置和探测范围，对探测报警系统的稳定性、覆盖率和灵敏度提出了更高的要求。列车行驶速度与隧道通风状况等可能加速火灾发展蔓延，并影响烟气的扩散模式，列车作为快速移动火源，在隧道内行驶时，火灾位置和火势不断发生变化，使得火灾探测和报警系统需要具备快速响应和动态跟踪能力。同时，信号传输距离过长，报警信息的传递与系统联动的可靠性维护难度升级，造成后期保养成本大幅增加。

第三节　灭火救援处置

高效的灭火救援行动，能够迅速控制地铁火势，防止火灾扩大蔓延，保障乘客与工作人员安全，有效减少地铁设施、车辆等财产损失；还可以充分展现消防救援队伍的履职能力，提升上海地铁企业形象。在地铁灭火救援处置方面仍面临诸多挑战，包括地铁地下空间内消防应急通信能力弱、消防救援实战化演练组织要求高、地铁受限空间火灾快速排烟难度大、内攻搜救与灭火救援处置困难等。这些挑战不仅考验着消防救援队伍的专业技能和装备水平，也对地铁系统的整体安全管理和应急响应机制提出了更高要求。

一、地下空间消防应急通信保障差

地铁消防救援应急通信方面面临的挑战主要包括地下空间通信信号屏蔽严重、高密度呼叫情况下通信压力大、专用消防通信系统网络设施缺乏等。地铁地下空间结构复杂且埋深大，存在较多的路线转折和障碍物，通信信号在传输过程中会受到岩石、土层等介质的吸收和反射，导致信号强度大幅衰减，甚至在某些区域形成信号盲区，使得地下空间内部相互之间、与外界联络之间的通信信号传递受到极大的干扰和屏蔽。消防救援人员携带的通信设备在地下空间内可能因信号屏蔽而无法正常工作，影响指挥命令的下达和救援信息的上传。地铁火灾往往伴随着大客流疏散、救援人员集中、现场混乱等情况，这使得指挥指令的上传下达大幅增加，给现场通信保障带来了巨大压力。此外，火灾现场浓烟颗粒和高温环境对通信设备正常工作干扰也较大。

二、消防救援实战演练培训要求高

地铁消防救援实战化演练方面面临的挑战主要包括规模化组织难度大、实战化场景布置要求高、演练实施保障压力大等方面。消防救援科学化战斗部署和高效救援处置需要大量的实战化演练培训，才能在面对实际灾情时避免造成思想、手段准备不足，决策的风险增加等问题。地铁每日运营时间长，再加上检修维保工作安排，可用于开展消防救援演练的时间段非常有限，规模化实战演练需要协调部门多，组织实施协调复杂。为了贴近实战情况，地铁消防救援演练中需要模拟真实的火灾场景和救援环境，然而这种模拟需要投入大量的人力、物力和财力，且难以完全还原真实情况，采用增强现实（AR）、虚拟现实（VR）等虚拟火场演练效果较差。在地铁开展演练中，涉及众多参演人员和通信、灭火、破拆等多种设备，人员安全、设备运输、调试维护等保障工作压力大。

三、受限空间火灾烟气快速疏导难

地铁作为地下交通系统，其环境相对封闭，火灾产生的有毒有害气体和高温烟气难以迅速排出，容易积聚并扩散至其他区域，对乘客和工作人员构成严重威胁。地铁系统内部空间狭窄、通风不良，烟气迅速扩散并在隧道和车站内积聚，导致能见度急剧下降，严重危及乘客和救援人员的生命安全。地铁火灾中的烟气疏导和灭火救援装置的综合能力，将对火灾快速有效处置产生决定性的作用。随着人流量和火灾负荷的增加以及运营年限的增长，既有的通风和排烟系统往往面临性能下降的问题，火灾发生后不能保证能够迅速有效地排除烟气。

四、内攻搜救与灭火救援处置困难

消防队伍配备的常规装备器材能够满足常规建筑火灾或立足于外围扑救火灾的需求，但针对内部空间大、纵深长、结构复杂的地铁站点火灾内攻扑救和搜索救援时，消防员呼吸防护、疏散诱导、侦察搜救和应急通信装备等方面存在较大差距，给高效处置救援和人员安全防护带来了新的问题和风险。地铁内部复杂的结构和布局对救援装备的携带和使用提出了更高的要求，常规的灭火救援装备在地铁环境中也存在适应性差的问题，在狭窄、封闭的空间内操作灵活性大大降低，影响灭火效率，导致救援行动的开展受限。在区间隧道应急救援方面，长距离复杂通道不利于消防救援人员快速到达事故现场，救援设备运送、环境监测与控制、救援人员定位等问题也愈发突出，严重影响救援效率。

第四节　消防安全管理

科学合理的消防安全管理，对于提升上海地铁火灾防控能力意义重大，也是落实上海城市精细化管理的重要举措。现阶段，地铁火灾防控标准规范还存在许多盲点和空白之处，地铁消防科技化、智能化和信息化水平不足，消防科技软实力和原创新能力亟需加强，并需关注新技术、新设备在地铁消防中的推广应用。

一、火灾防控标准制（修）订相对滞后

随着地铁网络的迅速发展和乘客流量的增加，现有的技术标准和规范更新修订相对滞后，无法全面覆盖新场景、新风险、新技术、新设备所带来的一系列新问题。地铁火灾防范涉及火灾报警、自动灭火、通风排烟和紧急疏散等多个系统和设备，各环节需要有规范统一的标准进行指导。此外，地铁火灾应急救援技术标准、规范、预案等，缺乏对新环境、新挑战的充分考虑，导致实际操作中救援效率低下，风险增加。为了提升地铁消防安全水平，需要加快对防范和救援处置标准的制（修）订，确保其能够紧跟科技发展和地铁建设的步伐，涵盖最新的消防技术和设备应用，提供全面、系统的指导，保障地铁火灾应对的科学性和有效性。

二、科技软实力和创新力有待提升

智能化、信息化技术在地铁火灾预警、应急指挥和救援调度中的应用尚不充分，现有消防人员培训和应急演练内容也偏向传统，未能充分涵盖新技术和新设备的使用，导致在实际操作中难以发挥特色优势。此外，地铁消防领域的科研投入和创新力度也有待加强，新技术的研发和推广步伐缓慢，难以满足地铁系统日益复杂和高密度运营的新需求。为提升地铁消防救援能力，需要加大科技投入，推动智能预警系统、自动灭火机器人等智慧装备的研发与应用。同时，强化消防人员的科技培训，注重对新技术的掌握和应用。通过提升消防科技软实力和创新能力，推动地铁消防救援工作向智能化、现代化迈进。

第二十二章 地铁消防未来展望

上海地铁是一个复杂巨系统，其能否顺畅安全有序运行，既是城市运行中最为重要、不容闪失的板块之一，也是城市治理水平的缩影。地铁消防工作是地铁安全高效运营的重要保障。参照上海地铁发展规划，结合社会经济、科学技术等发展形势，本章从地铁消防设计、消防救援、消防管理和消防科技四个方面对地铁消防未来进行展望。

第一节 地铁消防设计展望

地铁设计在建筑布局、防火设施、疏散路径、防排烟系统等环节已建立起较为具体的方案，然而大规模轨道交通建设的推进，导致新趋势和挑战层出不穷。随着地铁结构、工程模式和运营业态的持续创新，以及消防设计理念的革新，地铁消防设计领域正孕育着新颖的思考和实践。具体体现在以下几个关键方面：

一、深化城市消防规划与轨道交通建设有机融合

当轨道交通形成庞大的地下交通网格、覆盖了整个城市范围时，轨道交通的安全运行绝不可与单体的建筑个体等同看待。轨道交通成为人员密集的公共活动场所，具有客流量大、人员逃生能力差异大、逃生条件差、允许逃生时间短、救援通道有限、实施救援难等特点。而且一旦发生火灾，辐射影响的范围非常大，除了引起重大人员伤亡外，可能还会影响到相关若干条地铁线的运营，甚至会引发地面交通的大面积瘫痪，发生一系列的次生灾害，影响城市正常运转。因此，应该从城市安全角度和城市消防安全规划的高度来认识轨道交通的防灾。

将轨道交通作为一个重点关注的对象纳入城市消防安全规划和城市消防安全布局中，公共消防站、消防供水、消防车道以及消防通信等各种公共的消防基础设施和消防力量的分布应该充分考虑地下轨道交通通道的需求，强化大型地下交通枢纽以及与地铁车站相结合的地下综合体消防资源配置。同时，轨道交通的建设、运营及管理应该遵守城市消防规划，服从城市消防管理和监督。相关部门应加强对轨道交通安全的日常管理，研究适合于轨道交通的安全管理和监督办法。

二、规范地铁地下大空间特殊结构消防设计评估

随着轨道交通中的大型、超大型、深埋地下车站和地下综合体、超长区间日渐增多，传统

设计规范在指导这些复杂结构的消防设计方面显得有些力不从心。在现实设计中已经有部分的复杂节点引入了特殊消防设计的手段，寻求合理的消防解决方案。建筑防火特殊消防设计是以明确的消防安全性能目标为基础，运用消防安全工程原理、方法和技术进行系统化的建筑防火设计与评估，并能实现消防安全与投资效益高度统一的一种设计方法，是当前建筑防火领域最先进的技术之一。当前我国的防灾设计规范体系是"菜单""条文"式的，虽然简单明了、易于执行，但在应对超前、复杂建筑设计时明显效果不佳，难以适应新技术、新材料的发展需求，也难以客观评估设计方案的消防安全水平。相比之下，特殊消防设计方法则通过系统综合能力分析和评估，为解决当前消防设计面临的新问题提供了有效途径，弥补了现行规范的不足之处。

以上海的四线换乘枢纽世纪大道站和虹桥交通枢纽等超大型车站为例，特殊消防设计原理已经在指导车站的消防规划和设计中发挥了重要作用。对于复杂的地铁车站而言，采用特殊消防设计方法可以根据具体需求和火灾场景，结合计算机模拟和实验验证，优化防排烟方案、建筑材料选择、疏散通路设置等关键设计元素，从而达到更高的消防安全标准。以深埋车站为例，现行的规范规定乘客必须在 4 min 之内撤离站台、6 min 之内到达室外或站厅公共区，这对深埋车站来说可能是一项挑战。而采用性能化的设计方法，则可以通过增加建筑的层高、扩大车站的容烟量、优化排烟风机系统等措施，延长乘客的安全疏散时间，从而有效保障乘客的安全。

地铁特殊消防设计需要建立完善的性能化规范、技术指南和评估模型，其推广应用将有助于为城市轨道交通复杂节点提供更为合理的消防解决方案，推动消防设计水平的进步和提升。

三、加强深埋车站与超级换乘枢纽站火灾风险研判

深埋车站在消防中最突出的问题是疏散与救援难、防止烟气的纵向扩散难。在埋深达 70 m 以上的车站中，在灾害中人员需通过常规的楼梯爬行几十米疏散，很可能受纵向烟气扩散的影响，疏散效果很难保证，因此依靠常规的设计方案很难保证乘客在规定的时间内逃离火灾区域。为解决深埋车站疏散救援的问题，需加强对专用避难区及消防电梯疏散的研究。在深埋车站设置专用临时避难区域，火灾时诱导乘客方便地进入避难区域，避难区应可容纳一定的客流，并采用专用措施保证火灾时的安全。同时，研究垂直消防电梯在消防疏散中的作用，将避难区中等待的乘客分批运送至地面。由于我国地铁的超常规发展，规划、设计、管理、救援等方面都面临挑战。同时随着城市用地的日益紧张，地铁车站越建越深，加上地铁车站常伴随大型枢纽和地下综合体，一旦建成，改造难度极大。因此，在地铁消防安全问题中，对深埋车站、地下综合体及大型枢纽的消防安全急需攻关和规范。

在大型枢纽车站和车站综合体方面，轨道交通中三线、四线甚至五线换乘的车站，附带周边的地下商业开发，上、下层之间通过大面积的楼扶梯相连，各功能区之间或单元之间以"点""线""面"的形式互联互通，防火分隔非常困难，增加了火灾和烟气蔓延的风险。随着轨道交通快速发展，大型车站的数量呈显著增长趋势，这些大型车站是轨道交通防灾的关键所在，也是轨道交通防灾面临的主要难题。对此，应从以下几方面拓展研究：

1. 结合大型车站节点和规划，强化下沉式广场、下沉式空间的设置

大型枢纽型车站空间复杂、疏散距离长而曲折，烟气流向与人流疏散方向一致，客流量大，

难以在短时间内撤离。达到一定规模的车站，结合烟气的扩散规律，可设置下沉式避难空间或采光中庭广场。在灾难发生时，下沉式广场的采光顶是天然大坐标，有利于增强乘客的方向感，便于安全疏散；采光顶和下沉式广场的顶可以作为自排烟口，利于高温烟气的自然排出和新鲜空气的补入；同时，下沉广场的大型开口方便消防人员、消防器具进入地铁内部实施救援。大型枢纽型车站结合规划设置下沉式广场可以解决大空间消防问题，还可方便地实现各个功能区之间的互联互通。

2. 加强对地下车站综合体的功能规划

地下车站综合体客流量大，包含着巨大的商机，商业开发的业态渐渐趋于多样化，服装、食品、餐饮、娱乐等开始进驻地铁周边的开发区域。应当结合地铁与商业开发的空间关系，对与地铁紧邻的商业开发业态进行规划限制，特别限制高火灾风险的业态与地铁直接对接。在功能规划设计上，应坚持"人在上、物在下""短时间活动在深层、长时间活动在浅层""人员稀少在深层、人员集中在浅层"的原则，对车站综合体的功能进行安全规划和限制。

3. 加强地下车站综合体各功能区之间连接方式的规划

双岛车站、三岛车站以及岛侧接合的车站使车站建筑体的宽度成倍增加，车站综合体之间以"线"或"面"连接的方式会使防火分隔、防烟分区的划分困难，增加火灾蔓延风险。若采用通道形式的"点"式连接或通道换乘，火灾扩散风险要降低很多。当大面积连接不可避免时，可采用防火分隔带或缓冲区的方式加强不同功能区之间连接方式的研究和限制，有助于控制烟气和火灾影响范围。

4. 加强地下车站综合体防灾等级及其他研究

轨道交通车站规模和功能差异较大，对应的火灾风险和管理复杂性各不相同。对于功能复杂的大型车站，应加强火灾防护等级，防灾系统设计、设备配置和管理程序需与车站规模和复杂程度相匹配。防排烟设备应采用独立系统，减少合用系统转换的风险；合理配置备用设备，以防设备故障造成重大损失；适当增加车站层高，提升容烟能力，为乘客疏散争取更多时间；设置更多专用消防通道，减少疏散与救援的冲突等。此外，地下车站综合体的消防联动非常复杂，接驳通道在火灾时不能完全切断，存在人流交叉、通风防排烟系统联合运作等问题，且管理涉及多个业主和部门的协调。因此，应研究适合地下综合体的消防管理方案，使消防管理水平与车站相适应。

四、强化地铁出入口与疏散救援通道科学化布局

地面出入口是地下轨道交通与地面空间安全区域的主要联系通道，在保障地铁乘客集散和安全救援中发挥着重要作用。地铁的区间通风井、排风井、进风井是地铁重要的换气通道，必须合理控制排烟风井与新风井、出入口的安全距离，避免地下空间产生烟气回流，造成烟气的大面积扩散，形成二次灾害。地面出入口、风井都在地铁火灾时发挥着重要作用，但是在建设时常常与规划周边建筑矛盾较大，尤其是风井的设置，因此在城市规划中应当预留相关位置，为轨道交通的建设创造条件；并加强研究规划预留消防机器人和轻型消防装备及灭火救援通道

的设置。在地铁建筑设计中，应特别注意疏散通道的设置，并着重考虑应急出口。疏散通道要足够宽敞，保持通视性，尽量设计为平顺通道，避免在水平通道上设台阶，防止人员疏散时摔倒堵塞通道。地铁的区间隧道历来是消防疏散救援中最困难的区域，疏散、救援空间非常小，且两者共用通道，更增加了救援和疏散的难度。因此，应加强对区间疏散救援通道的研究，提高这些区域的安全性。此外，埋深特别深的车站疏散、救援难度非常大，应加强临时避难区域和消防电梯在救援、疏散中的作用。

第二节　地铁消防救援展望

地铁消防救援一直以来就是消防救援领域的难题，由于地铁空间封闭狭小，一旦发生火情，大型消防设备难以部署，使得救援难度远超地面救援。此外，疏散通道往往与救援通道重合，极易引发拥挤和踩踏等二次事故。为了守住城市地铁消防安全运行底线，需要强化地铁防灾减灾救灾空间保障和设施建设，提高地铁应急响应能力和恢复能力。地铁消防救援可以在以下几个方面进行探索突破：

一、完善地铁消防指挥体系，筑牢救援坚固防线

围绕地铁消防实战需要，加快建设地铁消防救援现代化指挥体系，转变作战理念、改进指挥模式、加强人才培养、夯实工作基础，提升精准预警、科学救援、联勤联动、处置指挥能力，逐步实现地铁防范救援救灾一体化。依托119接处警和智能指挥系统建设应急救援调度指挥平台，规范优化调度指挥机制，利用智能化算法，融合灾情规模、救援难点、救援力量时空分布和战力图谱分析等因素，科学计算调派方案，快速下达调派指令。加强预案科学编修和全生命周期管理，用好"一张图"，编制火灾、地震、洪涝等常见灾种和巨灾预案，建立完善预案评估制度，整合典型战例、处置要点和数字化预案，构建作战决策资料库，强化灾前预警监测、力量前置和灾中会商研判、信息共享，加强与有关应急预案有序衔接，用数字化、可视化、智能化预案支撑科学智能指挥。

二、深耕特种消防设备研发，赋能消防救援能力

目前，地铁消防救援尖刀力量短缺，现代化救援装备亟待加强，综合保障能力有待提升，应急预案和联动机制尚需完善，实战实训效能仍需提高。地铁空间狭小，发生火灾时通往地铁内部的出入口和通道同时承担人员疏散和消防救援的双重功能，常规的消防车辆、救援器材及灭火设备难以"入地"在地铁内部发挥作用，使得地铁内发生大型火灾时救援无力。现有的消防装备和技术手段应对地铁消防需要较为吃力，政府应当鼓励加强地铁特种消防装备的研制。例如，研制适合地铁狭小空间的消防机器人、适用于地铁区间隧道的火灾报警设备和轨道交通专勤消防车、适合地铁场景的低耗水量灭火系统等。在灭火攻坚装备方向上，深化装备统型和升级换代，提高装备通用化、系列化、集成化水平，重点配备内攻搜救、便携破拆、搜救定位、轨道运输、远距侦检、快速堵漏等装备，加大火灾侦察机器人、消防救援机器人等先进装备配备力度。重点推动无人化、智能化、模块化高精尖消防装备研发，推动灾害事故救援主战装备高端化、高精尖装备国产化，强化消防装备现代化科技支撑。为了提升地铁消防救援的专业性，必须强化专业消防队伍的建设，通过针对性的学习和实地训练，着重提升救援人员对地铁布局、隧道结构和车站内部空间的熟悉度，从而优化救援路径，缩短救援时间，提高消防队伍的作战能力。此外，还要加强专业消防救援队伍与多种形式社会救援力量共训共练、联勤联战，提高火灾防控、应急救援和区域联动处置效能。

三、突破长距离大纵深难题，创新应急装备技术

针对地下空间长距离、大纵深火场的作战需求，从实战出发研制新型正压式消防员空气呼吸器、多功能无线传输呼救器、消防员阻燃耐高温轻质照明导向装置、降噪骨传导通信装置等应急防护、搜救及通信装备。以"安全舒适、性能优良、质量可靠"的原则，升级单兵灭火防护服、头盔、呼救器、呼吸保护器具等个人防护装备配置。同时，研究专业化、高效化的灭火救援技战术，提出消防力量配置、装备协同和战斗编成方案。增加消防员单兵定位检测装置，以便在救灾现场对进入前线指战员进行实时定位和各类数据追踪；配备现代化、智能化和便携式的消防监督执法、火灾调查器材设备。在救援处置过程中，应依照程序采取有效的技战术，对到场的救援力量根据区域划分、力量构成、任务性质等要素，科学合理地进行战斗编组，最大限度地发挥战斗效能，防止次生灾害及"二次伤害"，贯彻好"救人第一"的指导思想。

四、构建坚实应急信息保障，护航地铁消防救援

建设低时延、大带宽的一体化通信网、指挥网，推进应急战术互联网和数字化战场建设，加强关键通信装备配备，打造高效畅通、稳定可靠的现场指挥应急通信系统，满足"断路、断网、断电"等极端恶劣条件下应急救援现场融合通信需要。重点研发面向地铁极端复杂条件的应急通信，基于互联网组网的灾情快速获取、基于大数据和手机信令的灾害监测预警、基于无人平台的风险感知与自动识别、面向精准救援的信息保障等技术。突破应急通信与科学指挥关键技术，大力研发灾害事故现场全息感知、融合通信与智能化指挥调度技术装备，强化应急救援辅助决策支撑。选择典型地铁火灾事故场景进行示范应用，推动制定应急通信相关技术规范与标准，全面提高复杂恶劣环境下灾害事故现场应急通信和信息保障能力。

五、实战化训练与虚拟演练，锤炼地下救援尖兵

消防救援力量应将对地铁的调研熟悉作为日常训练工作的一项重要内容，强化消防部门和地铁运营方之间的沟通协调，通过不间断、定期组织调研，熟悉掌握地铁内部情况、各时段客流情况、各通道客流情况，以及地面交通道路、毗邻建筑和消防水源等情况。针对地铁火灾特点，消防救援队伍需开展烟热适应性训练，模拟地下空间火灾的浓烟、高温、缺氧等恶劣条件，

提高消防员的心理素质和应对能力。设置多种复杂场景和障碍物，增加训练难度和真实性，强化救援人员实战水平。同时，利用 VR 技术，结合实地演练，将 VR 虚拟场景的灵活性与现实环境的真实性相结合，实现训练场景的多元化与实战化。坚持"战训合一，实战为魂"的理念，无预案、全流程、全要素地组织灭火救援实战演练，着力解决训练与实战、演练与实战、考核与实战之间的脱节问题，确保训练成果直接转化为实战效能。以演练为镜，深度剖析救援过程中的亮点与不足，及时总结经验教训，精准补齐短板，强化弱项，形成"演练－复盘－提升"的良性循环，持续推动消防队伍作战效能与实战能力的飞跃式提升。

六、优化跨部门协同化机制，提高应急处置效率

从国内地铁部门联动及应急处置情况看，应急联动问题严重制约了地铁消防工作的进一步发展，各部门各自为政、信息沟通不及时、应急处置效率低等问题普遍存在。针对地铁消防救援行动工作复杂、参与部门多的特点，在处置过程中，地铁企业、政府、消防等多个部门应及时开展信息共享、密切配合、通力协作，切实提高地铁应急处置效率，控制和减少火灾造成的危害、损失。结合地铁消防救援处置现实需要，建立健全由政府直接领导、各相关部门联合行动的城市地铁消防联动中心，调度各方救援力量，实现"一体化"联动。坚持"联动响应，协同处置"的救援机制，在市（区）级交通委或应急办的地铁灾害事故总体救援方案指导下，发挥与公安、医疗、交通及运营主体单位等部门的联动响应机制的优势，各司其职，紧密配合，协同处置，形成救援的合力，确保事故救援行动的有序与高效。构建"布局合理、全面覆盖、重点突出"的地铁综合防灾空间结构，统筹协调地铁救援通道、疏散通道、避难场所等疏散救援空间建设，协调地铁供水、供电、医疗、物资储备等应急保障基础设施布局。

第三节　地铁消防管理展望

地铁工程项目庞大、系统复杂，消防设备数量庞大，对系统维护以及管理人员的素质要求很高，地铁消防管理者需要进一步深化火灾风险思考，强化消防安全韧性适应理念，积极推进地铁消防治理体系和治理能力现代化，提高地铁交通网络的综合应急保障能力，降低应急救援响应时间。主要体现在以下几个方面：

一、完善法规标准，夯实地铁消防法治基础

建立健全地铁消防法规标准体系是优化法律体系的重要一环，完善的地铁消防法规标准体系能够为地铁消防安全提供明确的法律指导和规范，保障地铁消防工作的有序开展。具体包括：

（1）明确地铁消防设施的配备标准、消防安全管理责任、火灾应急预案的制定与执行等，从而有效降低火灾风险，保障乘客和员工的生命安全。

（2）通过制定科学的消防法规和标准，可以引导地铁运营单位加强消防安全管理，提升消

防技术水平，进一步强化地铁消防能力。火灾发生时，完善的法规标准能够确保地铁运营单位和相关救援部门迅速、有序地启动应急响应机制，最大限度地减少人员伤亡和财产损失。同时，法规标准还会对应急演练、消防宣传教育等方面提出要求，有助于提高地铁运营部门的应急响应能力和消防安全意识。

（3）完善的地铁消防法规标准体系能够为新技术的研发和应用提供法律支持和规范引导，可以推动新技术在地铁消防领域的广泛应用，提高地铁消防工作的智能化、信息化水平。

二、健全责任体系，明确消防管理职责边界

我国《消防法》及相关部门发布的规章制度明确规定，企业或单位应当建立防火安全责任制，落实消防安全责任。地铁作为公共交通设施，其消防安全工作直接关系到公共安全和社会稳定，因此必须严格遵守相关法律法规，健全消防责任制度。具体包括：

（1）要全面落实消防安全管理的主体责任、领导责任、监管责任和属地责任，加强消防安全形势定期分析评估，建立消防安全风险评估预警机制，查析薄弱环节，对地铁线路全生命周期针对性地开展消防治理。

（2）强化监管部门和运营单位对消防工作的组织领导，落实消防安全领导责任，形成上下联动、齐抓共管的良好局面。

（3）加强消防考核评价结果运用，建立与领导干部履职评定、奖励惩处相挂钩的制度，对在消防安全工作中表现突出的部门和个人给予表彰和奖励；对违反消防安全规定、造成火灾事故的责任人依法依规进行处理，确保相关部门及领导时刻将安全管理放在心头、抓在手上。

（4）强化行业监管责任，坚持从源头上防范化解重大消防安全风险，由行业主管部门定期开展火灾风险分析评估、定期会商、联合执法，并建立长效机制，针对突出隐患问题组织集中整治，同时加强跟踪检查和督促落实工作，确保整治效果持续有效，防微杜渐，警钟长鸣。

（5）强化单位主体责任，建立符合现代企业管理理念的消防安全自主管理机制，加强系统治理、规范管理，组织消防安全标准化管理达标工作，建立信息共享、执法衔接、移交查办等制度。

三、推动多元共治，构建消防协同治理格局

地铁是监管综合体，涉及政府、部门、企业、社会等多个层面，需要同向发力、综合施策，形成合力，形成更加严密的监管网络，减少监管盲区和漏洞，建立更加全面、专业、严密的消防安全管理体系，共同应对地铁消防安全的挑战，为地铁系统的安全运行提供有力保障。具体包括：

（1）政府主管部门要建立健全地铁消防安全监管体系，加强对地铁运营企业和消防救援机构的监督检查，确保各项消防安全措施得到有效落实。定期对地铁消防安全工作进行评估，发现问题及时督促整改，推动地铁消防安全水平持续提升。

（2）依托消防安全议事协调机构，建立健全火灾警示约谈、重大隐患挂牌督办、消防安全重大问题问责、重大问题抄告反馈等制度，形成综合治理合力，坚持党政同责、一岗双责、齐

抓共管、失职追责，全面加强消防力量建设，不断提高消防安全综合治理社会化、法治化、智能化、专业化水平。

（3）健全消防工作考核评价机制，完善重大火灾隐患挂牌督办、消防安全重大问题问责、火灾事故延伸调查和责任追究等制度，层层签订消防安全责任书，将消防安全责任落实到每一个岗位、每一个人。

（4）消防部门应加强对地铁运营企业的专业指导，帮助地铁运营企业完善消防安全管理体系和应急预案，并定期对地铁消防设施设备进行检查评估，提出改进意见和建议；还可以依托城市运行"一网统管"平台，推动消防工作有效融入基层自治、网格管理、联防联控等机制。

四、精准高效治理，提升地铁消防管理水平

为实现地铁消防管理体系和消防管理能力现代化建设，实施"四个精准"，需要全面提升消防管理实力和能力，做到隐患发现精准、风险整治精准、安全评估精准、监管执法精准，才能及时快速地调动消防资源和力量，及时有效地应对灾害事故，避免灾情扩大和引发次（衍）生事件，避免消防资源浪费。具体包括：

（1）地铁运营单位需要建立完善基层消防工作组织、消防工作机制，强化基层消防管理，建立全面的网格化消防安全治理机制，形成条块结合的风险隐患排查机制，逐一明确网格排查和区域监管的具体人员及工作责任，分级分类开展防火巡查检查。

（2）推进消防安全隐患的分类施策、综合治理和集中排查整治；完善火灾隐患实时感知与监控预警网络，提升风险监控和隐患早期识别能力，建立预测研判火灾风险和火灾风险信息预警发布机制，实现火灾风险"早排查、早发现、早预警、早处置"，跟进研判地铁新材料新业态风险，落实更高标准的火灾防范措施。

（3）深入推进打通地铁消防生命通道、重点场所治理、突出风险整治等工作，集中整治消防安全突出问题；建立健全动火作业消防安全管理制度，加强地铁运营动火作业管理和检查，杜绝人员无证上岗、违规操作等违法行为。

（4）结合季节变化和火灾形势特点，及时发布火灾预警信息，普及逃生自救常识，提升群众消防安全意识，建立完善火灾隐患"吹哨人"机制和火灾隐患举报投诉奖励制度，鼓励单位员工和知情群众举报火灾隐患，通过设置消防安全宣传栏、播放消防安全宣传片、开设城市地铁消防安全公众号等方式营造浓厚的消防安全氛围。

五、智能防控升级，科技助力地铁消防管理

党的二十大报告中指出："坚持安全第一，预防为主，建立大安全大应急框架，完善公共安全体系，推动公共安全治理模式向事前预防转型"，这为地铁消防安全工作指明了方向。传统火灾探测主要靠烟感、温感和红外对射等技术，监测报警时已经冒烟着火，"提前感知、事前预防"的要求无法满足；日常巡检消防设备设施主要依靠人工，隐蔽隐患不易发现，有必要引入智能化技术，更快更好地解决火灾风险识别重难点问题。具体包括：

（1）通过运用物联网、大数据、视频 AI、云计算等技术，开发地铁智慧消防大数据管理系统，积极融入智慧城市、智慧轨交、应急管理信息化体系，建立互联共享机制，深度运用消防安全大数据系统，加强火灾风险分析研判、早期识别和监测预警。

（2）加强远程监控、物联网监测、电气监控等信息化手段运用，加快轻型化、集成化、智能化消防监督检查、火灾调查装备配备，提高火灾防控效能。构建以数据治理、数据融合、智能模型等为主的消防中心作为"软平台"，支撑灭火救援、执法监督、队伍管理和物资调度等核心需求。

（3）基于消防数字化基础平台整体架构，打造防火监督、应急救援、队伍管理、公众服务、装备物资保障地铁消防联动功能模块，构建"横向到边、纵向到底"的消防智慧业务应用体系。

六、强化科普宣传，营造消防安全文化氛围

消防科普宣传和文化建设能有力推动防火、灭火工作的开展，扩大消防法律法规和消防基础知识在社会的普及，提高广大人民群众预防火灾、扑救火灾和逃生自救等能力，有效推进消防工作社会化进程；通过消防宣传，有力推动政府、有关部门和各单位对消防工作的关心、重视、理解、支持和落实。当地铁火灾事故发生时，良好的消防基础知识能够促进民众采取正确有效的应急措施，增强营救自救能力，减少人身财产伤害，维护社会安定、家庭幸福。强化地铁消防科普宣传和文化建设具体包括：

（1）推动实施地铁消防科普精品工程，利用传统媒体、网站和新媒体平台等载体，面向不同社会群体发放推广应急科普教材、读物、动漫、游戏、影视剧、短视频等系列产品。

（2）推动建设地铁消防宣教基地和安全体验场馆。加强地铁消防科学知识传播，加强应急科学和技术培训，提升地铁工作人员、乘客等科学处置灾害事故能力。

（3）加强灾害事故预防控制、应对防范、自救互救、避险逃生等科学知识传播，有效发挥各类科技创新、科学普及平台功能作用，强化应急装备操作使用知识培训及演练，建设多层级、功能化、多形式、全媒体、开放式的科学知识传播体系。

（4）大力营造地铁消防安全文化氛围，结合防灾减灾日、安全生产月、全国消防日、科技活动周和全国科普日等开展形式多样的科普宣教活动，强化防灾减灾培训演练。

（5）加强公益宣传，普及安全知识，培育安全文化，完善全民安全教育体系，积极营造社会安全氛围。

第四节　地铁消防科技展望

坚持科技是第一生产力、人才是第一资源、创新是第一动力，紧紧围绕建设科技强国、人才强国、交通强国和数字中国等重大战略任务，加快推进地铁消防科技自主创新，依靠科技提高地铁消防的科学化、专业化、智能化、精细化水平。主要体现在以下几个方面：

一、强化地铁消防基础研究，推动理论科技创新融合

坚持从源头上防范化解地铁消防安全风险，优化基础研究布局，注重原始创新，强化多学科交叉融合。具体包括：

（1）深化对典型地铁火灾事故灾害链成因机理、地铁运营安全事故致灾机理、灾害事故风险防控方法、灾害事故复盘与推演、地铁消防安全风险防控和应急救援与指挥等基础研究和理论创新。

（2）加强地铁消防治理、工程防火、火灾扑救和应急救援等基础理论研究，加大火灾防控重点领域和关键技术科技攻关力度，推动消防科技原始创新与应用产出。

（3）突破本质安全、经济高效、环境友好的火灾防控技术，加强火灾智能防控技术研发，应用新一代信息技术创新消防监督管理模式，强化消防安全精准治理支撑。

二、创新火灾监测预警机制，实现监控系统智能转型

地铁监控预警系统不仅要监控地铁运行、机械电力设备状况、客运流量、旅客行为等，还应能根据实际情况及时发出预警信号，为应急决策提供依据。构建地铁内部与外部信息资源监测预警平台，联合各有关部门对地铁周边商铺信息、地铁客运客流信息、大型活动举办信息等城市人群动态信息进行有效整合，综合利用各种信息，全方位监控影响地铁安全运行的各种人为因素，有效防范人为事故灾难。具体包括：

（1）建立致灾因子排查机制，及时排除风险隐患，引进先进技术，建立健全地铁监测预警系统，包括防灾报警系统、气体灭火系统、环境及设备监控系统等。

（2）重点研发地铁火灾综合风险监测与评估、火灾链综合风险监测预警、灾情快速获取与评估、火险监测预报与灾情研判等技术，并进行应用示范，推动研制相关技术规范与标准，提高火灾和次生灾害链综合监测、综合风险评估、风险早期识别、预报预警和灾情评估能力。

（3）探索城市地铁生命线安全运行与监测预警技术、大型换乘站区域复合链生灾害风险综合监测预警技术、地铁商业空间燃气安全监测预警技术等。

三、坚持实战牵引自主创新，推进核心技术持续研发

在地铁消防领域的发展蓝图中，坚定不移地以实战需求为牵引，强化科技创新的前瞻规划与系统布局，实现科技创新的全链条、整体性跃升。具体包括：

（1）精准对接实战需求，紧密围绕地铁系统复杂多变的火灾风险与应急救援挑战，前瞻性部署科技创新项目，确保每一项研究都能直击痛点，解决"填空白、补短板、强弱项"的关键问题。

（2）通过构建实战模拟环境与数据反馈机制，加速科研成果转化，建立高效的科研成果转化机制，缩短从实验室到救援实战的"最后一公里"，通过产学研用紧密结合，促进科研成果在地铁消防应急救援中的快速应用与迭代升级，提升应急响应速度与处置效率。

（3）强化跨学科融合创新，鼓励并促进交叉学科间的深度融合，特别是信息技术、材料科学、人工智能等与消防安全的交叉研究，推动集成创新与综合应用，形成具有自主知识产权的

地铁消防解决方案，加强综合应用研究，确保新技术、新方法能够迅速转化为实战能力。

（4）聚焦"卡脖子"技术突破，紧密跟踪全球科技发展趋势，特别是针对地铁消防和应急救援领域的核心技术难题，集中力量进行攻关，通过自主研发与国际合作相结合的方式，加速实现关键核心技术、高端先进仪器装备等领域的"弯道超车"，为地铁消防安全提供坚实保障。

四、坚持开放共享核心理念，统筹消防科技创新布局

强化信息共享机制，建立健全科技需求与成果的信息交流平台，打破信息壁垒，促进地铁消防领域科技信息的无障碍流通。具体包括：

（1）通过公开透明的信息共享，激发社会各界对地铁消防科技创新的热情与参与度，形成众创、众智、众享的良好氛围。

（2）深化政产学研用融合，推动政府、企业、高校、科研机构及用户之间的深度融合，构建紧密合作的创新网络。通过政策引导、资金支持、项目合作等方式，促进创新资源的有效整合与优化配置，加速科技成果从实验室到实际应用场景的转化进程，显著提升应急管理科技供给能力。

（3）构建高效协同创新平台，全面系统地推进地铁消防科技协同创新平台的构建与发展，包括重点实验室、工程技术研究中心、产业技术创新联盟等。

五、推进智慧消防技术革新，优化地铁消防智能决策

强化信息化赋能，紧跟科技信息化发展趋势，将信息技术深度融入地铁消防管理的各个环节，提升监测预警的敏锐度、监管执法的精准度、指挥决策的智能化水平以及救援实战的响应速度和社会动员效率。具体包括：

（1）通过构建智能化、网络化的管理体系，实现地铁消防管理的全面升级；构建数字化感知体系，针对地铁系统的特殊性，逐步完善地铁消防数字化感知体系，包括但不限于重点设施的数字孪生系统、电子航道图系统等。

（2）打造综合交通数字化应急指挥平台，建设一个覆盖综合交通业态的数字化应急指挥系统，实现应急资源的智能调度、应急预警的即时发布、应急处置的快速响应以及后期处置的全面跟踪。

（3）通过数据驱动，构建应急处置的闭环管理机制，显著提升跨层级、跨部门之间的协同响应能力，优化事件处置流程，提高处置效率。

（4）推进智能研判预警技术应用，深入研究轨道交通领域重大突发事件的演化机理与应急管理策略，特别是在交通枢纽、轨道车站等重点区域，加快部署大客流智能研判预警技术。

六、统筹轨道交通攻关项目，推进科技创新攻克难关

加大科技创新投入，积极争取各级政府财政性资金和专项资金的支持，重点向符合国家战略且具有示范引领作用的新技术、新领域科技创新项目倾斜。具体包括：

（1）鼓励企业加大研发投入，引导社会资本在新模式、新基建等方面积极投入，形成"政

府引导、企业主体、社会补充"的多元化、全社会参与的科技创新投入体系，为地铁消防领域的科技创新提供充足的资金保障。

（2）构建揭榜挂帅机制，建立健全并持续优化"揭榜挂帅"机制，精准聚焦地铁消防的关键技术领域和紧迫需求，定期发布具有挑战性的科研榜单，吸引国内外顶尖科研团队揭榜攻关。

（3）通过市场化、竞争性的方式，激发创新活力，推动关键共性技术实现创新性突破。

（4）加强人才队伍建设，重视人才在科技创新中的核心作用，加强地铁消防领域高层次人才的引进与培养，通过实施人才培养计划、建设创新团队、开展国际交流与合作等方式，打造一支结构合理、素质优良、创新能力强的人才队伍，为地铁消防领域的科技创新提供有力的人才支撑。

参考文献

［ 1 ］ BUTUN I, ÖSTERBERG P, SONG H. Security of the internet of things: vulnerabilities, attacks, and countermeasures［ J ］. IEEE Communications Surveys and Tutorials, 2020(22): 616−644.

［ 2 ］ DESMET A, GELENBE E. Capacity based evacuation with dynamic exit signs［ C ］//2014 IEEE International Conference on Pervasive Computing and Communication Workshops (PERCOM WORKSHOPS). 2014: 332−337. 10.1109/PerComW.2014.6815227.

［ 3 ］ FERRER-CID P, BARCELO-ORDINAS J M, GARCIA-VIDAL J, et al. Multisensor data fusion calibration in IoT air pollution platforms［ J ］. IEEE Internet of Things Journal, 2020(7): 3124−3132.

［ 4 ］ FRANCIS R L 1981. A "uniformity principle" for evacuation route allocation［ J ］. J Res Natl Bur Stand, 1977(86): 509−513.

［ 5 ］ FU T, ZHAO X, CHEN L, et al. Bioinspired color changing molecular sensor toward early fire detection based on transformation of phthalonitrile to phthalocyanine［ J ］. Advanced Functional Materials, 2019(29): 1806586.

［ 6 ］ GALEA E R, XIE H, DEERE S, et al. Evaluating the effectiveness of an improved active dynamic signage system using full scale evacuation trials［ J ］. Fire Safety Journal, 2017(91): 908−917.

［ 7 ］ HE X, FENG Y, XU F, et al. Smart fire alarm systems for rapid early fire warning: Advances and challenges［ J ］. Chemical Engineering Journal, 2022(450): 137927.

［ 8 ］ LI M, LIU C. Design of intelligent fire alarm system based on multisensor data fusion［ J ］. Mobile Information Systems, 2022: 6491577.

［ 9 ］ LI M, XU C, XU Y, et al. Dynamic sign guidance optimization for crowd evacuation considering flow equilibrium［ J ］. Journal of Advanced Transportation, 2022: 2555350.

［ 10 ］ LIU Y, LIU F, WENG M, et al. Research on thermal-driven smoke control by using smoke curtains during a subway platform fire［ J ］. International Journal of Thermal Sciences, 2022(172): 107255.

［ 11 ］ LV J, QU C, DU S, et al. Research on obstacle avoidance algorithm for unmanned ground vehicle based on multi-sensor information fusion［ J ］. Math. Biosci. Eng., 2021(18): 1022−1039.

［ 12 ］ MTZ-ENRIQUEZ A I, PADMASREE K P, OLIVA A I, et al. Tailoring the detection sensitivity of graphene based flexible smoke sensors by decorating with ceramic microparticles［ J ］. Sensors and Actuators B: Chemical, 2020(305): 127466.

［ 13 ］ NERANTZIS D, STOIANOV I. Optimization-based selection of hydrants and valves control in water distribution networks for fire incidents management［ J ］. IEEE Systems Journal, 2022: 1−12.

［14］ QUALEY J R. Fire test comparisons of smoke detector response times［J］. Fire Technology, 2000(36): 89-108.

［15］ TSUKAHARA M, KOSHIBA Y, OHTANI H. Effectiveness of downward evacuation in a large-scale subway fire using fire dynamics simulator［J］. Tunnelling and Underground Space Technology, 2011(26): 573-581.

［16］ XUE Z M, QIU X R, ZHAO Z F, et al. Research on electrical safety monitoring system based on narrow-band internet of things［C］//2022 4th International Conference on Intelligent Control, Measurement and Signal Processing (ICMSP). 2022: 624-628. 10.1109/ICMSP55950.2022.9859030.

［17］ YAMADA T, AKIZUKI Y. Visibility and human behavior in fire smoke［C］//SFPE Handbook of Fire Protection Engineering. 2016: 2181-2206. 10.1007/978-1-4939-2565-0_61.

［18］ YASUFUKU K, AKIZUKI Y, HOKUGO A, et al. Noticeability of illuminated route signs for tsunami evacuation［J］. Fire Safety Journal, 2017(91): 926-936.

［19］ ZHU L, XIONG Y. State monitoring method of fire water network based on multi-dimensional comprehensive feature extraction［C］//2019 IEEE 3rd Advanced Information Management, Communicates, Electronic and Automation Control Conference (IMCEC), 2019: 44-48. 10.1109/IMCEC46724.2019.8983980.

［20］ ZHU L, XIONG Y, YANG X. Dynamic calculation model for pressure safety monitoring of municipal water supply network with interference elimination function between neighboring nodes［C］//2021 IEEE 5th Advanced Information Technology, Electronic and Automation Control Conference (IAEAC). 2021: 1777-1781. 10.1109/IAEAC50856.2021.9390949.

［21］ 彭磊，徐学军，杨磊．大型地铁车站火灾预警机制及疏散救援模式［J］．土木建筑工程信息技术，2018，10（3）：3-19.

［22］ 贺德强，胡颖，路向阳．基于系统动力学的地铁火灾调度安全模型研究［J］．安全与环境学报，2019，19（1）：35-43.

［23］ 钟茂华，田向亮，刘畅，等．基于结构方程模型的地铁乘客安全行为影响因素［J］．中国安全生产科学技术，2018，14（1）：5-11.

［24］ 马成正，王洪德．联系数在地铁车站火灾安全风险评价中的应用［J］．辽宁工程技术大学学报（自然科学版），2015，34（1）：26-31.

［25］ 王洪德，林琳，赵轶．地铁隧道火灾事故通风方式数值模拟［J］．辽宁工程技术大学学报（自然科学版），2010，29（2）：177-181.

［26］ 吴晓林．福田综合交通枢纽地铁火灾排烟策略研究［J］．武警学院学报，2018，34（4）：61-64.

［27］ 张朝晖．地铁枢纽站火灾特性分析及灭火救援对策［J］．消防科学与技术，2015，34（6）：792-795.

［28］ 陈国栋，赵航．铁路及地铁隧道内列车火灾疏散模式调研与分析［J］．高速铁路技术，2022，13（2）：6-10.

［29］ 柳文杰．城市地下空间突发事故应急处置与救援研究［D］.哈尔滨：哈尔滨理工大学，2012.

［30］ 张少刚.地铁列车对区间隧道火灾逆流烟气输运特性影响的研究［D］.合肥：中国科学技术大学，2017.

［31］ 何杰，张娣，等.基于 FTA-Petri 网的地铁火灾事故安全性研究［J］.中国安全科学学报，2009，19（10）：78-81.

［32］ 阳富强，朱伟方，刘晓霞.基于 WSR 和熵权物元可拓理论的地铁火灾风险评价［J］.安全与环境工程，2017，24（6）：184-188.

［33］ 周金忠，范太兴，杜金海.地铁地下车站室外消火栓系统设计理念探讨［J］.隧道建设（中英文），2022，42（1）：121.

［34］ 张桂芳.《消防给水及消火栓系统技术规范》在轨道交通建设中的应用难题及对策研究［J］.中国市政工程，2017（2）：96.

［35］ 林方剑.轨道交通地下车站室外消火栓优化设置研讨［J］.福建建筑，2020（11）：132.

［36］ 江琴.《消防给水及消火栓系统技术规范》在地铁车站适用性研究［J］.城市快轨交通，2018，31（6）：154.

［37］ 蔡恒.地铁车站消防应急照明及疏散指示系统设计研究［J］.黑龙江交通科技，2022（45）：132-134.

［38］ 陈青云，王华，李海博.地铁电气火灾监控系统工程应用探讨［J］.消防科学与技术，2018（37）：1381-1384.

［39］ 付文刚.多层次轨道交通火灾报警系统架构优化设计［J］.铁道建筑技术，2023（1）：109-112.

［40］ 姜明.深圳地铁气体灭火系统智能化创新应用［J］.现代城市轨道交通，2020（12）：144-148.

［41］ 刘明铮.自动控制在地铁火灾报警系统中的运用［J］.电子技术与软件工程，2021（19）：119-120.

［42］ 裴元杰，李俊民，陈双燕.综合交通换乘中心火灾自动报警系统设计要点［J］.智能建筑电气技术，2018（12）：18-21.

［43］ 宋晓鹏.电气火灾监控系统在地铁中的应用分析［J］.自动化与仪器仪表，2017（3）：208-210.

［44］ 王迪军，罗燕萍，钟茂华，等.某地铁多层车站的防排烟系统设计及模拟研究［J］.中国安全生产科学技术，2012（8）：5-10.

［45］ 王海燕，郭晓蒙.地铁火灾自动报警系统探讨［J］.消防科学与技术，2010（29）：233-236.

［46］ 王暨璇.复杂交叠型地铁站火灾防排烟系统优化及人员疏散策略研究［D］.青岛：青岛理工大学，2021.

［47］ 魏晨光.地铁地下车站室外消火栓设计探讨［J］.城市轨道交通研究，2018（21）：54-58.

［48］ 吴振坤.地铁车站敞开楼梯空气幕防火防烟分隔技术研究［D］.合肥：中国科学技术大学，2015.

［49］ 张静.IG541 和 HFC-227ea 气体灭火系统在地铁工程中的对比分析［J］.工程技术研究，2021（6）：249-250.

［50］ 张顺，孙龙.城市轨道交通全自动运行列车火灾报警系统设计［J］.城市轨道交通研究，

2019（22）：77-80.

［51］ 周汝，何嘉鹏，谢娟，等.地铁站火灾时空气幕防烟的数值模拟与分析［J］.中国安全科学学报，2006（3）：27-31，146.

［52］ 林鸿潮.公共应急管理的法治化及其重点［J］.中国机构改革与管理，2011（3）：2.

［53］ 董卫军，刘阳.城际、地铁一体化的防灾救援规划研究［J］.中国安全生产科学技术，2021，17（S2）：48-53.

［54］ 徐国权.地铁灭火救援工作的现状及对策［J］.消防科学与技术，2016，35（1）：108-112.

［55］ 陈建均.地铁灾害链风险评估研究［D］.北京：北京交通大学，2017.

［56］ 谢元一，卢国建，黄晓露，等.地铁车站固移结合协同排烟技战术研究［J］.消防科学与技术，2019，38（4）：482-484.

［57］ 中华人民共和国公安部消防局.中国消防手册［M］.上海：上海科学技术出版社，2006.